CAD/CAM 软件精品教程系列

AutoCAD 2015

机械制图实用教程

管殿柱　牛雪倩　魏代善　编著

U0282819

电子工业出版社

Publishing House of Electronics Industry

北京 · BEIJING

内 容 简 介

本书以 AutoCAD 2015 中文版为操作平台，结合典型实例循序渐进地介绍了软件的每一个知识点，使读者能够快速、熟练地掌握 AutoCAD 2015 制图知识。

全书共 13 章，第 1～2 章介绍了 AutoCAD 2015 的基础知识和绘图基础；第 3～9 章介绍了二维图形的绘制和编辑方法、尺寸标注、文字和表格的添加、块操作及图层管理等内容；第 10～12 章介绍了三维图形的绘制、编辑和渲染，并介绍了工程图的输入与输出；第 13 章通过大型案例讲解了 AutoCAD 在机械设计等方面的应用。

本书图文并茂，语言简洁，思路清晰，解说翔实，内容全面，可作为初学者的入门用书和相关工程技术人员的参考资料，也可作为各类计算机培训中心、中职中专、高职高专和 AutoCAD 认证考试的辅导与自学用书。

图书在版编目（CIP）数据

AutoCAD 2015 机械制图实用教程 / 管殿柱，牛雪倩，魏代善编著. —北京：电子工业出版社，2015.8
CAD/CAM 软件精品教程系列

ISBN 978-7-121-26872-4

Ⅰ. ①A⋯ Ⅱ. ①管⋯ ②牛⋯ ③魏⋯ Ⅲ. ①机械制图－AutoCAD 软件－教材 Ⅳ. ①TH126

中国版本图书馆 CIP 数据核字（2015）第 181809 号

策划编辑：张 凌

责任编辑：张 凌 特约编辑：王 纲

印　　刷：河北鑫兆源印刷有限公司

装　　订：河北鑫兆源印刷有限公司

出版发行：电子工业出版社

北京市海淀区万寿路 173 信箱 邮编 100036

开　　本：787×1 092　1/16　印张：19.5　字数：499.2 千字

版　　次：2015 年 8 月第 1 版

印　　次：2024 年 7 月第15次印刷

定　　价：39.90 元

凡所购买电子工业出版社图书有缺损问题，请向购买书店调换。若书店售缺，请与本社发行部联系，联系及邮购电话：（010）88254888，88258888。

质量投诉请发邮件至 zlts@phei.com.cn，盗版侵权举报请发邮件至 dbqq@phei.com.cn。

本书咨询联系方式：（010）88254583，zling@phei.com.cn。

前 言
Preface

AutoCAD 软件是由美国 Autodesk 公司推出的，集二维绘图、三维设计和渲染等为一体的计算机辅助绘图与设计软件。自 1982 年推出以来，从初期的 1.0 版本，经多次版本更新和性能完善，现已发展到 AutoCAD 2015，广泛应用于机械、电子、服装、建筑等众多领域，已成为工程设计领域应用最为广泛的计算机辅助绘图与设计软件之一。

AutoCAD 2015 界面友好、功能强大，能够快捷地绘制二维与三维图形、渲染图形、标注图形尺寸和打印输出图纸等，深受广大工程技术人员的欢迎。其优化的界面使用户更易找到常用命令，并且以更少的命令更快地完成常规 CAD 的烦琐任务，还能帮助新用户尽快熟悉并使用软件。

本书详细介绍了 AutoCAD 2015 中文版的新功能和各种基本操作方法与技巧，内容全面，层次分明，脉络清晰，方便读者系统地理解与记忆，并在每章中辅以典型实例，巩固读者对知识的实际应用能力，同时这些实例对解决实际问题也具有很好的指导意义。全书共 13 章，主要分为以下四部分。

第一部分：零点起航（第 1～2 章）

从零开始介绍 AutoCAD 2015 的基础知识和绘图基础操作，包括软件的启动和退出、工作界面和工作空间的认识、绘图环境的设置、鼠标与键盘的基本操作、命令的调用以及图形的显示等内容，让读者快速掌握 AutoCAD 2015 绘图基础，方便后续内容的学习。

第二部分：二维绘图知识（第 3～9 章）

在掌握 AutoCAD 2015 基本操作的基础上讲解二维绘图的基本操作和方法，包括二维图形的绘制和编辑方法、尺寸标注、文字和表格的添加、块操作，以及图层管理等内容。通过这部分的学习，读者可以快速掌握二维绘图的基本知识和操作技法，并可以结合每章节的综合实例进行操作实践演练。

第三部分：三维绘图知识（第 10～12 章）

这部分介绍了三维图形的绘制、编辑和渲染，并简单介绍了工程图的输入和输出。通过这部分的学习，可以使读者快速掌握三维绘图的基本知识和操作技法。

第四部分：实际应用部分（第 13 章）

本书前三部分重点讲解了 AutoCAD 和机械设计的关系。在实际应用部分，通过大型案例进一步讲解了 AutoCAD 在机械设计等方面的应用，使读者在掌握绘图技巧的同时，对设计行业也有一个大致的了解。

本书由管殿柱、牛雪倩、魏代善编著，另外参与编写的还有宋一兵、王献红、李文秋、谈世哲、何西阳、鄢兆超、田绪东、陈洋、赵景波、张轩、付本国、赵景伟、段辉、杨德平、褚忠等。

感谢您选择了本书，希望我们的努力对您的工作和学习有所帮助，也希望您把对本书的意见和建议告诉我们。

零点工作室网站地址：www.zerobook.net
零点工作室联系信箱：gdz_zero@126.com

零点工作室

目 录

Contents

第 1 章　AutoCAD 2015 基础知识

AutoCAD 是由美国 Autodesk 公司开发的通用计算机辅助设计软件，具有易于掌握、使用方便、体系结构开放等优点，能够绘制二维图形与三维图形、标注尺寸、渲染图形以及打印输出图纸，目前已广泛应用于机械、建筑、电子、航天、石油化工、土木工程等领域。

AutoCAD 2015 是 AutoCAD 系列软件的最新版本，它在性能和功能方面都有较大的改进与提升，同时保证与低版本完全兼容。

【学习目标】

（1）掌握 AutoCAD 2015 的启动与退出。

（2）认识 AutoCAD 2015 的工作界面和工作空间。

（3）熟悉 AutoCAD 2015 文件的基本操作。

（4）设置绘图环境。

1.1　AutoCAD 2015 的启动与退出

1.1.1　启动 AutoCAD 2015

在成功安装了 AutoCAD 2015 软件之后，用户可以通过以下 3 种方式来启动：

（1）双击桌面上的 AutoCAD 2015 图标 。

（2）双击工作文件夹中扩展名为.dwg 的文件。

（3）单击桌面任务栏中的"开始"按钮，选择"所有程序"→"Autodesk"→"AutoCAD 2015-Simplified Chinese"命令。

启动 AutoCAD 2015 后，默认情况下打开如图 1-1 所示的"新选项卡"，在这个界面上又有"了解"和"创建"两个页面。

在"创建"页面（图 1-1）中，用户可以访问样例，打开最近使用的文档，接收产品通知及访问联机服务等。单击"开始绘制"工具可以从默认样板开始一个新图形；单击"样板"按钮，可以从下拉列表中选择合适的样板文件。在"最近使用的文档"下，可以查看和打开最近使用的图形。

在"了解"页面（图 1-2）上，用户将看到快速入门视频、功能视频、安全更新及其他联机资源。

除了在启动 AutoCAD 2015 时打开"新选项卡"外，在绘图过程中，用户还可以通过以下 3 种方式打开"新选项卡"页面：

（1）单击绘图选项卡中的"新选项卡"按钮 。

（2）在命令行中输入命令：NEWTAB，并按 Enter 键。

（3）关闭所有的图纸文件。

图 1-1　　"新选项卡"

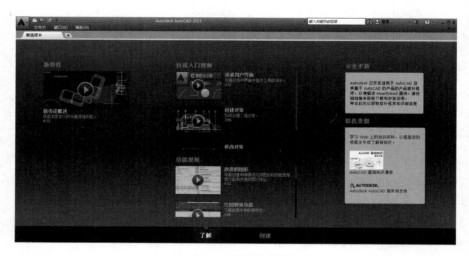

图 1-2　　"了解"页面

1.1.2　退出 AutoCAD 2015

用户可以通过以下 4 种方式退出 AutoCAD 绘图软件：

（1）单击 AutoCAD 2015 标题栏中的"关闭"按钮██。

（2）选择菜单栏"文件"→"退出"命令。

（3）单击界面左上角的"菜单浏览器"按钮██，从打开的应用程序菜单中单击
██退出 Autodesk AutoCAD 2015██按钮，如图 1-3 所示。

（4）在命令行中输入命令：QUIT 或 EXIT，并按 Enter 键。

执行退出软件操作后，如果当前绘图文件尚未存盘，系统会弹出如图 1-4 所示的提示
对话框，单击██是(Y)██按钮，会弹出"图形另存为"对话框，用于对图形文件进行命名保

存；单击 否(N) 按钮，系统将放弃存盘并退出 AutoCAD 2015；单击 取消 按钮，系统将取消执行的退出命令。

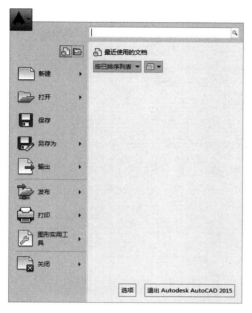

图 1-3　应用程序菜单

图 1-4　提示对话框

1.2　AutoCAD 2015 的工作界面

AutoCAD 2015 的工作界面主要由菜单浏览器、快速访问工具栏、标题栏、菜单栏、功能区、绘图区、命令行窗口和状态栏等组成，如图 1-5 所示。下面分别介绍 AutoCAD 2015 界面的主要组成部分。

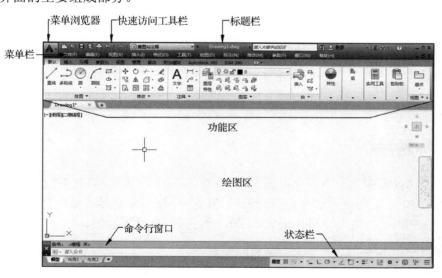

图 1-5　AutoCAD 2015 工作界面

1.2.1 菜单浏览器

"菜单浏览器"按钮 ▲ 位于界面的左上角，单击此按钮，将弹出"应用程序菜单"，如图 1-6 所示。用户可通过该菜单访问一些常用的工具、搜索命令、浏览文档等。

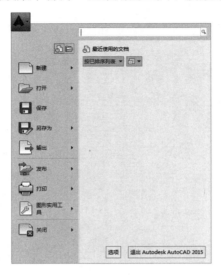

图 1-6　应用程序菜单

1.2.2 快速访问工具栏

快速访问工具栏位于"菜单浏览器 ▲"的右侧，用于存放一些最常用的命令，包括"新建"、"打开"、"保存"、"另存为"、"打印"、"放弃"、"重做"和"工作空间切换"等几个默认命令按钮，如图 1-7 所示。可根据需要在展开的下拉菜单中设置显示或隐藏按钮。

图 1-7　快速访问工具栏

若想在快速访问工具栏中添加或删除其他按钮，可以右击"快速访问工具栏"，在弹出的快捷菜单中选择"自定义快速访问工具栏"选项，在弹出的"自定义用户界面"对话框中设置即可。

1.2.3 标题栏

标题栏位于 AutoCAD 2015 工作界面顶部的中间位置，用于显示软件的名称和当前图形文件的名称，如图 1-8 所示。标题栏最右边的三个小按钮分别是"最小化"、"还原"、"关闭"，如图 1-9 所示，用来控制 AutoCAD 2015 软件的窗口显示状态。

图 1-8　标题栏 　　　　　　　　　　　　　　　　图 1-9　窗口控制按钮

1.2.4　菜单栏

在 AutoCAD 2015 中，菜单栏默认处于隐藏状态。

若要显示菜单栏，可以单击"快速访问工具栏"右侧的■按钮，在展开的下拉菜单中选择"显示菜单栏"命令，此时菜单栏便可显示在标题栏的下方。

图 1-10 即 AutoCAD 2015 中显示的菜单栏，包括"文件"、"编辑"、"视图"、"插入"、"格式"、"工具"、"绘图"、"标注"、"修改"、"参数"、"窗口"和"帮助"12 个菜单，这些菜单几乎涵盖了 AutoCAD 中全部的功能和命令。

| 文件(F) | 编辑(E) | 视图(V) | 插入(I) | 格式(O) | 工具(T) | 绘图(D) | 标注(N) | 修改(M) | 参数(P) | 窗口(W) | 帮助(H) |

图 1-10　菜单栏

1.2.5　功能区

功能区位于绘图区域的上方，是一种智能的人机交互界面。它将 AutoCAD 中常用的命令进行分类，然后放置在功能区的各个选项卡中，每个选项卡有包含多个面板，每个面板中放置有相应的工具按钮，如图 1-11 所示。

图 1-11　功能区

单击功能区选项卡最右端的■按钮，展开下拉菜单，如图 1-12 所示。用户可通过该菜单调整功能区的显示面积，将功能区最小化为选项卡、面板标题或者面板按钮。单击旁边的三角按钮■，可实现功能区的完整界面与这三项之间的切换。

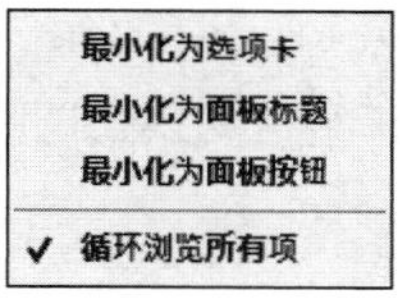

在功能区选项卡上单击鼠标右键，从弹出的快捷菜单中可以选择浮动功能区或关闭功能区。浮动的功能区可以用鼠标拖动到任意位置，如果想固定功能区，只要在浮动功能区的标题栏上右击或单击"特性"按钮■，选中"允许固定"复选框，然后将功能区拖动到界面的上方或左右两侧即可固定。

重新打开功能区，可以通过以下两种方式：

（1）选择菜单栏"工具"→"选项板"→"功能区"命令。

（2）在命令行中输入命令：RIBBON，回车即可。

图 1-12　下拉菜单

1.2.6　工具栏

工具栏是 AutoCAD 软件调用命令的另一种方式，它包含了绘图时所需的大部分命令。AutoCAD 2015 版取消了"AutoCAD 经典"工作空间，并将软件所提供的 52 种工具栏全部隐藏。用户可以通过以下两种方式打开工具栏：

（1）选择菜单栏"工具"→"工具栏"→"AutoCAD"命令，展开级联菜单，从中选择要显示的工具栏。

（2）在任一工具栏上右击，在弹出的快捷菜单中选择要显示的工具栏。

工具栏以浮动或固定方式显示。浮动的工具栏，通过鼠标拖动可以显示在绘图区域的任何位置。当拖动当前浮动的工具栏至绘图区域左右两侧或下侧时，该工具栏就会紧贴窗口边界，此为固定方式显示。

此外，还可以锁定工具栏，工具栏一旦被锁定是不可以拖动的。用户可以通过以下两种方法锁定工具栏：

（1）选择菜单栏"窗口"→"锁定位置"命令，在弹出的级联菜单中选择相应的选项。

（2）在工具栏上单击鼠标右键，在弹出的快捷菜单中选择"锁定位置"选项，然后根据需要选择相应的选项。

1.2.7　绘图区

绘图区是工作界面中最大的区域，用来绘制图形、显示和观察图形。在绘图区域中，用户须注意以下 4 方面的内容。

1．十字光标

将鼠标指针移至绘图区，会出现一个带有正方形小框的空心十字光标 ✛，它主要用于指定点或者选择对象。

2．坐标系图标

在绘图区左下角显示的是 AutoCAD 2015 的直角坐标系，用于协助用户确定绘图的方向，由 X 轴和 Y 轴组成。

3．模型/布局标签

在绘图区的底部有 3 个标签：模型、布局 1 和布局 2，如图 1-13 所示，它们分别代表了两种绘图空间，即模型空间和布局空间（图纸空间）。"模型"选项卡代表当前绘图窗口处于模型空间；布局 1 和布局 2 默认设置下的布局空间，主要用于图形的打印输出。单击相应的标签可切换绘图空间。

图 1-13　绘图区的标签

4．视口控件

视口控件位于每个视口的左上角，提供更改视图、视觉样式和其他设置的便捷方式。

AutoCAD 软件支持多文档操作，绘图区可以显示多个绘图窗口，每个窗口显示一个图形文件，标题加亮显示的为当前窗口。

1.2.8　命令行窗口

在绘图区的下方是一个输入命令和显示命令提示的区域，称为命令行窗口，如图 1-14 所示。命令行窗口可以是固定的，也可以是浮动的。用户也可以设置命令行的显示/隐藏，调整窗口大小等。

命令行窗口分为上、下两部分，底部为命令行，用于提示用户输入命令或命令选项；上部显示历史命令。

命令行是 AutoCAD 软件中最重要的人机交互的地方，AutoCAD 2015 所有的命令都可以在这里执行。用户输入一定命令后，命令行会提示用户一步一步地进行选项的设定和参数的输入。命令执行过程中，命令行窗口总是给出下一步要如何操作的提示，因此这个窗口也称"命令提示窗口"，所有的操作过程也都会记录在命令行窗口中。

如果按 F2 键，系统会弹出"AutoCAD 文本窗口"，如图 1-15 所示。AutoCAD 文本窗口是记录 AutoCAD 命令的窗口，是放大的命令窗口。在该文本窗口中可以很方便地查看命令行窗口已执行过的命令的详细过程和参数，也可以用来输入新命令，再按 F2 键即可关闭该窗口。

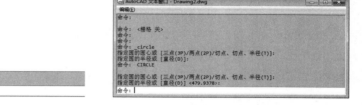

图 1-14　命令行窗口　　　　　　　　图 1-15　AutoCAD 文本窗口

1.2.9　状态栏

状态栏位于整个界面的右下角，用于显示各种工具的开关状态，进行各种模式的设置与切换，如图 1-16(a)所示。

单击状态栏最右侧的"自定义"按钮 ≡，将弹出状态栏自定义菜单，该菜单包含了状态栏中所有的控制按钮，可从自定义菜单中选择要在状态栏中显示的工具，如图 1-16(b)所示。

> 📖 注意：在状态栏快捷菜单中，带有对钩的表示该工具已经添加到状态栏，不带对钩的表示没有添加到状态栏。用户可以根据自身的需要和习惯决定各控制按钮在状态栏中的显示。

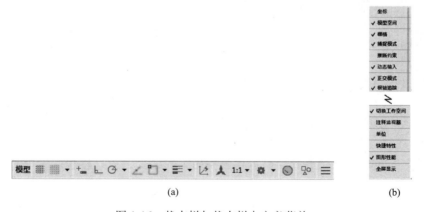

(a)　　　　　　　　　　　　　(b)

图 1-16　状态栏与状态栏自定义菜单

1.2.10　导航栏和 ViewCube 工具

在绘图区的右上角会出现 ViewCube 工具，用于控制图形的显示和视角，如图 1-17 所示。通常，在二维状态下不用显示该工具。

导航栏位于绘图区的右侧，如图 1-18 所示。导航栏用于控制图形的缩放、平移、回放、动态观察等。

图 1-17 ViewCube 工具

图 1-18 导航栏

单击绘图区"视口控件"按钮[-]，在展开的下拉菜单中通过导航栏和 ViewCube 前的复选框，可以选择显示/隐藏导航栏和 ViewCube 工具。如果要关闭导航栏，也可以单击导航栏右上角的"关闭"按钮。

1.2.11 工具选项板

图 1-19 "工具选项板"窗口

工具选项板是"工具选项板"窗口中的选项卡形式区域，它们提供了一种用来组织、共享和放置块、图案填充及其他工具的有效方法。工具选项板还可以包含由第三方开发人员提供的自定义工具。

选择菜单栏"工具"→"选项板"→"工具选项板"选项，打开"工具选项板"窗口，如图 1-19 所示。

在"工具选项板"窗口中，包含了多个类别的选项卡，每个选项卡又包含多种相应的工具按钮、图块、图案等。

用户可通过将对象从图形拖至工具选项板来创建工具，然后使用新工具创建与拖至选项板的对象特性相同的对象。添加到工具选项板的项目称为"工具"，可通过将"几何对象"、"标注与块"、"图案填充"、"实体填充"、"渐变填充"、"光栅图像"和"外部参照"中的任一项拖至工具选项板来创建工具。

1.3 AutoCAD 2015 工作空间

工作空间是由分组组织的菜单、工具栏、选项板和功能区控制面板组成的集合，它使用户可以在专门的、面向任务的绘图环境中工作。

使用工作空间时，界面上只会显示和任务相关的菜单、工具栏和选项板。此外，工作空间还可以自动显示功能区，即带有特定于任务的控制面板的特殊选项板。

例如，在创建三维模型时，可以使用"三维建模"工作空间，其中仅包含与三维相关的菜单、工具栏和选项板。

1.3.1 认识工作空间

AutoCAD 2015 为用户提供了 3 种基于任务的工作空间：草图与注释、三维基础和三维建模工作空间。相较于之前的 AutoCAD 版本取消了经典界面模式。

1."草图与注释"工作空间

启动 AutoCAD 2015 后,默认情况下进入"草图与注释"工作空间,如图 1-20 所示,在此工作空间内可完成二维草图的绘制与编辑。

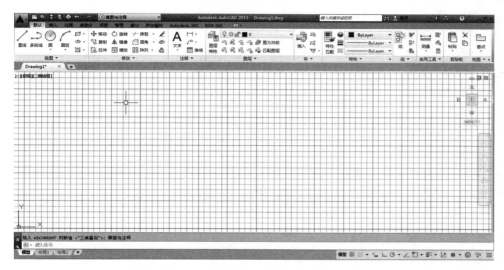

图 1-20 "草图与注释"工作空间

2."三维建模"工作空间

如图 1-21 所示,在此工作空间内可方便地访问新的三维功能,而且新窗口中的绘图区可以显示出渐变背景色、工作空间以及新的矩形栅格。

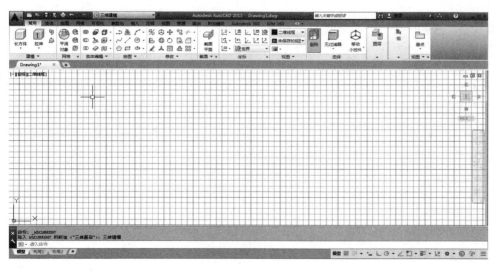

图 1-21 "三维建模"工作空间

3."三维基础"工作空间

如图 1-22 所示,使用"三维基础"工作空间将增强三维效果和三维建模的构造。

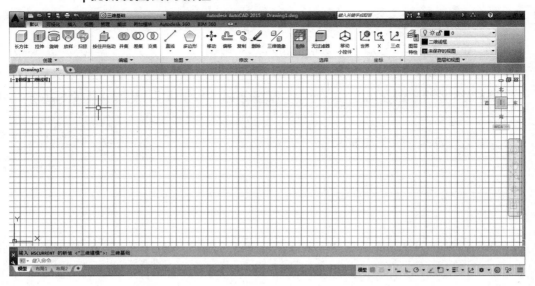

图 1-22　"三维基础"工作空间

1.3.2　切换工作空间

启动 AutoCAD 2015 后，用户首先应该根据需要切换工作空间以辅助绘图。可以通过以下 3 种方式切换工作空间：

（1）单击"快速访问工具栏"的"工作空间"按钮  ，在展开的下拉菜单中选择所需的工作空间，如图 1-23 所示。

（2）当 AutoCAD 工作界面显示有菜单栏时，选择菜单栏"工具"→"工作空间"命令，在弹出的级联菜单中切换工作空间，如图 1-24 所示。

图 1-23　切换工作空间

（3）单击状态栏上的"切换工作空间"按钮 ⚙ ▼，在弹出的下拉菜单中切换工作空间，如图 1-25 所示。

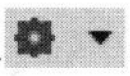

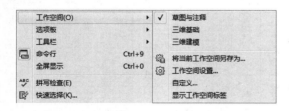

图 1-24　级联菜单

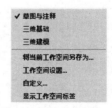

图 1-25　下拉菜单

1.4　AutoCAD 文件的基本操作

AutoCAD 图形文件的扩展名为".dwg"。图形文件的基本操作包括新建、保存、打开以及关闭等。

1.4.1 新建文件

启动 AutoCAD 2015，在"新选项卡"页面单击"开始绘制"工具后，系统会自动新建一个名为"Drawing1.dwg"的默认文件。如果用户需要重新创建一个图形文件，可以通过以下 5 种方式来实现：

（1）单击"快速访问工具栏"→"新建"按钮 。

（2）单击"菜单浏览器"按钮 ，选择"新建"命令。

（3）选择菜单栏"文件"→"新建"命令

（4）在命令行中输入命令：NEW，并按 Enter 键。

（5）按快捷键 Ctrl+N。

图形文件是基于默认的图形样板文件或用户创建的自定义图形样板文件来创建的，所谓的图形样板文件是存储图形的默认设置、样式和其他数据的文件。因此，执行"新建"命令后，会弹出"选择样板"对话框，如图 1-26 所示。在"名称"列表框中选择一个合适的样板文件（初学者一般选择样板文件 acadiso.dwt，它是默认设置的公制基础样板文件），然后单击"打开"按钮，即可新建一个图形文件。

另外，AutoCAD 还为用户提供了以"无样板"方式创建图形文件的功能。单击"选择样板"对话框右下角"打开"按钮右侧的 按钮，打开如图 1-27 所示的按钮菜单，在按钮菜单中选择"无样板打开-公制"选项，即可快速创建一个公制单位的绘图文件。

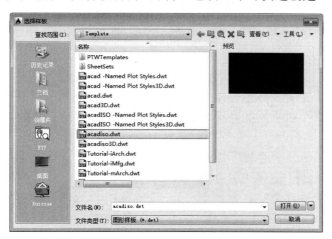

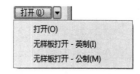

图 1-26   "选择样板"对话框   图 1-27   打开按钮菜单

1.4.2 保存文件

在 AutoCAD 中，可以使用多种方式将所绘图形以文件形式存入磁盘。常用的方法有下几种：

（1）单击"快速访问工具栏"→"保存"按钮 。

（2）单击"菜单浏览器"按钮 ，选择"保存"命令。

（3）选择菜单栏中的"文件"→"保存"命令。

（4）在命令行中输入命令：SAVE，并按 Enter 键。

（5）按快捷键 Ctrl+S。

在第一次保存创建的图形时，系统将打开"图形另存为"对话框，如图 1-28 所示。在此对话框中，可以设置存盘路径、文件名以及文件格式。默认情况下，文件以"AutoCAD 2013 图形（*.dwg）"格式保存，也可以在"文件类型"下拉列表框中选择其他格式。

图 1-28　"图形另存为"对话框

当设置好路径、文件名以及文件格式后，单击 保存(S) 按钮，即可将当前文件存盘。

1.4.3　文件另存为

当用户在已存盘的图形基础上进行了其他修改工作，又不想覆盖原来的图形，可以使用"另存为"命令，将修改后的图形以不同的路径或不同的文件名进行存盘。执行"另存为"命令主要有以下 5 种方式：

（1）单击"快速访问工具栏"→"另存为"按钮 。

（2）单击"菜单浏览器"按钮 ，选择"另存为"命令。

（3）选择菜单栏"文件"→"另存为"命令。

（4）在命令行中输入命令：SAVEAS，并按 Enter 键。

（5）按快捷键 Ctrl+Shift+S。

1.4.4　打开文件

打开文件的方法有很多，常用的方法有以下 5 种：

（1）单击"快速访问工具栏"→"打开"按钮 。

（2）单击"菜单浏览器"按钮 ，选择"打开"命令。

（3）选择菜单栏"文件"→"打开"命令。

（4）在命令行中输入命令：OPEN，并按 Enter 键。

（5）按快捷键 Ctrl+O。

1.4.5 关闭文件

AutoCAD 2015 支持多文档操作，也就是说，可以同时打开多个图形文件，同时在多张图纸上进行操作，这对提高工作效率是非常有帮助的。但是为了节约系统资源，用户要学会有选择地关闭一些暂时不用的文件。可以采用以下 5 种方法关闭文件：

（1）单击绘图窗口的"关闭"按钮。

（2）单击"菜单浏览器"按钮 ，选择"关闭"命令。

（3）选择菜单栏"文件"→"关闭"命令。

（4）在命令行中输入命令：CLOSE，并按 Enter 键。

（5）按快捷键 Ctrl+C。

执行"关闭"文件命令后，如果所关闭文件尚未存盘，系统会给出是否存盘的提示。

1.5 设置绘图环境

在使用 AutoCAD 2015 绘图之前，应当先对系统及绘图环境进行一些基本设置，如设置系统参数、图形单位和图形界限。这样做好绘图前的准备工作，有助于提高绘图效率。

1.5.1 设置系统参数

AutoCAD 2015 中，对系统的设置通过"选项"对话框实现，如图 1-29 所示。主要通过以下 4 种方式打开该对话框：

（1）单击"菜单浏览器" →"选项"按钮。

（2）选择菜单栏"工具"→"选项"命令。

（3）在"绘图区"或"命令行"中单击鼠标右键，从弹出的快捷菜单中选择"选项"命令。

（4）在命令行中输入命令：OPTIONS（或其缩写 OP），并按 Enter 键。

图 1-29　"选项"对话框

"选项"对话框中有"文件"、"显示"、"打开和保存"、"打印和发布"、"系统"、"用户系统配置"、"绘图"、"三维建模"、"选择集"和"配置"共 10 个选项卡。各选项卡说明如下。

（1）"文件"选项卡：主要用于确定 AutoCAD 搜索支持文件、驱动程序文件、菜单文件和其他文件的路径，如图 1-29 所示。一般将这个选项卡设为默认。

（2）"显示"选项卡：用于设置软件的各种显示属性，如图 1-30 所示，包括 "窗口元素"、"布局元素"、"显示精度"、"显示性能"、"十字光标大小"和"淡入度控制"6 项显示设置项目。

图 1-30　"显示"选项卡

单击"窗口元素"选项组中的 颜色(C)... 按钮，打开"图形窗口颜色"对话框，如图 1-31 所示，可指定图形窗口各元素的颜色，如可以设置二维模型空间的统一背景颜色为白色。

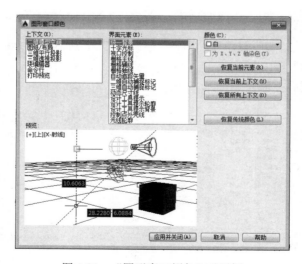

图 1-31　"图形窗口颜色"对话框

（3）"打开和保存"选项卡：包括"文件保存"、"文件安全措施"、"文件打开"、"应用程序菜单"、"外部参照"和"ObjectARX 应用程序"6 个选项组，如图 1-32 所示。

在该选项卡中可以设置在保存文件时的格式、是否自动保存、自动保存时的时间间隔以及是否维护日志等。单击"安全选项"按钮 安全选项(O)… ，可以对文件进行"加密"和"数字签名"。

图 1-32　"打开和保存"选项卡

（4）"打印和发布"选项卡：用于设置与打印和分布相关的选项，如图 1-33 所示。

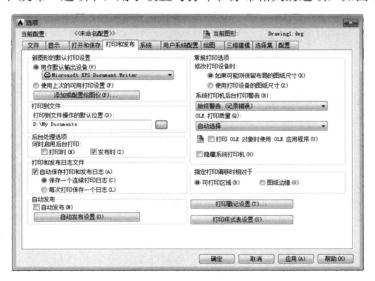

图 1-33　"打印和发布"选项卡

（5）"系统"选项卡：该选项卡中提供了"硬件加速"、"当前定点设备"、"触摸体验"、"布局重生成选项"、"常规选项"、"帮助"、"信息中心"、"安全性"和"数据库连接选项"9 项系统设置项目，如图 1-34 所示。

图 1-34　"系统"选项卡

　　单击"硬件加速"选项组中的"图形性能"按钮 图形性能(G)，会弹出"图形性能"对话框，如图 1-35 所示。启用"平滑线显示"，可删除显示对角线和曲边时的锯齿效果，使其具有更平滑的显示。启用"硬件加速"，用户可以控制能够用于当前驱动程序的所有效果设置，添加更多视觉增强功能；关闭硬件加速，将禁用所有效果设置。

图 1-35　"图形性能"对话框

　　如果用户为 AutoCAD 初始用户，那么启动 AutoCAD 2015 后，"硬件加速"为开启状态，可右击状态栏"硬件加速"按钮，选择"图形性能"命令，在打开的"图形性能"对话框中关闭硬件加速。

　　（6）"用户系统配置"选项卡：用于优化工作方式，该选项卡包括"Windows 标准操作"、"插入比例"、"超链接"、"字段"、"坐标数据输入的优先级"、"关联标注"和"放弃/重做" 7 组设置项目，以及"块编辑器设置"、"线宽设置"和"默认比例列表" 3 个按钮，如图 1-36 所示。

图 1-36　"用户系统配置"选项卡

单击"Windows 标准操作"中的 自定义右键单击(I)... 按钮，可以根据需求设置自定义右键单击的"默认模式"、"编辑模式"和"命令模式"等，如图 1-37 所示。

单击 线宽设置(L)... 按钮，可以根据需求设置线宽及其单位等，也可以拖动滑块来调整显示比例，如图 1-38 所示。

图 1-37　"自定义右键单击"对话框　　　　图 1-38　"线宽设置"对话框

单击 默认比例列表(D)... 按钮，可以根据需求设置"比例列表"，如图 1-39 所示。

（7）"绘图"选项卡：该选项卡提供了"自动捕捉设置"、"自动捕捉标记大小"、"对象捕捉选项"、"AutoTrack 设置"、"对齐点获取"和"靶框大小" 6 组绘图设置项，以及"设计工具提示设置"、"光线轮廓设置"和"相机轮廓设置" 3 个按钮，如图 1-40 所示。

单击"自动捕捉设置"选项组中的 颜色(C)... 按钮，可对"图形窗口颜色"进行设置，如图 1-41 所示。

图 1-39　"默认比例列表"对话框

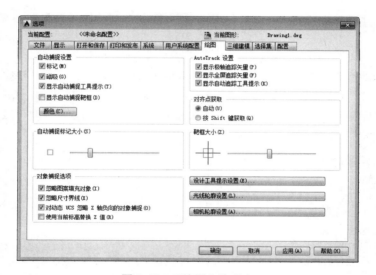

图 1-40　"绘图"选项卡

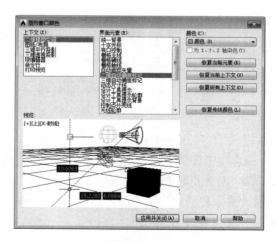

图 1-41　"图形窗口颜色"对话框

（8）"选择集"选项卡：该选项卡提供了"拾取框大小"、"选择集模式"、"功能区选项"、"夹点尺寸"、"夹点"和"预览"6 组设置项目，如图 1-42 所示。用户在此可以进行和"选择集"相关的设置。

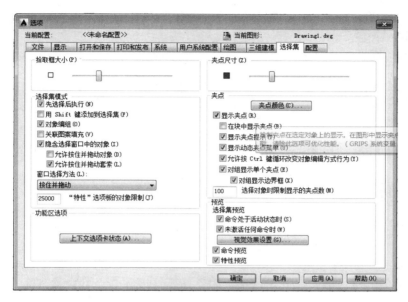

图 1-42   "选择集"选项卡

（9）"配置"选项卡：用于输入、输出、重命名以及删除系统配置文件等操作。

1.5.2   设置图形单位

在使用 AutoCAD 2015 进行绘图之前，首先要确定所要绘制图形的单位，创建的所有对象都是根据图形单位进行测量的。例如：图形单位可采用毫米或英寸等。

在 AutoCAD 2015 中，有以下 3 种方法打开"图形单位"对话框（图 1-43）：

（1）单击菜单浏览器按钮 ，选择"图形实用工具"→"单位"命令。

（2）选择菜单栏"格式"→"单位"命令。

（3）在命令行中输入命令：UNITS，并按 Enter 键。

设置"图形单位"的步骤：

（1）打开"图形单位"对话框。

（2）根据要求依次设置长度类型及精度、角度类型及精度、插入时的缩放单位和光源强度的单位，最后单击 确定 按钮。

注：" 角度" 选项组中的" 顺时针" 复选框用于设置角度方向。默认情况下，以逆时针方向为正角度方向。

单击对话框底部的 方向(D)... 按钮，打开如图 1-44 所示的"方向控制"对话框，可以设置角度测量的起始位置。

图 1-43   "图形单位"对话框   图 1-44   "方向控制"对话框

1.5.3   设置图形界限

图形界限是指绘图的区域，即用户定义的矩形边界，AutoCAD 2015 中通过指定绘图区域的左下角点和右上角点来确定图形界限。

设置图形界限的步骤如下：

（1）选择菜单栏"格式"→"图形界限"命令（或在命令行中输入命令：LIMITS，并按 Enter 键）。

（2）执行"图形界限"命令后，命令行提示：

> LIMITS 指定左下角点或 [开(ON) 关(OFF)] <0.0000,0.0000>:

此时用键盘输入左下角点的坐标值或用鼠标指定绘图区域的左下角点，默认为坐标原点。

> 注意："开"选项，即打开界限检查。当界限检查打开时，将无法在图形界限以外绘制任何图形；"关"选项，即关闭界限检查，可以在图形界限以外绘制或指定对象。

（3）指定左下角点后，命令行提示：

> LIMITS 指定右上角点 <420.0000,297.0000>:

此时可用键盘输入右上角点的坐标值或用鼠标指定绘图区域的右上角点。

1.6   综合实例

【例 1-1】设置图形单位和图形界限。

设置长度单位类型为小数，精度为小数点后两位，角度单位类型为弧度，精度为小数点后一位；设置 A4 图纸的图形界限，并禁止在图形界限以外绘制任何图形对象。

设置步骤

[1]   选择菜单栏"格式"→"单位"命令，打开"图形单位"对话框。

[2]   在"长度"选项组的"类型"下拉列表框中选择"小数"，"精度"下拉列表框中

选择"0.00"；在"角度"选项组的"类型"下拉列表框中选择"弧度"，"精度"下拉列表框中选择"0.0r"（图1-49），单击 确定 按钮。

图1-49　设置"图形单位"

[3] 选择菜单栏"格式"→"图形界限"命令，命令行提示：

　　　　⊞▾ **LIMITS** 指定左下角点或 [开(ON) 关(OFF)] <0.00,0.00>:

此时在命令行中输入"ON"并按 Enter 键。

[4] 再按 Enter 键或 Space 键重复 LIMITS 命令，命令行提示：

　　　　⊞▾ **LIMITS** 指定左下角点或 [开(ON) 关(OFF)] <0.00,0.00>:

此时直接按 Enter 键。

[5] 命令行继续提示：

　　　　⊞▾ **LIMITS** 指定右上角点 <420.00,297.00>:

此时直接按 Enter 键或者输入坐标值（210，297）后，再按 Enter 键。至此完成图形界限的设置。

第 2 章　AutoCAD 2015 绘图基础

在上一章中，我们认识了 AutoCAD 2015 的工作界面和工作空间，了解了图形文件的基本操作以及如何设置绘图环境。然而，用户在使用 AutoCAD 2015 绘图之前，还应掌握该软件的一些基础的绘图操作，如鼠标和键盘的基本操作、命令的执行方式、对坐标系的认识以及如何使用视图等。

【学习目标】

（1）掌握鼠标和键盘的基本操作。

（2）学会使用命令。

（3）认识 AutoCAD 2015 的坐标系。

（4）熟悉图形的显示控制。

2.1　鼠标和键盘的基本操作

鼠标和键盘在 AutoCAD 操作中起着非常重要的作用，是我们不可缺少的工具。

AutoCAD 采用了大量的 Windows 的交互技术，使鼠标操作的多样化、智能化程度更高。在 AutoCAD 中绘图、编辑都要用到鼠标，灵活使用鼠标，对于加快绘图速度，提高绘图质量有着非常重要的作用，所以有必要先介绍一下鼠标指针在不同情况下的形状和鼠标的几种使用方法。

2.1.1　鼠标指针的形状

作为 Windows 的用户，大家都知道鼠标的指针有很多样式，不同的形状表示系统处于不同的状态，AutoCAD 也不例外。了解鼠标指针的形状对用户进行 AutoCAD 操作非常重要。各种鼠标指针形状的含义见表 2-1。

表 2-1　各种鼠标指针形状的含义

形状	含义	形状	含义
╂	正常绘图状态	↗	调整右上左下大小
↖	指向状态	↔	调整左右大小
＋	输入状态	↘	调整左上右下大小
□	选择对象状态	↕	调整上下大小
Q	缩放状态	✋	视图平移符号
⇳	调整命令窗大小	I	插入文本符号

此外，在 AutoCAD 2015 中，光标被提升为带有反应操作状态的标记，如执行"缩放"命令时，光标旁增加了缩放标记，如图 2-1(a)所示。还添加了常用编辑命令的预览，如执行"修剪"命令时，将被删除的线段会稍暗显示，而且光标标记变为"⌐⁎"指示该线段将被修剪，如图 2-1(b)所示。

(a) 缩放命令   (b) 修剪命令

图 2-1   光标显示状态

2.1.2　鼠标的基本操作

鼠标的基本操作主要包括以下几种。

（1）指向：把鼠标指针移动到某一个面板按钮上，系统会自动显示出该图标按钮的名称和说明信息。

（2）单击左键：鼠标左键主要用于选择命令、选择对象、绘图等。

（3）单击右键：鼠标右键用于结束选择目标、弹出快捷菜单、结束命令等。

（4）双击左键：在某一图形对象上双击鼠标左键，可在打开的特性对话框中修改其特性。

（5）间隔双击：主要用于对文件或层进行重命名。

（6）拖动：在某对象上按住鼠标左键，移动鼠标，在适当的位置释放，可改变对象位置。

（7）滚动中键：在绘图区滚动鼠标中键可以实现对视图的实时缩放。

（8）拖动中键：在绘图区直接拖动鼠标中键可以实现视图的实时平移，按住 Ctrl 键拖动鼠标中键可以沿某一方向实时平移视图，按住 Shift 键拖动鼠标中键可以实时旋转视图。

（9）双击中键：在图形区双击鼠标中键，可以将所绘制的全部图形完全显示在屏幕上，使其便于操作。

2.1.3　键盘的基本操作

使用 AutoCAD 软件绘制图形，键盘一般用于输入坐标值、输入命令和选择命令等。

以下介绍最常用的几个按键的作用。

（1）Enter 键：表示确认某一操作，提示系统进行下一步操作。例如，输入命令结束后，须按 Enter 键。

（2）Esc 键：表示取消某一操作，恢复到无命令状态。若要执行一个新命令，可按 Esc 键退出当前命令。

（3）在无命令状态下，按 Enter 键和空格键表示重复上一次的命令。

（4）Delete 键：用于快速删除选中的对象。

2.2 使用命令

使用 AutoCAD 绘制图形，必须对系统下达命令，系统通过执行命令，在命令行窗口出现相应的提示，用户根据提示输入相应的指令，完成图形的绘制。所以，用户应当熟练掌握命令调用的方式和命令的操作方法，还要掌握命令提示中常用选项的用法及含义。

2.2.1 命令调用方式

调用命令的方式有很多种，这些方式之间可能存在难易、繁简的区别。用户可以在不断的练习中找到一种适合自己的、最快捷的绘图方法或技巧。命令调用方式主要有以下 5 种。

（1）单击功能区按钮：单击功能区中的图标按钮调用命令的方法形象、直观，是初学者最常用的方法。将鼠标在按钮处停留数秒，会显示该按钮工具的名称，帮助用户识别。如单击功能区"默认"选项卡→"绘图"面板→"直线"按钮 ╱，可以启动绘制直线命令。

（2）选择菜单栏命令：一般的命令都可以通过菜单栏找到，这是一种较实用的命令执行方法。

（3）在命令行中输入命令：在命令行输入相关操作的完整命令或快捷命令，然后按 Enter 键或空格键即可执行命令。如绘制直线，可以在命令行输入"line"或"l"，然后按 Enter 键或空格键执行绘制直线命令。

> 📖 提示：AutoCAD 的完整命令一般情况下是该命令的英文，快捷命令一般是英文命令的首字母，当两个命令首字母相同时，大多数情况下使用该命令的前两个字母即可调用该命令，需要用户在使用过程中记忆。直接输入命令是最快速的执行方式。

（4）使用右键菜单：单击鼠标右键，在出现的快捷菜单中单击选取相应命令或选项即可激活相应功能。

（5）使用快捷键和功能键：使用快捷键和功能键是最简单快捷的执行命令的方式，常用的快捷键和功能键见表 2-2。

表 2-2　常用的快捷键和功能键

快捷键或功能键	功　　能	快捷键或功能键	功　　能
F1	AutoCAD 帮助	Delete	删除选中的对象
F2	文本窗口开/关	Ctrl + 1	对象特性管理器开/关
F3 / Ctrl+F	对象捕捉开/关	Ctrl + 2	设计中心开/关
F4	三维对象捕捉开/关	Ctrl + N	新建文件
F5 / Ctrl+E	等轴测平面转换	Ctrl + O	打开文件
F6 / Ctrl+D	动态 UCS 开/关	Ctrl + S	保存文件
F7 / Ctrl+G	栅格显示开/关	Ctrl + Shift + S	另存文件
F8 / Ctrl+L	正交开/关	Ctrl + P	打印文件
F9 / Ctrl+B	栅格捕捉开/关	Ctrl + A	全部选择图线
F10 / Ctrl+U	极轴开/关	Ctrl + Z	撤销上一步的操作
F11 / Ctrl+W	对象追踪开/关	Ctrl + Y	重复撤销的操作
F12	动态输入开/关	Ctrl + X	剪切

续表

快捷键或功能键	功　能	快捷键或功能键	功　能
Ctrl + C	复制	Ctrl + K	超链接
Ctrl + V	粘贴	Ctrl + T	数字化仪开/关
Ctrl + J	重复执行上一命令	Ctrl + Q	退出 CAD

调用命令后，系统并不能够自动绘制图形，用户需要根据命令行窗口的提示进行操作才能绘制图形。提示有以下几种形式。

（1）直接提示：这种提示直接出现在命令行窗口，用户可以根据提示了解该命令的设置模式或直接执行相应的操作完成绘图。

（2）中括号内的选项：有时在提示中会出现中括号，中括号内的选项称为可选项。想使用该选项，可直接用鼠标单击选项或者使用键盘输入相应选项后小括号内的字母，按 Enter 键完成选择。

（3）尖括号内的选项：有时提示内容中会出现尖括号，尖括号中的选项为默认选项，直接按 Enter 键即可执行该选项。

例如执行"偏移"命令绘制平行线时，命令行出现的提示如图 2-2 所示。

图 2-2　命令行提示

命令行上部显示"当前设置：删除源=否　图层=源　OFFSETGAPTYPE=0"，提示用户当前的设置模式为不删除原图线，作出的平行线和原图线在一个图层，偏移方式为 0。

命令行底部显示"指定偏移距离"，提示用户输入偏移距离，如果直接输入距离并按 Enter 键，即可设定平行线的距离。

"[通过(T)/删除(E)/图层(L)]"为可选项，如果想使用图层选项，可用鼠标单击该选项，或直接输入"L"并按 Enter 键，即可根据提示设置新生成的图线的图层属性。

"<通过>"选项是默认选项，直接按 Enter 键即可响应该选项，根据提示通过点绘制某图线的平行线。

2.2.2　命令的重复、终止和撤销

1．命令的重复

AutoCAD 2015 可以方便地使用重复的命令，命令的重复指的是执行已经执行过的命令。

在 AutoCAD 2015 中，有以下 5 种方法重复执行命令。

（1）无命令状态下，按 Enter 键或空格键即可重复执行上一次的命令。

（2）无命令状态下，按键盘上的"↑"键或"↓"键，可以上翻或下翻已执行过的命令，翻至命令行出现所需命令时，按 Enter 键或空格键即可重复执行命令。

（3）无命令状态下，在绘图区中右击，在弹出的快捷菜单中选择"重复"命令，即可执行上一次的命令，如图 2-3(a)所示；若选择"最近的输入"命令，即可选择重复执行之前的某一命令，如图 2-3(b)所示。

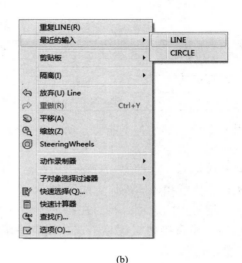

(a)   (b)

图 2-3　绘图区右键快捷菜单（无命令状态下）

（4）在命令行上右击，在弹出的快捷菜单中选择"最近使用的命令"，即可选择重复执行之前的某一命令，如图 2-4 所示。

（5）无命令状态下，单击命令行的 ⊡▾ 按钮，通过弹出的快捷菜单选择最近使用的命令，如图 2-5 所示。

图 2-4　命令行右键快捷菜单　　　　图 2-5　单击命令行按钮重复命令

图 2-6　命令执行过程
中的右键快捷菜单

2．命令的终止

AutoCAD 2015 在命令执行的过程中，有以下两种方法终止命令：

（1）按 Esc 键。

（2）在绘图区右击，弹出如图 2-6 所示的快捷菜单。通过选择其中的"确认"或"取消"命令均可终止命令。选择"确认"表示接受当前的操作并终止命令，选择"取消"表示取消当前操作并终止命令。

3．命令的撤销

AutoCAD 2015 提供了撤销命令，比较常用的有 U 命令和

UNDO 命令。每执行一次 U 命令，放弃一步操作，直到图形与当前编辑任务开始时相同为止；而 UNDO 命令可以一次取消数个操作。

【例 2-1】 以图 2-7 所示的"正在绘制的直线"为例描述撤销命令的使用方法。

（1）若只放弃最近一次绘制的直线，如只撤销第 3 条直线，可以按以下 4 种方法执行撤销命令：

① 在命令行中输入"U"或"UNDO"。

② 按快捷键 Ctrl+Z。

③ 在绘图区右击，选择"放弃"命令。

④ 选择菜单栏"编辑"→"放弃"命令。

（2）若将如图 2-7 所示的已绘制的 3 条直线全部放弃，可单击快速访问工具栏中的"放弃"按钮。

【例 2-2】 如图 2-8 所示，若已绘制完当前所需绘制的直线，此时在命令行中输入"U"或"UNDO"、按 Ctrl+Z 键、在绘图区右击→选择"放弃"命令、单击菜单栏"编辑"→"放弃"命令、单击快速访问工具栏中的"放弃"按钮，都可以将已绘制好的 3 条直线一次性放弃。

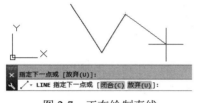

图 2-7 正在绘制直线

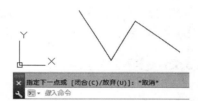

图 2-8 已绘制完当前所需绘制的直线

注意：单击快速访问工具栏中的"重做"按钮，则恢复已经被放弃的操作，必须紧跟在撤销命令之后。

2.3 认识坐标系

在绘图过程中，如果要精确定位某个对象的位置，则应以某个坐标系作为参照。

2.3.1 世界坐标系和用户坐标系

AutoCAD 2015 中包括两种坐标系：世界坐标系（WCS）和用户坐标系（UCS），默认状态下是世界坐标系（WCS），用户也可以定义自己的坐标系，即用户坐标系（UCS）。

1. 世界坐标系（WCS）

世界坐标系（WCS）是 AutoCAD 中默认的坐标系，进行绘图工程时，用户可以将绘图窗口设想成一张无限大的图纸，在这张图纸上已经设置世界坐标系（WCS）。世界坐标系由 X 轴、Y 轴和 Z 轴组成。二维绘图模式下，水平向右为 X 轴正方向，竖直向上为 Y 轴正方向。X 轴和 Y 轴的交汇处为坐标原点，有一个方框形标记"□"，如图 2-9(a)所示。坐标原点位于屏幕绘图窗口的左下角，固定不变。

2. 用户坐标系（UCS）

如果绘图过程中用户一直使用世界坐标系（WCS），则需要每次都以原点为标准来确定对象的坐标位置，这样会降低绘图效率。为了更高效并精确地绘图，用户可以根据需求创建自己的用户坐标系，图 2-9(b)为用户坐标系。

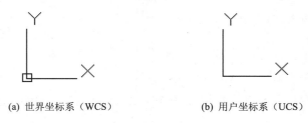

(a) 世界坐标系（WCS）   (b) 用户坐标系（UCS）

图 2-9　WCS 与 UCS

在用户坐标系中，原点和 X、Y、Z 轴的方向都可以移动或旋转，甚至可以依赖于图形中某个特定的对象，在绘图过程中使用起来有很大的灵活性。默认情况下，用户坐标系和世界坐标系重合，当用户坐标系和世界坐标系不重合时，用户坐标系的图标中将没有小方框，利用这点，很容易辨别当前绘图处于哪个坐标系中。

本节后续将会讲解如何创建、设置及使用用户坐标系。

2.3.2　坐标格式

AutoCAD 2015 中的坐标共有 4 种格式，分别为绝对直角坐标（笛卡儿坐标）、相对直角坐标、绝对极坐标和相对极坐标，各坐标格式说明如下。

（1）绝对直角坐标：相对于坐标原点的坐标值，以分数、小数或科学计数表示点的 X、Y、Z 的坐标值，其间用逗号隔开，例如（-30,50,0）。

（2）相对直角坐标：相对于前一点（可以不是坐标原点）的直角坐标值，表示方法为在坐标值前加符号"@"，例如（@-30,50,0）。

（3）绝对极坐标：用距离坐标原点的距离（极径）和与 X 轴的角度（极角）来表示点的位置，以分数、小数或科学计数表示极径，在极角数字前加符号"<"，两者之间没有逗号，例如（4<120）。

（4）相对极坐标：与相对直角坐标类似，在坐标值前加符号"@"表示相对极坐标，例如（@4<120）。

2.3.3　创建用户坐标系

在 AutoCAD 2015 中，用户可通过以下两种方法创建用户坐标系：

（1）选择菜单栏"工具"→"新建 UCS"命令，在其子菜单中选择相应的方式创建坐标系，如图 2-10 所示。

（2）在命令行中输入命令：UCS，并按 Enter 键。命令行提示：

```
命令: UCS
当前 UCS 名称: *世界*
UCS 指定 UCS 的原点或 [面(F) 命名(NA) 对象(OB) 上一个(P) 视图(V) 世界(W) X Y Z Z 轴(ZA)] <世界>:
```

此时默认指定 UCS 的原点来创建 UCS，也可选择中括号里的选项进行创建。中括号里的选项与"新建 UCS"子菜单中的命令相对应。

例如，创建如图 2-11 所示的用户坐标系。

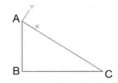

图 2-10   "新建 UCS"子菜单   图 2-11   创建 UCS 实例

具体操作步骤如下。

在命令行中输入命令：UCS，并按 Enter 键。命令行提示：

> 命令：UCS
> 当前 UCS 名称：*世界*
> UCS 指定 UCS 的原点或 [面(F) 命名(NA) 对象(OB) 上一个(P) 视图(V) 世界(W) X Y Z Z 轴(ZA)] <世界>：

此时指定 UCS 的原点 A 点。命令行提示：

> UCS 指定 X 轴上的点或 <接受>：

通过单击线段 AC 上的任意一点来指定 X 轴。命令行继续提示：

> UCS 指定 XY 平面上的点或 <接受>：

此时直接按 Enter 键表示接受该状态，至此完成 UCS 的创建，效果如图 2-11 所示。

另外，用户可将创建好的当前用户坐标系（UCS）命名并保存，以根据工作需要随时调用。具体操作如下。

在命令行中输入 UCS，并按 Enter 键。此时命令行提示：

> 命令：UCS
> 当前 UCS 名称：*没有名称*
> UCS 指定 UCS 的原点或 [面(F) 命名(NA) 对象(OB) 上一个(P) 视图(V) 世界(W) X Y Z Z 轴(ZA)] <世界>：

此时选择"命名（NA）"选项。命令行提示：

> UCS 输入选项 [恢复(R) 保存(S) 删除(D) ?]：

此时选择"保存（S）"选项。命令行继续提示：

> UCS 输入保存当前 UCS 的名称或 [?]：

此时输入当前 UCS 的名称，如"UCS-1"，然后按 Enter 键即可保存。

2.3.4   管理用户坐标系

AutoCAD 2015 中通过如图 2-12 所示的"UCS"对话框对 UCS 进行设置和管理。在此，用户可方便地对自己定义的坐标系进行存储、删除以及调用等操作。

用户可通过以下两种方法打开该对话框：

（1）选择菜单栏"工具"→"命名 UCS"命令。

（2）在命令行中输入命令：UCSMAN，并按 Enter 键。

"UCS"对话框包括"命名 UCS"、"正交 UCS"和"设置"3 个选项卡，各选项卡说明如下。

（1）"命名 UCS"选项卡：如图 2-12 所示，列出当前图形中定义的坐标系。选择某一坐标系后，单击 置为当前(C) 按钮，可将选定坐标系置为当前，由此实现各个 UCS 之间的切换；单击 详细信息(T) 按钮，可显示其 UCS 坐标的详细数据。选中一个已命名保存的 UCS 并单击鼠标右键，将弹出如图 2-13 所示的快捷菜单，通过该菜单可执行删除和重命名等操作。如果选中未命名 UCS 并右击，可通过重命名操作来保存该 UCS。

图 2-12　"命名 UCS"选项卡

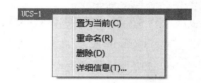

图 2-13　右键快捷菜单

（2）"正交 UCS"选项卡：如图 2-14 所示，列出当前图形中定义的 6 个正交坐标系。可在"相对于"下拉列表框中设置正交 UCS 的基准坐标系。

（3）"设置"选项卡：如图 2-15 所示，用于显示和修改 UCS 图标设置和 UCS 设置。

图 2-14　"正交 UCS"选项卡

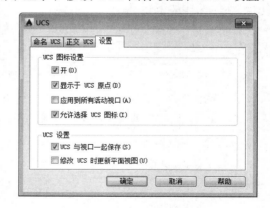

图 2-15　"设置"选项卡

另外，用户还可以通过"UCS 图标"对话框对 UCS 图标的显示特性进行设置。选择菜单栏"视图"→"显示"→"UCS 图标"→"特性"命令，打开"UCS 图标"对话框，如图 2-16 所示。

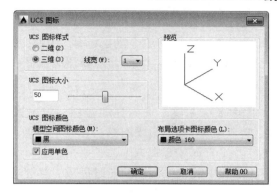

图 2-16   "UCS 图标"对话框

2.4 AutoCAD 的图形显示控制

按照一定的比例、观察位置和角度显示图形称为视图。视图的控制是指图形的缩放、平移、命名等功能。本节对这些功能进行简单的介绍。

2.4.1 缩放视图

缩放命令的功能如同照相机中的变焦镜头，它能够放大或缩小当前视图中观察对象的视觉尺寸，而对象的实际尺寸并不改变。放大一个视觉尺寸，能够更详细地观察图形中的某个较小的区域，反之，可以更大范围地观察图形。

在 AutoCAD 2015 中，有以下 3 种方法执行"缩放"操作：

（1）选择菜单栏"视图"→"缩放"命令，显示"缩放"子菜单，如图 2-17 所示。

（2）单击"导航栏"中的缩放系列按钮，如图 2-18 所示。

（3）在命令行中输入命令：ZOOM（或 Z），并按 Enter 键。

图 2-17   "缩放"子菜单

图 2-18   导航栏缩放工具

在"缩放"子菜单和导航栏中有各种缩放工具。运行 ZOOM 命令后，在命令行中也会提示相应信息：

这些选项和"缩放"子菜单以及导航栏中的缩放工具——对应。

常用的缩放工具有实时缩放、窗口缩放、动态缩放、缩放比例、中心缩放、缩放对象、放大、缩小、全部缩放、范围缩放等。下面分别介绍这些缩放工具的含义。

1．实时缩放

选择该缩放工具后，按住鼠标左键，向上拖动鼠标，就可以放大图形，向下拖动鼠标，则缩小图形。按 Esc 键或 Enter 键结束实时缩放操作，或者右击鼠标，选择快捷菜单中的"退出"项也可以结束当前的实时缩放操作。

实际操作时，一般滚动鼠标中键完成视图的实时缩放。当光标在绘图区时，向上滚动鼠标滚轮为实时放大视图，向下滚动鼠标滚轮为实时缩小视图。

2．窗口缩放

选择该缩放工具后，通过指定要查看区域的两个对角，可以快速缩放图形中的某个矩形区域。确定要查看的区域后，该区域的中心成为新的屏幕显示中心，该区域内的图形被放大到整个显示屏幕。在使用窗口缩放后，图形中所有对象均以尽可能大的尺寸显示，同时又能适应当前视口或当前绘图区域的大小。

在选择时，将图形要放大的部分全部包围在矩形框内。矩形框的范围越小，图形显示得越大。

3．动态缩放

动态缩放与窗口缩放有相同之处，它们放大的都是矩形选择框内的图形，但动态缩放比窗口缩放灵活，可以随时改变选择框的大小和位置。

选择"动态缩放"工具后，绘图区会出现选择框，如图 2-19 所示。此时拖动鼠标可移动选择框到需要位置，单击鼠标后选择框的形状如图 2-20 所示。此时拖动鼠标即可按箭头所示方向放大或缩小选择框，并可上下移动。在图 2-20 状态下单击鼠标可以变换为如图 2-19 所示的状态，拖动鼠标可以改变选择框的位置。用户可以通过单击鼠标在两种状态之间切换。需要注意的是，如图 2-19 所示的状态可以通过拖动鼠标改变位置，如图 2-20 所示的状态可以通过拖动鼠标改变选择框的大小。

图 2-19　选择框可移动时的状态

图 2-20　可缩放的选择框

不论选择框处于何种状态，只要将需要放大的图样选择在框内，按 Enter 键即可将其放大并且为最大显示。注意，选择框越小，放大的倍数越大。

4．范围缩放

"范围缩放"使用尽可能大的、可包含图形中所有对象的放大比例显示视图。此视图包含已关闭图层上的对象，但不包含冻结图层上的对象。图形中所有对象均以尽可能大的尺寸显示，同时又能适应当前视口或当前绘图区域的大小。

5．缩放对象

"缩放对象"命令使用尽可能大的、可包含所有选定对象的放大比例显示视图。可以在启动"ZOOM"命令之前或之后选择对象。

6．全部缩放

"全部缩放"显示用户定义的绘图界限和图形范围，无论哪一个视图较大，在当前视口中缩放显示整个图形。在平面视图中，所有图形将被缩放到栅格界限和当前范围两者中较大的区域中。图形栅格的界限将填充当前视口或绘图区域，如果在栅格界限之外存在对象，它们也被包括在内。

7．其他缩放

"缩放比例"：以指定的比例因子缩放显示图形。

"缩放上一个"：恢复上次的缩放状态。

"中心缩放"：缩放显示由中心点和放大比例（或高度）所定义的窗口。

2.4.2　平移视图

视图的平移是指在当前视口中移动视图，在不改变图形的缩放显示比例的情况下，观察当前图形的不同部位。该命令的作用如同通过一个显示窗口审视一幅图纸，可以将图纸上、下、左、右移动，而观察窗口的位置不变。

视图平移可以使用以下 3 种方法：

（1）单击"导航栏"中的平移按钮即可进入视图平移状态，此时鼠标指针形状变为，按住鼠标左键拖动鼠标，视图的显示区域就会随着实时平移。按 Esc 键或 Enter 键退出该命令。

（2）当光标位于绘图区时，按下鼠标滚轮，此时鼠标指针形状变为，按住鼠标滚轮拖动鼠标，视图的显示区域就会随着实时平移。松开鼠标滚轮，可以直接退出该命令。

（3）在命令行中输入命令：PAN，并按 Enter 键。同样，此时鼠标指针形状变为，按住鼠标左键拖动鼠标，可实现视图的实时平移。按 Esc 键或 Enter 键可退出该命令。

> 📖 提示：注意命令 PAN 和 MOVE 的区别。

2.4.3　命名视图

用户可以在一张工程图纸上创建多个视图。当要观看、修改图纸上的某一部分视图时，将该视图恢复出来即可。

在 AutoCAD 2015 中，创建、设置、重命名及删除视图均可在"视图管理器"对话框中进行，如图 2-21 所示。可通过以下两种方法打开该对话框。

（1）选择菜单栏"视图"→"命名视图"命令。

（2）在命令行中输入命令：VIEW，并按 Enter 键。

其中，"当前视图"选项后显示了当前视图的名称，"查看"选项组的列表框中列出了已命名的视图和可作为当前视图的类别。

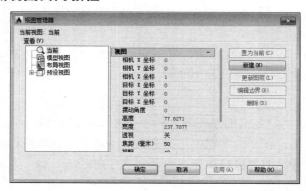

图 2-21　"视图管理器"对话框

1．新建命名视图

命名视图可以保存以下设置：比例、中心点、视图方向、指定给视图的视图类别、视图的位置、保存视图时图形中图层的可见性、用户坐标系、三维透视和背景等。

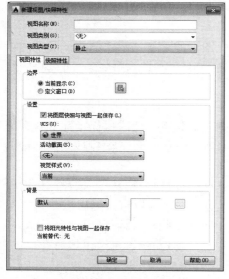

图 2-22　"新建视图/快照特性"对话框

单击视图管理器中的 新建(N)… 按钮，出现"新建视图/快照特性"对话框，如图 2-22 所示。在"视图名称"文本框中输入视图名称，在"边界"选项组可以选择命名视图定义的范围，可以把当前显示定义为命名视图，也可以通过定义窗口的方法确定命名视图的显示。

单击 确定 按钮返回"视图管理器"对话框，新建的视图会显示在视图列表中，单击 确定 按钮退出。

2．编辑命名视图

用户可以在视图管理器中对已命名的视图进行编辑。在视图管理器中选择要编辑的命名视图后，在对话框中部的信息区域将显示视图所保存的信息，单击其中某一项即可对其进行编辑。

单击 更新图层(L) 按钮，可更新与选定的视图一起保存的图层信息，使其与当前模型空间和布局视口中的图层可见性相匹配；单击 编辑边界(B)… 按钮，可以重新定义命名视图的边界；单击 删除(D) 按钮，可将命名视图删除。

3．恢复命名视图

在 AutoCAD 中，可以一次命名多个视图，当需要重新使用一个已命名视图时，只要将该视图恢复到当前视口即可。如果绘图窗口中包含多个视口，用户也可以将视图恢复到活动视口中，或将不同的视图恢复到不同的视口中，以同时显示模型的多个视图。

恢复视图时可以恢复视口的中点、查看方向、缩放比例因子和透视图（镜头长度）等设置，如果在命名视图时将当前的 UCS 随视图一起保存起来，当恢复视图时也可以恢复 UCS。

要进行恢复视图的操作，只要在视图管理器中将选择要恢复的视图，单击 置为当前(C) 按钮，再单击 确定 按钮即可。

2.5 综合实例

【例2-3】创建命名视图。

创建一个名称为"右上"的命名视图，视图显示图中的右上部分视图。

操作步骤

[1] 选择菜单栏"视图"→"命名视图"命令，打开"视图管理器"对话框→单击 新建(N)... 按钮，弹出"新建视图/快照特性"对话框。

[2] 在"视图名称"文本框中输入"右上"，如图 2-23 所示。

[3] 单击"边界"区域的"定义视图窗口"按钮 ，在绘图区选择右上部分的图形（指定窗口的两个对角点后，按 Enter 键或右击），返回到"新建视图/快照特性"对话框。

[4] 单击 确定 按钮，返回"视图管理器"对话框，如图 2-24 所示。单击 确定 按钮，回到绘图区（或选中"右上"命名视图→单击 置为当前(C) 按钮→单击 确定 按钮）。

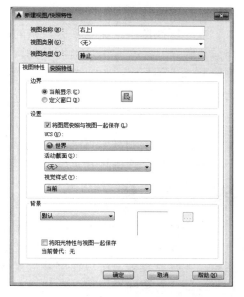

图 2-23　"新建视图/快照特性"对话框

图 2-24　"视图管理器"对话框

第 3 章 绘制二维图形

在工程制图中，无论多么复杂的图形，都是由一个或多个基本对象组成的。二维图形对象是整个 AutoCAD 的绘图基础，主要有点、线、圆、多边形等内容。用户应熟练地掌握这些基本图形对象的绘制方法和技巧，这些命令对后章节中复杂图形的绘制和三维图形的绘制有着非常重要的作用。本章将介绍如何使用 AutoCAD 2015 绘制二维平面图形。

【学习目标】

（1）学习绘制基本二维平面图形。
（2）熟练掌握各种基本图形的绘制方法。

3.1　点对象

点也称节点，是最基本的图形元素，在绘图中通常起辅助作用。AutoCAD 2015 中的点是没有大小的，它只是抽象地代表坐标空间的一个位置。点的位置由 X、Y 和 Z 坐标值指定。在绘制点时，可以在屏幕上直接拾取，也可以在命令行输入点的坐标值定位某点，还可以使用对象捕捉功能定位某点。

3.1.1　设置点样式

为了方便查看和区分点，在绘制点之前应给点先定义一种样式。用户可通过"点样式"对话框来设置点的显示外观和显示大小，如图 3-1 所示，有以下 3 种方法打开该对话框。

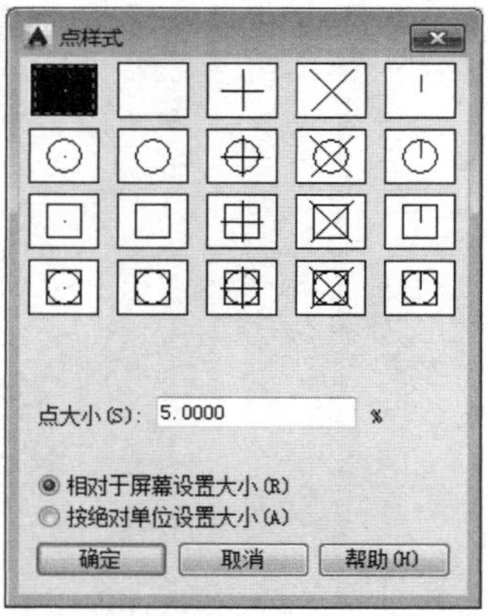

图 3-1　"点样式"对话框

（1）选择菜单栏"格式"→"点样式"命令。

（2）单击功能区"默认"选项卡→"实用工具"面板→"点样式"按钮。

（3）在命令行中输入命令：DDPTYPE，并按 Enter 键。

"点样式"对话框中列出了 20 种点样式。默认情况下，点对象以一个小点的形式显示，即显示为"·"。"点大小"文本框用于设置点的显示大小，通过其下面的两个单选按钮可设置该大小是"相对于屏幕设置大小"还是"按绝对单位设置大小"。前者表示按屏幕尺寸的百分比设置点的显示大小，当进行缩放时，点的显示大小并不改变；后者表示按"点大小"文本框中指定的实际单位设置点显示的大小，进行缩放时，显示的点大小随之改变。

选择一种点的样式，如选择"⊠"这种样式，点大小设置为 10 个绝对单位，单击"确定"按钮保存退出。

3.1.2 绘制单点和多点

在 AutoCAD 2015 中，菜单栏"绘图"→"点"子菜单以及功能区"默认"选项卡的"绘图"面板提供了绘制点的工具，如图 3-2 所示。

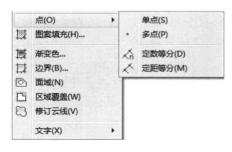

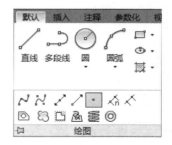

(a)"点"子菜单

(b)"绘图"面板

图 3-2 绘制点的工具

由图 3-2 可知，可绘制点的类型包括"单点"、"多点"、"定数等分"和"定距等分"。

绘制"多点"是指在绘图区一次绘制多个点，可以通过以下 3 种方式绘制。

（1）单击功能区"默认"选项卡→"绘图"面板→"多点"按钮 。

（2）选择菜单栏"绘图"→"点"→"多点"命令。

（3）在命令行输入命令：POINT，并按 Enter 键。

执行绘制多点操作后，命令行提示：

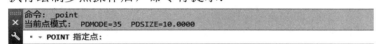

命令提示行中的 PDMODE 和 PDSIZE 两个系统变量用于存储点的样式和点的大小，可以通过运行这两个命令设置这两个系统变量的值，改变点的样式和大小。PDMODE=35，PDSIZE=10 表示点的样式为 35 即"⊠"，大小为 10 个绝对单位。

直接用鼠标在绘图区单击或输入点的坐标，可指定点的位置，直到按 Enter 键或 Esc 键结束命令。

当然，也可以用菜单栏"绘图"→"点"→"单点"命令绘制一个单独的点，使用该命令绘制完一个点后，自动结束命令。

3.1.3 绘制定数等分点

"定数等分"命令会创建沿对象的长度或周长等间隔排列的点对象或块，如图 3-3 中的定数等分点分别将一条直线和圆弧等分为 5 份。

可通过以下 3 种方式绘制"定数等分点"。

（1）单击功能区"默认"选项卡→"绘图面板"→"定数等分"按钮 。

（2）选择菜单栏"绘图"→"点"→"定数等分"命令。

图 3-3 定数等分点

（3）在命令行输入命令：DIVIDE（或 DIV），并按 Enter 键。

执行绘制定数等分点操作后，命令行提示：

> ✕⌂▾ **DIVIDE** 选择要定数等分的对象：

此时鼠标指针变为拾取状态"☐"，单击选择要定数等分的对象。选择后命令行提示：

> ✕⌂▾ **DIVIDE** 输入线段数目或 [块(B)]：

在命令行中输入线段数目并按 Enter 键，至此完成定数等分。或选择"块(B)"，可在选定对象上等间距地放置块。

"定数等分"命令并不是把对象实际等分为单独的对象，只是在对象定数等分的位置上添加节点，这些节点将作为几何参照点，起辅助作图之用。

3.1.4 绘制定距等分点

"定距等分"是指将所选对象按照指定长度插入点或块，如图 3-4 中分别在一条直线和圆弧 40mm 处插入定距等分点。

图 3-4 定距等分点

可通过以下 3 种方式绘制"定距等分点"。

（1）单击功能区"默认"选项卡→"绘图面板"→"定距等分"按钮。

（2）选择菜单栏"绘图"→"点"→"定距等分"命令。

（3）在命令行输入命令：MEASURE（或 ME），并按 Enter 键。

执行该命令后，命令行提示：

> ✕▾ **MEASURE** 选择要定距等分的对象：

此时单击选择要定距等分的对象。选择后命令行提示：

> ✕▾ **MEASURE** 指定线段长度或 [块(B)]：

此时在命令行中输入等分点的间距值并按 Enter 键，完成定距等分。或选择"块（B）"，可在选定对象上按指定的距离放置块。

需要注意的是：等距点不均分所选对象，在拾取对象时，光标应该靠近开始等距的起点，这很重要。

3.2 直线型对象

直线型对象在二维平面图形中是最常见的，它包括直线、射线和构造线 3 种类型。

3.2.1 绘制直线

在 AutoCAD 中，"直线"是指具有两个端点的直线段，一般用于绘制轮廓线、中心线等。AutoCAD 2015 通过指定两个端点来绘制一条直线。用户可通过以下 3 种方法执行绘制直线命令。

（1）单击功能区"默认"选项卡→"绘图"面板→"直线"按钮。

（2）选择菜单栏"绘图"→"直线"命令。

（3）在命令行输入命令：LINE（或 L），并按 Enter 键。

使用"直线"命令，可以创建一系列连续的直线段。具体操作如下：

执行绘制直线命令，命令行提示：

> LINE 指定第一个点：

此时指定直线的起点。用户可以通过在绘图区单击鼠标左键指定该点，也可以在命令行中输入点的绝对坐标值或相对坐标值指定该点。若直接按 Enter 键，则以上一条绘制的直线或圆弧终点作为现在所绘制的直线的起点。

指定第一点后，命令行提示：

> LINE 指定下一点或 [放弃(U)]：

此时指定直线的第二点，通过这两个点即完成一条线段的绘制。指定完这一点后，"直线"命令并不会自动结束，命令行继续提示：

> LINE 指定下一点或 [放弃(U)]：

此时指定直线的第三点或放弃。当绘制的线段超过两条以后，命令行会提示：

> LINE 指定下一点或 [闭合(C) 放弃(U)]：

这两个选项的含义如下。

（1）选择"闭合"，表示以第一条线段的起点作为最后一条线段的终点，形成一个闭合的线段环。

（2）选择"放弃"，表示删除直线序列中最近一次绘制的线段，多次选择该项可按绘制次序的逆序逐个删除线段。如果用户不终止绘制直线操作，命令行将一直提示：

> LINE 指定下一点或 [闭合(C) 放弃(U)]：

完成线段绘制后，可按 Enter 键或 Esc 键退出绘制直线操作；也可在绘图区右击，从弹出的快捷菜单中选择"确定"命令。

3.2.2 绘制射线

"射线"是指在一个方向上无限延伸的直线，一般用作辅助线。AutoCAD 2015 通过指定射线的起点和通过点来绘制射线，有以下 3 种方法执行绘制射线命令。

（1）单击功能区"默认"选项卡→"绘图"面板→"射线"按钮。

（2）选择菜单栏"绘图"→"射线"命令。

（3）在命令行输入命令：RAY，并按 Enter 键。

执行绘制射线操作后，命令行提示：

> RAY _ray 指定起点：

此时用鼠标在绘图区单击或在命令行中输入点的坐标值指定射线的起点。

指定起点后，命令行提示：

> RAY 指定通过点：

此时指定第一条射线的通过点，通过这两个点即完成一条射线的绘制。指定一个通过点后，命令行继续提示：

RAY 指定通过点：

往后可连续指定多个通过点以绘制一簇射线，这些射线拥有共同的起点，即命令执行后指定的第一点，如图 3-5 所示。同样，按 Enter 键或 Esc 键退出绘制射线操作，也可在绘图区右击。

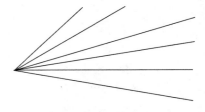

图 3-5　射线

3.2.3　绘制构造线

"构造线"是指两端均无限延伸的直线，一般用做辅助线。例如，可以用构造线查找三角形的中心，用于图纸中多个视图的对齐，或创建临时交点用于对象捕捉。

AutoCAD 2015 通过指定构造线的中心点和通过点来绘制构造线，可以使用以下 3 种方法启动绘制构造线命令。

（1）单击功能区"默认"选项卡→"绘图"面板→"构造线"按钮 。

（2）选择菜单栏"绘图"→"构造线"命令。

（3）在命令行输入命令：XLINE（或 XL），并按 Enter 键。

执行绘制构造线操作后，命令行提示：

XLINE 指定点或 [水平(H) 垂直(V) 角度(A) 二等分(B) 偏移(O)]：

用鼠标在绘图区单击或在命令行中输入点的坐标值，指定构造线的中心点。中括号里的各个选项的含义如下。

（1）水平（H）：表示绘制通过指定点的水平构造线，即平行于 X 轴。

（2）垂直（V）：表示绘制通过指定点的垂直构造线，即平行于 Y 轴。

（3）角度（A）：表示以指定的角度创建一条构造线。

（4）二等分（B）：表示绘制一条将指定角度平分的构造线。

（5）偏移（O）：表示绘制一条平行于另一个对象的参照线。

如果选择了指定第一点，命令行将继续提示：

XLINE 指定通过点：

此时指定第一条构造线的通过点，通过这两个点即完成一条构造线的绘制。指定一个通过点后，命令行继续提示：

XLINE 指定通过点：

往后可连续指定多个通过点以绘制一簇构造线，如图 3-6 所示。同样，可按 Enter 键或 Esc 键停止绘制构造线操作，也可在绘图区右击。

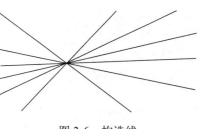

图 3-6　构造线

3.3　圆形对象

圆、圆弧、椭圆和椭圆弧等都属于圆形对象，圆形对象也是作图过程中经常遇到的实体。AutoCAD 2015 提供了多种绘制圆形对象的方法，用户须在不同的已知条件下，选择合适的绘制圆形对象的方法。

3.3.1 绘制圆

在 AutoCAD 2015 中，绘制圆的方法有三种：一是通过指定圆心和半径（或直径）来绘制圆，二是指定圆经过的点来绘制圆，三是创建和某对象相切的圆。

调用圆命令可以使用以下 3 种方法。

（1）单击功能区"默认"选项卡→"绘图"面板→绘制圆的按钮，如图 3-7 所示。

（2）选择菜单栏"绘图"→"圆"子菜单，如图 3-8 所示。

（3）在命令行输入命令：CIRCLE（或 C），并按 Enter 键。

图 3-7 绘制圆的按钮　　　　　　　　图 3-8 "圆"子菜单

"圆"子菜单中的每个选项代表一种绘制圆的方法，各选项的含义如下。

（1）圆心、半径：通过指定圆的圆心位置和半径绘制圆，如图 3-9(a)所示。

（2）圆心、直径：通过指定圆的圆心位置和直径绘制圆，如图 3-9(b)所示。

（3）两点：通过指定圆直径上的两个端点绘制圆，如图 3-9(c)所示。

（4）三点：通过指定圆周上的三个点绘制圆，如图 3-9(d)所示。

（5）相切、相切、半径：通过指定与圆相切的两个对象以及圆的半径绘制圆，如图 3-9(e)所示。

（6）相切、相切、相切：通过指定与圆相切的三个对象绘制圆，如图 3-9(f)所示。

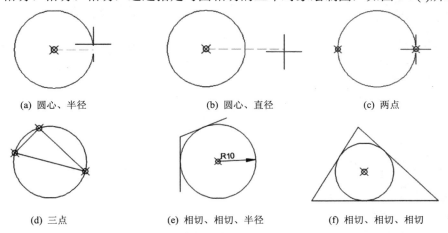

(a) 圆心、半径　　　　　(b) 圆心、直径　　　　　(c) 两点

(d) 三点　　　　　(e) 相切、相切、半径　　　　　(f) 相切、相切、相切

图 3-9 绘制圆的多种方法

单击"绘图"工具栏上的"圆"按钮⊙，或在命令行输入 CIRCLE（或 C）并回车之后，命令行将提示：

⊙ CIRCLE 指定圆的圆心或 [三点(3P)] [两点(2P)] 切点、切点、半径(T)：

用鼠标在绘图区单击或在命令行中输入点的坐标值，指定圆心。然后命令行将继续提示：

⊙ CIRCLE 指定圆的半径或 [直径(D)] <10.0000>：

此时可在绘图区单击指定半径值或直接输入半径值，完成圆的绘制。

此外，还可以选择中括号里的选项，采用其他方式绘制圆。各选项对应"圆"子菜单中的各同名选项。

3.3.2 绘制圆弧

AutoCAD 2015 提供了更多绘制圆弧的方式，是通过指定圆弧的起点、端点、圆心角、圆弧方向、弦长等参数来控制圆弧的形状和位置。虽然 AutoCAD 提供了多种绘制圆弧的方法，但经常用到的仅是其中的几种，在以后的章节里将会介绍用"倒圆角"和"修剪"命令来间接生成圆弧。

同绘制圆一样，有以下 3 种调用圆弧命令的方式。

（1）单击功能区"默认"选项卡→"绘图"面板→绘制圆弧的系列命令，如图 3-10所示。

（2）选择菜单栏"绘图"→"圆弧"子菜单，如图 3-11 所示。

（3）在命令行中输入 ARC，并按 Enter 键。

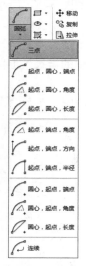

图 3-10 绘制圆弧的系列命令　　　　图 3-11 "圆弧"子菜单

"圆弧"子菜单中各选项的含义如下。

（1）三点：通过指定圆弧上的三个点绘制一段圆弧。选择该选项后，命令行将依次提示指定起点、圆弧的第二个点、端点，如图 3-12(a)所示。

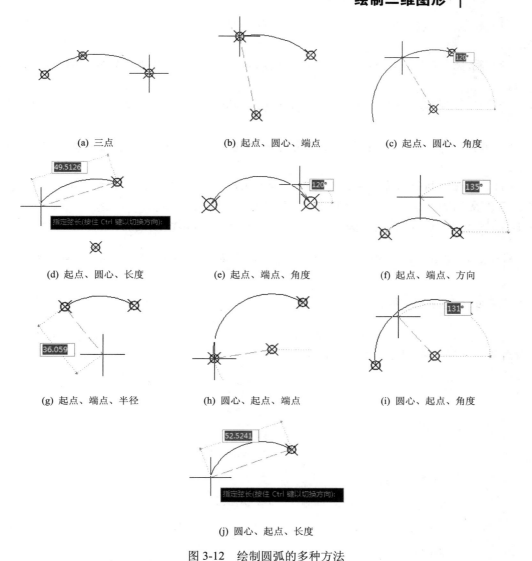

(a) 三点　　　　　　　　(b) 起点、圆心、端点　　　　　　　　(c) 起点、圆心、角度

(d) 起点、圆心、长度　　　　　(e) 起点、端点、角度　　　　　(f) 起点、端点、方向

(g) 起点、端点、半径　　　　　(h) 圆心、起点、端点　　　　　(i) 圆心、起点、角度

(j) 圆心、起点、长度

图 3-12　绘制圆弧的多种方法

（2）起点、圆心、端点：通过依次指定圆弧的起点、圆心及端点绘制圆弧，如图 3-12(b)所示。

（3）起点、圆心、角度：通过依次指定圆弧的起点、圆心及包含的角度逆时针绘制圆弧。如果输入角度为负，则顺时针绘制圆弧，如图 3-12(c)所示。

（4）起点、圆心、长度：通过依次指定圆弧的起点、圆心及弦长绘制圆弧。如果输入的弦长为正值将从起点逆时针绘制劣弧。如果弦长为负值，将逆时针绘制优弧，如图 3-12(d)所示。

（5）起点、端点、角度：通过依次指定圆弧的起点、端点和角度绘制圆弧如图 3-12(e)所示。

（6）起点、端点、方向：通过依次指定圆弧的起点、端点和起点的切线方向绘制圆弧如图 3-12(f)所示。

（7）起点、端点、半径：通过依次指定圆弧的起点、端点和半径绘制圆弧如图 3-12(g)所示。

（8）圆心、起点、端点：通过依次指定圆弧的圆心、起点和端点绘制圆弧如图 3-12(h)所示。

（9）圆心、起点、角度：通过依次指定圆弧的圆心、起点和角度绘制圆弧如图 3-12（i）所示。

（10）圆心、起点、长度：通过依次指定圆弧的圆心、起点和长度绘制圆弧如图 3-12（j）所示。

（11）继续：执行该命令后，命令行提示"指定圆弧的端点"，此时直接按 Enter 键，将接着最后一次绘制的直线、圆弧或多段线绘制一段圆弧，即以上一次绘制对象的最后一点作为圆弧的起点，所绘制的圆弧与上一条直线、圆弧或多段线相切。

> 📖 **注意**：AutoCAD 中默认设置的正方向为逆时针方向，圆弧沿正方向从起点生成到终点。

3.3.3　绘制椭圆

功能区"默认"选项卡→"绘图"面板→"椭圆"命令和菜单栏"绘图"→"椭圆"子菜单提供了绘制椭圆和椭圆弧的方法，如图 3-13 所示。

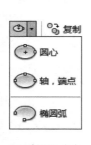

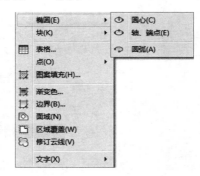

(a)"椭圆"命令　　　　　　　　　　(b)"椭圆"子菜单

图 3-13　"椭圆"命令和"椭圆"子菜单

绘制椭圆的方法有两种：一种是圆心法，另一种是轴、端点法。

1．圆心法

用这种方法绘制椭圆时，要能确定椭圆的中心位置以及长轴和短轴的长度。选择菜单栏"绘图"→"椭圆"→"圆心"命令或单击功能区"默认"选项卡→"绘图"面板→"椭圆"按钮→"圆心"按钮，命令行提示如下：

> ⊙▼ ELLIPSE 指定椭圆的中心点：

此时用鼠标在绘图区单击或在命令行中输入点的坐标值指定中心点 1。

指定中心点后，命令行提示：

> ⊙▼ ELLIPSE 指定轴的端点：

此时用鼠标在绘图区单击或在命令行中输入半轴的长度指定一个轴的端点 2。

> ⊙▾ ELLIPSE 指定另一条半轴长度或 [旋转(R)]:

通过输入值（半轴长度）或定位点 3 来指定距离，如图 3-14(a)所示。若选择"旋转（R）"选项，须指定旋转角度，通过绕已知轴旋转圆来创建椭圆。

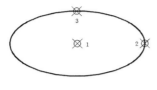
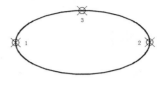

(a) 圆心法绘制椭圆　　　　　　　　(b) 轴、端点法绘制椭圆

图 3-14　绘制椭圆的方法

2．轴、端点法

用这种方法绘制椭圆必须知道椭圆的一条轴的两端点和另一条轴的半轴长。选择菜单栏"绘图"→"椭圆"→"轴、端点"命令或单击功能区"默认"选项卡→"绘图"面板→"椭圆"按钮→"轴、端点"按钮，命令行提示如下：

> ⊙▾ ELLIPSE 指定椭圆的轴端点或 [圆弧(A) 中心点(C)]:

此时确定轴端点 1。

> ⊙▾ ELLIPSE 指定轴的另一个端点:

此时确定轴端点 2。

> ⊙▾ ELLIPSE 指定另一条半轴长度或 [旋转(R)]:

通过输入值（半轴长度）或定位点 3 来指定距离，如图 3-14(b)所示。

3.3.4　绘制椭圆弧

在 AutoCAD 中可以方便地绘制出椭圆弧。绘制椭圆弧的方法与上面讲的椭圆绘制方法基本类似。执行绘制椭圆弧命令，按照提示首先创建一个椭圆，然后按照提示，在已有椭圆的基础上截取一段椭圆弧，下面绘制如图 3-15 所示的 A 点和 B 点之间的椭圆弧。

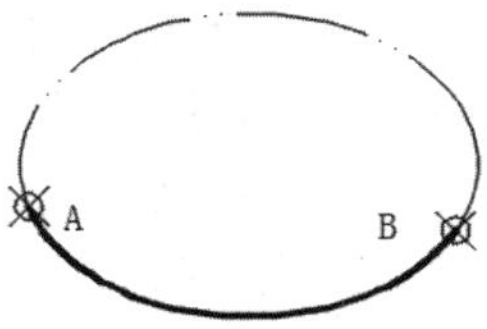

单击"椭圆弧"命令按钮 ⬭ 椭圆弧 ，命令行依次提示如下：

> ⊙▾ ELLIPSE 指定椭圆弧的轴端点或 [中心点(C)]:

> ⊙▾ ELLIPSE 指定轴的另一个端点:

> ⊙▾ ELLIPSE 指定另一条半轴长度或 [旋转(R)]:

图 3-15　椭圆弧

按照命令行提示，前三步使用轴、端点法或圆心法绘制一个椭圆。

> ⊙▾ ELLIPSE 指定起点角度或 [参数(P)]:

此时指定圆弧起点与长轴的角度，通过输入值或定位点 A 来指定起点角度。

> ⊙▾ ELLIPSE 指定端点角度或 [参数(P) 夹角(I)]:

此时指定圆弧端点与长轴的角度，通过输入值或定位点 B 来指定端点角度。

3.4 矩形和正多边形

矩形和正多边形是二维平面图形中应用较多且常用的图元。在 AutoCAD 2015 中，矩形和正多边形是单独的图形对象。

3.4.1 绘制矩形

矩形是 AutoCAD 中较常用的几何图形，用户可以通过指定矩形的两个对角点来绘制矩形，也可以使用面积（A）或尺寸（D）选项指定矩形尺寸来绘制矩形。

在 AutoCAD 2015 中，可以通过以下 3 种方法绘制矩形。

（1）单击功能区"默认"选项卡→"绘图"面板→"矩形"按钮 。

（2）选择菜单栏"绘图"→"矩形"命令。

（3）在命令行中输入命令：RECTANG（或 REC），并按 Enter 键。

执行绘制矩形操作后，命令行提示：

RECTANG 指定第一个角点或 [倒角(C) 标高(E) 圆角(F) 厚度(T) 宽度(W)]：

此时默认选项是"指定第一个角点"，该选项表示指定矩形的第一个角点。指定第一个角点以后，命令行将提示：

RECTANG 指定另一个角点或 [面积(A) 尺寸(D) 旋转(R)]：

此时默认选项是"指定另一个角点"，即用鼠标拾取或坐标指定矩形的另一个角点完成绘制矩形。也可以选择中括号里的选项完成矩形绘制：输入"A"，可指定矩形面积；输入"D"，可指定矩形的长度和宽度；输入"R"，可指定矩形的旋转角度。

其他各个选项用于绘制不同形式的矩形，但仍须指定两个对角点。选择这些选项中的任何一个并设置好参数后，命令行仍然返回到：

RECTANG 指定第一个角点或 [倒角(C) 标高(E) 圆角(F) 厚度(T) 宽度(W)]：

此时提示用户指定第一个角点。

中括号里的各个选项的含义如下。

（1）倒角（C）：用于绘制带倒角的矩形，如图 3-16(a)所示。选择该选项后，命令行将提示指定矩形的两个倒角距离。

（2）标高（E）：选择该选项可指定矩形所在的平面高度，如图 3-16(d)所示。默认情况下，所绘制的矩形均在 Z=0 平面内，通过该选项就会将矩形绘制在 Z 值所在平面内。带标高的矩形一般用于三维绘图。图 3-16(d)中的矩形处在 Z=5 平面上。

（3）圆角（F）：用于绘制带圆角的矩形，如图 3-16(b)所示。选择该选项后，命令行将提示指定矩形的圆角半径。

（4）厚度（T）：用于绘制带厚度的矩形，如图 3-16(d)所示。选择该选项后，命令行将提示指定矩形的厚度。带厚度的矩形一般用于三维绘图。图 3-16(d)中的那条直线处在 Z=5 平面上，带厚度矩形的厚度为 10。

（5）宽度（W）：用于绘制带宽度的矩形，如图 3-16(c)所示。选择该选项后，命令行将提示指定矩形的线宽。

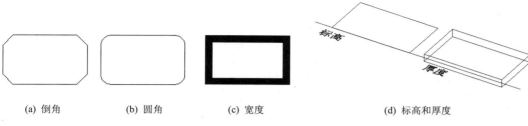

(a) 倒角　　　　　　(b) 圆角　　　　　　(c) 宽度　　　　　　(d) 标高和厚度

图 3-16　各种形式的矩形

【例 3-1】 绘制一个宽度为 2mm、圆角半径为 3mm 的 20mm×15mm 的矩形，如图 3-17 所示。

♞ **绘图步骤**

[1]　在命令行中输入"REC"并按 Enter 键，命令行提示：

> ▭ ▼ RECTANG 指定第一个角点或 [倒角(C) 标高(E) 圆角(F) 厚度(T) 宽度(W)]：

[2]　在命令行中输入"W"并按 Enter 键，命令行提示：

> ▭ ▼ RECTANG 指定矩形的线宽 <0.0000>：

此时在命令行中输入"2"并按 Enter 键，命令行提示：

> ▭ ▼ RECTANG 指定第一个角点或 [倒角(C) 标高(E) 圆角(F) 厚度(T) 宽度(W)]：

[3]　在命令行中输入"F"并按 Enter 键，命令行提示：

> ▭ ▼ RECTANG 指定矩形的圆角半径 <0.0000>：

此时在命令行中输入"3"并按 Enter 键，命令行提示：

> ▭ ▼ RECTANG 指定第一个角点或 [倒角(C) 标高(E) 圆角(F) 厚度(T) 宽度(W)]：

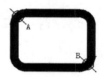

图 3-17　绘制
矩形实例

[4]　用鼠标拾取图 3-17 中的 A 点，命令行提示：

> ▭ ▼ RECTANG 指定另一个角点或 [面积(A) 尺寸(D) 旋转(R)]：

此时在命令行中输入"D"并按 Enter 键，命令行提示：

> ▭ ▼ RECTANG 指定矩形的长度 <10.0000>：

此时在命令行中输入"20"并按 Enter 键，命令行提示：

> ▭ ▼ RECTANG 指定矩形的宽度 <10.0000>：

此时在命令行中输入"15"并按 Enter 键，命令行提示：

> ▭ ▼ RECTANG 指定另一个角点或 [面积(A) 尺寸(D) 旋转(R)]：

[5]　此时用鼠标在其右下侧单击一下指定 B 点，至此绘制矩形结束。

3.4.2　绘制正多边形

执行多边形命令，可以根据指定的圆心、设想的圆半径，或多边形任意一条边的起点和终点创建等边闭合多段线。AutoCAD 2015 支持绘制边数为 3～1024 的正多边形。

在 AutoCAD 2015 中，可以通过以下 3 种方法绘制正多边形。

（1）选择菜单栏"绘图"→"多边形"命令。

（2）单击功能区"默认"选项卡→"绘图"面板→"多边形"按钮⬠。

（3）在命令行中输入命令：POLYGON（或 POL），并按 Enter 键。

执行绘制正多边形操作后，命令行依次提示：

⬡▾ **POLYGON** _polygon 输入侧面数 <4>:

此时输入要绘制正多边形的边数并按 Enter 键。尖括号里面的数字表示上一次绘制正多边形时指定的边数，直接按 Enter 键表示指定尖括号里面的数字。

⬡▾ **POLYGON** 指定正多边形的中心点或 [边(E)]:

此时有两种方法绘制正多边形。

（1）指定正多边形的中心点，通过"内切于圆/外切于圆"来绘制多边形。

通过鼠标拾取或输入坐标值指定正多边形中心点后，命令行提示：

⬡▾ **POLYGON** 输入选项 [内接于圆(I) 外切于圆(C)] <I>:

选择"内接于圆（I）"，表示绘制的正多边形内接于假想的圆，其所有的顶点均在圆上，圆的半径即多边形中心点到顶点的距离，如图 3-18(a)所示；选择"外切于圆（C）"，表示绘制的正多边形外切于假想的圆，其所有的边均与圆相切，圆的半径即多边形中心点到其边的距离，如图 3-18(b)所示。选择任意一个选项后，命令行均将提示：

⬡▾ **POLYGON** 指定圆的半径:

此时可以用鼠标拾取或键盘输入内切圆或外接圆的半径完成正多边形的绘制。

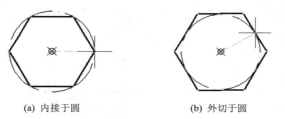

(a) 内接于圆　　　　　　　(b) 外切于圆

图 3-18　通过"内接于圆（I）/外切于圆（C）"绘制正多边形

（2）选择"边（E）"选项，通过指定正多边形的一条边的两个端点确定整个正多边形。

选择"边（E）"选项后，命令行提示：

⬡▾ **POLYGON** 指定边的第一个端点: |

此时通过鼠标拾取或在命令行输入点的坐标值指定边的第一个端点。

⬡▾ **POLYGON** 指定边的第一个端点: 指定边的第二个端点:

指定边的第二个端点，可以用鼠标拾取，也可以输入点的相对坐标值，还可以通过鼠标指定方向并在命令行输入边长来指定，至此完成绘制。绘制过程如图 3-19 所示。

(a) 鼠标拾取端点　　　　　(b) 相对坐标@20,0　　　　　(c) 输入边长

图 3-19　指定正多边形一条边的两个端点绘制正多边形

3.5 多段线

多段线是由许多首尾相连的直线段和圆弧段组成的一个独立对象，它提供单个直线所不具备的编辑功能。例如，可以调整多段线的宽度和圆弧的曲率等。

3.5.1 绘制多段线

在 AutoCAD 2015 中，可以通过以下 3 种方法绘制多段线。

（1）单击功能区"默认"选项卡→"绘图"面板→"多段线"按钮 。

（2）选择菜单栏"绘图"→"多段线"命令。

（3）在命令行输入命令：PLINE（或 PL），并按 Enter 键。

执行绘制多段线操作后，命令行提示：

> ⌐ ▾ PLINE 指定起点：

此时可用鼠标拾取或输入起点坐标指定多段线的起点，然后命令行提示：

> × 当前线宽为 0.0000
> ⌐ ▾ PLINE 指定下一个点或 [圆弧(A) 半宽(H) 长度(L) 放弃(U) 宽度(W)]：

命令行第一行显示当前的多段线宽度。此时可以指定下一点或者输入对应的字母选择中括号里的选项。

其中，各个选项的含义如下。

（1）圆弧（A）：用于将弧线段添加到多段线中。选择该选项后，将绘制一段圆弧，之后的操作与绘制圆弧相同。

（2）半宽（H）：用于指定从宽多段线线段的中心到其一边的宽度。选择该选项后，将提示指定起点的半宽宽度和端点的半宽宽度。

（3）长度（L）：在与上一线段相同的角度方向上绘制指定长度的直线段。如果上一线段是圆弧，程序将绘制与该弧线段相切的新直线段。

（4）放弃（U）：删除最近一次绘制到多段线上的直线段或圆弧段。

（5）宽度（W）：用于指定下一段多段线的宽度。注意"宽度（W）"选项与"半宽（H）"选项的区别，如图 3-20 所示。

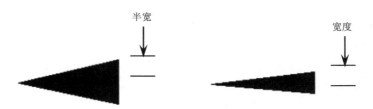

图 3-20 "半宽"与"宽度"

3.5.2 编辑多段线

在 AutoCAD 2015 中，可以通过以下 3 种方法编辑多段线。

（1）单击功能区"默认"选项卡→"修改"面板→"编辑多段线"按钮 ✐。

（2）选择菜单"修改"→"对象"→"多段线"命令。

（3）在命令行中输入命令：PEDIT（或 PE），并按 Enter 键。

执行编辑多段线操作后，命令行提示：

> ✐ ▾ PEDIT 选择多段线或 [多条(M)]:

此时可用鼠标选择要编辑的多段线，如果所选择的对象不是多段线，命令行将提示：

> 选定的对象不是多段线
> ✐ ▾ PEDIT 是否将其转换为多段线? <Y>

此时在命令行中输入"Y"或"N"，选择是否转换。"多条"选项用于多个多段线对象的选择。

选择完多段线对象后，命令行提示如下：

> ✐ ▾ PEDIT 输入选项 [闭合(C) 合并(J) 宽度(W) 编辑顶点(E) 拟合(F) 样条曲线(S) 非曲线化(D) 线型生成(L) 反转(R) 放弃(U)]:

与编辑多线时弹出的对话框不同，此时只能输入对应字母选择各个选项来编辑多段线。各个选项的功能如下。

（1）打开（O）/闭合（C）：如果选择的多段线是闭合的，则此选项显示为"打开"；如果选择的多段线是打开的，则此选项显示为"闭合"。"打开"和"闭合"选项分别用于将闭合的多段线打开及将打开的多段线闭合。

（2）合并（J）：用于在开放的多段线的尾端点添加直线、圆弧或多段线。如果选择的合并对象是直线或圆弧，那么要求直线和圆弧与多段线是彼此首尾相连的，合并的结果是将多个对象合并成一个多段线对象；如果合并的是多个多段线，命令行将提示输入合并多段线的允许距离。

（3）宽度（W）：选择该选项可将整个多段线指定为统一宽度。

（4）编辑顶点（E）：该选项用于编辑多段线的每个顶点的位置。选择该选项后，会在正在编辑的位置显示"×"标记，且命令行提示：

> ✐ ▾ PEDIT [下一个(N) 上一个(P) 打断(B) 插入(I) 移动(M) 重生成(R) 拉直(S) 切向(T) 宽度(W) 退出(X)] <N>:

① "下一个（N）"/"上一个（P）"选项用于移动"×"标记的位置，也就是通过这两个选项选择要编辑的顶点。

② 打断（B）：用于删除指定的两个顶点之间的线段。

③ 插入（I）：用于在标记顶点之后添加新的顶点。

④ 移动（M）：用于移动标记的顶点位置。

⑤ 重生成（R）：用于重生成多段线。

⑥ 拉直（S）：用于将两个顶点之间的多段线转换为直线。

⑦ 切向（T）：将切线方向附着到标记的顶点，以便用于以后的曲线拟合。

⑧ 宽度（W）：用于修改标记顶点之后线段的起点宽度和端点宽度。

⑨ 退出（X）：用于退出"编辑顶点"模式。

（5）拟合（F）：表示用圆弧拟合多段线，即转化为由圆弧连接每对顶点的平滑曲线。转化后的曲线会经过多段线的所有顶点。图 3-21(a)所示的多段线，其拟合效果如图 3-21(b)所示。

（6）样条曲线（S）：该选项用于将多段线用样条曲线拟合，执行该选项后，对象仍然为多段线对象。如图 3-21(a)所示的多段线进行"样条曲线"操作后，效果如图 3-21(c)所示。

(a) 原多段线　　　　　　(b) 拟合后　　　　　　(c) 样条化后

图 3-21　多段线的"拟合"与"样条曲线"

（7）非曲线化（D）：删除由拟合曲线或样条曲线插入的多余顶点，拉直多段线的所有线段。

（8）线型生成（L）：用于生成经过多段线顶点的连续图案线型。"线型生成"不能用于带变宽线段的多段线。

（9）反转（R）：通过反转方向来更改指定给多段线的线型中的文字的方向。

（10）放弃（U）：还原操作，每选择一次"放弃"选项，取消上一次的编辑操作，可以一直返回到编辑任务开始时的状态。

3.6　样条曲线

样条曲线是通过拟合一系列离散的点而生成的光滑曲线，它用于创建形状不规则的曲线。

3.6.1　绘制样条曲线

在 AutoCAD 2015 中，可以使用以下 3 种方法绘制样条曲线。

（1）单击功能区"默认"选项卡→"绘图"面板→"样条曲线拟合"按钮 ~ 或"样条曲线控制点"按钮 ~。

（2）选择菜单栏"绘图"→"样条曲线"→"拟合点"或"控制点"命令。

（3）在命令行中输入命令：SPLINE（或 SPL），并按 Enter 键。

下面以实例来说明如何绘制样条曲线。

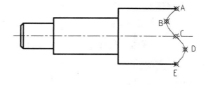

图 3-22　绘制样条曲线实例

【例 3-2】绘制如图 3-22 所示的样条曲线。

🐴 绘图步骤

[1]　在命令行中输入"SPL"并按 Enter 键。

[2]　命令行提示：

> ~ ▾ SPLINE 指定第一个点或 [方式(M) 节点(K) 对象(O)]：

此时用鼠标拾取图 3-22 中的 A 点，命令行继续提示：

> ~ ▾ SPLINE 输入下一个点或 [起点切向(T) 公差(L)]：

此时用鼠标拾取图 3-22 中的 B 点，命令行继续提示：

> ∿ ⌄ **SPLINE** 输入下一个点或 [端点相切(T) 公差(L) 放弃(U)]:

此时用鼠标拾取图 3-22 中的 C 点，命令行继续提示：

> ∿ ⌄ **SPLINE** 输入下一个点或 [端点相切(T) 公差(L) 放弃(U) 闭合(C)]:

此时用鼠标拾取图 3-22 中的 D 点，命令行继续提示：

> ∿ ⌄ **SPLINE** 输入下一个点或 [端点相切(T) 公差(L) 放弃(U) 闭合(C)]:

此时用鼠标拾取图 3-22 中的 E 点。

[3] 按 Enter 键，完成绘制样条曲线。

3.6.2 编辑样条曲线

在 AutoCAD 2015 中，可以使用以下 3 种方法编辑样条曲线。

（1）单击功能区"默认"选项卡→"修改"面板→"编辑样条曲线"按钮 ⌀。

（2）选择菜单栏"修改"→"对象"→"样条曲线"命令。

（3）在命令行中输入命令：SPLINEDIT，并按 Enter 键。

执行编辑样条曲线操作后，命令行提示：

> ⌀ ⌄ **SPLINEDIT** 选择样条曲线:

此时用鼠标选择要编辑的样条曲线，命令行将提示：

> ⌀ ⌄ **SPLINEDIT** 输入选项 [闭合(C) 合并(J) 拟合数据(F) 编辑顶点(E) 转换为多段线(P) 反转(R) 放弃(U) 退出(X)] <退出>:

此时可输入对应的字母选择编辑工具，各个选项的功能如下。

（1）闭合（C）：用于闭合开放的样条曲线，如果选择的样条曲线为闭合的，则"闭合"选项将由"打开"选项替换。

（2）合并（J）：用于将样条曲线的首尾相连。

（3）拟合数据（F）：用于编辑样条曲线的拟合数据。拟合数据包括所有的拟合点、拟合公差及绘制样条曲线时与之相关联的切线。选择该选项后，命令行提示：

> 输入拟合数据选项
> ⌀ ⌄ **SPLINEDIT** [添加(A) 闭合(C) 删除(D) 扭折(K) 移动(M) 清理(P) 切线(T) 公差(L) 退出(X)] <退出>:

每个选项都是一个拟合数据编辑工具，它们的功能如下。

① 添加（A）：用于在样条曲线中增加拟合点。

② 闭合（C）：用于闭合开放的样条曲线，如果选定的样条曲线为闭合，则"闭合"选项将由"打开"选项替换。

③ 删除（D）：用于从样条曲线中删除拟合点并用其余点重新拟合样条曲线。

④ 扭折（K）：在样条曲线上的指定位置添加节点和拟合点，这不会保持在该点的相切或曲率连续性。

⑤ 移动（M）：用于把指定拟合点移动到新位置。

⑥ 清理（P）：从图形数据库中删除样条曲线的拟合数据。清理样条曲线的拟合数据，运行编辑样条曲线命令后，将不显示"拟合数据"选项。

⑦ 切线（T）：编辑样条曲线的起点和端点切向。

⑧ 公差（L）：为样条曲线指定新的公差值并重新拟合。

⑨ 退出（X）：退出拟合数据编辑。

（4）编辑顶点（E）：用于精密调整样条曲线顶点。选择该选项后，命令行提示：

> **SPLINEDIT** 输入顶点编辑选项 [添加(A) 删除(D) 提高阶数(E) 移动(M) 权值(W) 退出(X)] <退出>：

顶点编辑包括多个选项，它们的功能如下。

① 添加（A）：增加样条曲线的控制点数。

② 删除（D）：删除样条曲线的控制点。

③ 提高阶数（E）：增加样条曲线上控制点的数目。

④ 移动（M）：对样条曲线的顶点进行移动。

⑤ 权值（W）：修改不同样条曲线控制点的权值。较大的权值会将样条曲线拉近其控制点。

⑥ 退出（X）：退出顶点编辑。

（5）转换为多段线（P）：用于将样条曲线转换为多段线。

（6）反转（R）：反转样条曲线的方向。

（7）放弃（U）：还原操作，每选择一次"放弃"选项，将取消上一次的编辑操作，可以一直返回到编辑任务开始时的状态。

（8）退出（X）：退出样条曲线编辑。

3.7 图案填充

AutoCAD 中的图案填充应用比较广泛，如绘制机械制图中的剖面图等。

3.7.1 使用图案填充

"图案填充"命令是使用填充图案来填充封闭区域或选定对象。填充图案可以使用 AutoCAD 2015 预设的图案，也可以用当前线型定义简单的线图案，甚至可以自定义复杂的填充图案。

在 AutoCAD 2015 中，可以通过以下 3 种方法进行图案填充。

（1）单击功能区"默认"选项卡→"绘图"面板→"图案填充"按钮 。

（2）选择菜单栏"绘图"→"图案填充"命令。

（3）在命令行中输入命令：HATCH（或 H），并按 Enter 键。

执行图案填充操作后，如果功能区处于活动状态，将显示"图案填充创建"上下文选项卡，如图 3-23 所示；如果功能区处于关闭状态，将显示"图案填充和渐变色"对话框，如图 3-24 所示。二者所包含的设置项目一一对应。

图 3-23　"图案填充创建"上下文选项卡

此时命令行提示：

> **HATCH** 拾取内部点或 [选择对象(S) 放弃(U) 设置(T)]：

图 3-24　"图案填充和渐变色"对话框

用户也可以选择"设置（T）"选项，打开如图 3-24 所示的"图案填充和渐变色"对话框。下面我们来介绍该对话框中各项的功能。

"图案填充和渐变色"对话框主要包括"类型和图案"、"角度和比例"、"图案填充原点"、"边界"、"选项"5 个选项组。

（1）"类型和图案"选项组：用于指定图案填充的类型、图案、颜色和背景色。

①"类型"下拉列表框：用于设置填充图案的类型，包括"预定义"、"用户定义"和"自定义"3 个选项。若选择"预定义"选项，可使用 AutoCAD 2015 附带的 ANSI 标准和 ISO 标准填充图案，以及其他 AutoCAD 2015 附带的图案；若选择"用户定义"选项，则允许用户基于当前线型定义填充图案；若选择"自定义"选项，则可以使用已添加到搜索路径（在"选项"对话框的"文件"选项卡上设置）中的自定义 PAT 文件列表。

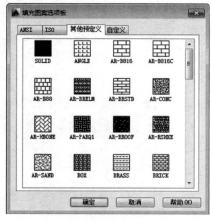

图 3-25　"填充图案选项板"对话框

②"图案"下拉列表框：可从中选择具体的预定义填充图案。单击 ⋯ 按钮，将弹出"填充图案选项板"对话框，如图 3-25 所示，在该对话框中可以预览所有预定义的图案的图像。只有在"类型"下拉列表框中选择了"预定义"选项时，此选项才可用。

③"颜色"下拉列表框：使用填充图案和实体填充的指定颜色替代当前颜色。单击 ☑ ▾ 按钮，可为新图案填充对象指定背景色。选择"无"可关闭背景色。

④"样例"：显示选定图案的预览图像。单击样例可显示"填充图案选项板"对话框，重新选择填充图案。

⑤"自定义图案"下拉列表框：列出可用的自定

义图案。最近使用的自定义图案将出现在列表顶部。只有在"类型"下拉列表框中选择了"自定义"选项时，此选项才可用。

（2）"角度和比例"选项组：用于指定选定填充图案的旋转角度和缩放比例。

①"角度"下拉列表框：用于指定填充图案的角度（相对当前 UCS 坐标系的 X 轴），也可在文本框中直接输入角度值。如图 3-26(b)和(c)所示分别为角度设置为 0 和 90°时的显示效果。

②"比例"下拉列表框：用于设置预定义或自定义图案的缩放比例，也可在文本框中直接输入比例值。只有将"类型"设定为"预定义"或"自定义"，此选项才可用。如图 3-26(b)和(d)所示分别为比例设置为 2 和 4 时的显示效果。在机械图中，经常通过设置填充图案的不同角度和比例来区分不同的零件或材料。

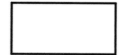 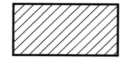 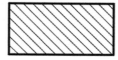 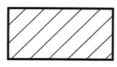

(a) 原图形　　　(b) 角度为 0，比例为 2　　　(c) 角度为 90°，比例为 2　　　(d) 角度为 0，比例为 4

图 3-26　图案填充

③"双向"复选框：对于用户定义的图案，绘制与原始直线成 90°角的另一组直线，从而构成交叉线填充图案。只有将"类型"设定为"用户定义"，此选项才可用。

④"相对图纸空间"复选框：相对于图纸（布局）空间单位缩放填充图案。使用此选项可以按适合于命名布局的比例显示填充图案。该项仅适用于命名布局。

⑤"间距"文本框：只有将"类型"设定为"用户定义"，此选项才可用。用于指定用户定义图案中的直线距离，此文本框和"双向"复选框联合使用共同设置用户定义图案。

⑥"ISO 笔宽"下拉列表框：基于选定笔宽缩放 ISO 预定义图案。只有将"类型"设定为"预定义"，并将"图案"设定为一种可用的 ISO 图案，此选项才可用。

（3）"图案填充原点"选项组：用于控制填充图案生成的起始位置。因为某些图案填充（如砖块图案）需要与图案填充边界上的一点对齐。默认情况下，所有图案填充原点都对应于当前的 UCS 原点。

选择"指定的原点"单选按钮后，可以使用以下选项指定新的图案填充原点。

①"单击以设置新原点"按钮⊞：直接指定新的图案填充原点，如图 3-27(b)所示

②"默认为边界范围"下拉列表框：根据图案填充对象边界的矩形范围计算新原点。可以选择该范围的四个角点及其中心。

③"存储为默认原点"复选框：将新图案填充原点的值存储在 HPORIGIN 系统变量中，并将其指定为默认的图案填充原点。

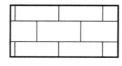 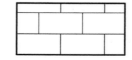

(a) 使用默认原点　　　　　(b) 指定矩形左下角点为原点

图 3-27　设置图案填充的原点

（4）"边界"选项组：可以定义图案填充的边界，各个按钮的功能如下。

①"添加：拾取点"按钮▣：单击该按钮可拾取闭合区域的内部点，系统根据围绕指定点构成封闭区域的现有对象来确定填充边界。单击该按钮后将回到绘图区，命令行提示：

> ▨ ▾ **HATCH** 拾取内部点或 [选择对象(S) 放弃(U) 设置(T)]:

可连续选择多个填充区域。填充过程如图 3-28 所示。

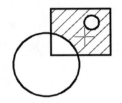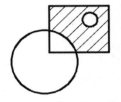

(a) 拾取内部点和填充效果预览　　　　　　　　(b) 填充结果

图 3-28　拾取内部点进行图案填充

②"添加：选择对象"按钮▧：根据构成封闭区域的选定对象确定填充边界。该功能不会自动检测内部对象，系统将填充指定对象内的所有区域。每次单击"添加：选择对象"时，HATCH 将清除上一选择集。整个过程如图 3-29 所示。

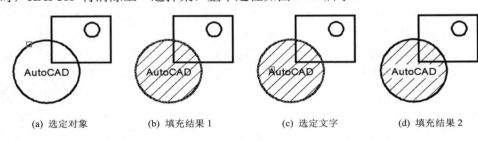

(a) 选定对象　　　(b) 填充结果 1　　　(c) 选定文字　　　(d) 填充结果 2

图 3-29　通过选择对象进行图案填充

选择对象时，可以随时在绘图区域单击鼠标右键以显示快捷菜单。可以利用此快捷菜单放弃最后一个或所有选定对象、更改选择方式等。

③"删除边界"按钮▨：从边界定义中删除之前添加的任何对象，只有在拾取点或者选择对象创建了填充边界后才可用，如图 3-30 所示。

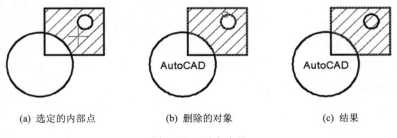

(a) 选定的内部点　　　　　(b) 删除的对象　　　　　(c) 结果

图 3-30　删除边界

④"重新创建边界"按钮：围绕选定的图案填充对象创建多段线或面域，并使其与图案填充对象相关联，只有在编辑填充边界时才可用。

⑤ "查看选择集" 按钮：使用当前图案填充或填充设置显示当前定义的边界。仅当定义了边界时才可以使用此选项。

（5）"选项" 选项组：用于控制几个常用的图案填充或填充选项，如关联性等。

① "注释性" 复选框：指定填充图案为注释性对象。

② "关联" 复选框：指定图案填充为关联图案填充。关联的图案填充在用户修改其边界对象时将会自动更新。

③ "创建独立的图案填充" 复选框：设置当指定了几个单独的闭合边界时，是创建单个图案填充对象，还是创建多个图案填充对象。

④ "绘图次序" 下拉列表框：为图案填充指定绘图次序。图案填充可以放在所有其他对象之后、所有其他对象之前、图案填充边界之后或图案填充边界之前。

⑤ "图层" 下拉列表框：为新图案填充对象指定图层，替代当前图层。选择 "使用当前项" 可使用当前图层。

⑥ "透明度" 下拉列表框和调整按钮：设定新图案填充的透明度，替代当前对象的透明度。

⑦ "继承特性" 按钮：相当于图案填充对象之间的特性匹配，可以使用选定对象的图案填充或填充特性对指定的边界进行图案填充。在选定想要图案填充继承其特性的图案填充对象之后，在绘图区域中单击鼠标右键，并使用快捷菜单中的选项在 "选择对象" 和 "拾取内部点" 选项之间切换。

单击 "图案填充和渐变色" 对话框右下角的扩展按钮⊙，将扩展该对话框，如图 3-31 所示。

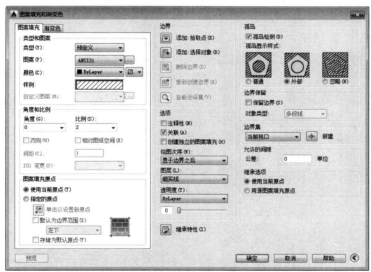

图 3-31　扩展的 "图案填充和渐变色" 对话框

扩展部分包含 "孤岛"、"边界保留"、"边界集"、"允许的间隙" 和 "继承选项" 5 个选项组。各项功能如下。

（1）"孤岛" 选项组：孤岛是指在闭合区域内的另一个闭合区域。"孤岛检测" 复选框用于控制是否检测内部闭合边界（孤岛）。选择该复选框后，其下方有 3 种孤岛检测方式可供选择。

①"普通"方式：从外部边界向内填充。如果遇到内部孤岛，图案填充将关闭，直到遇到孤岛中的另一个孤岛，如图 3-32(a)所示。

②"外部"方式（推荐）：从外部边界向内填充。此选项仅填充指定的区域，不会影响内部孤岛，如图 3-32(b)所示。

③"忽略"方式：忽略所有内部的对象，填充图案时将通过这些对象，如图 3-32(c)所示。

(a)"普通"方式   (b)"外部"方式   (c)"忽略"方式

图 3-32　孤岛的 3 种检测方式

当指定的填充边界内存在文本、属性或实体填充对象时，AutoCAD 2015 将按照孤岛的检测方法来处理它们。

> 📖 注意：孤岛检测方式仅适用于用"添加：拾取点"的方法来指定的填充边界。而当使用"添加：选择对象"的方法指定填充边界时，将不检测孤岛，系统将填充指定对象内的所有区域。

（2）"边界保留"选项组：指定是否创建封闭图案填充的对象。选择"保留边界"复选框后，将创建封闭每个图案填充对象的对象。通过"对象类型"下拉列表框控制新边界对象的类型为"多段线"或"面域"。

（3）"边界集"选项组：定义当从指定点定义边界时要分析的对象集。当使用"选择对象"定义边界时，选定的边界集无效。默认情况下，使用"添加：拾取点"来定义边界时，系统将分析当前视口范围内的所有对象。通过重定义边界集，可以在定义边界时忽略某些对象，而不必隐藏或删除这些对象。对于大图形，重定义边界集也可以加快生成边界的速度，因为系统只需检查边界集内的对象。

（4）"允许的间隙"选项组：设定将对象用作图案填充边界时可以忽略的最大间隙。默认值为 0，此值指定对象必须是封闭的区域而没有间隙，可以设置为 0～5000。

（5）"继承选项"选项组：控制当用户使用"继承特性"选项创建图案填充时是否继承图案填充原点。

> 📖 提示：无命令状态下，在命令行中输入"-HATCH"，并按 Enter 键。命令行将显示选项：
>
> ```
> 命令: -HATCH
> 当前填充图案: ANSI31
> -HATCH 指定内部点或 [特性(P) 选择对象(S) 绘图边界(W) 删除边界(B) 高级(A) 绘图次序(DR) 原点(O) 注释性(AN) 图案填充颜色(CO) 图层(LA) 透明度(T)]:
> ```
>
> 即在命令前输入连字符"-"，表示禁止显示对话框或选项卡，取而代之的是以命令行提示。

3.7.2　使用渐变色填充

渐变色填充实际上是一种特殊的图案填充，一般用于绘制光源反射到对象上的外观效果，可用于增强演示图形。

在 AutoCAD 2015 中，可以使用以下 3 种方法执行渐变色填充。

（1）单击功能区"默认"选项卡→"绘图"面板→"渐变色"按钮。

（2）选择菜单栏"绘图"→"渐变色"命令。

（3）在命令行中输入命令：GRADIENT，并按 Enter 键。

同样，执行渐变色填充操作后，功能区将显示"图案填充创建"上下文选项卡或"图案填充和渐变色"对话框，如图 3-33 所示。二者所包含的设置项目也是一一对应的。

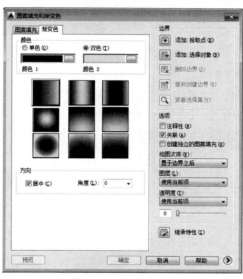

图 3-33　"图案填充创建"上下文选项卡和"图案填充和渐变色"对话框

在"图案填充和渐变色"对话框的"渐变色"选项卡中，"边界"、"选项"等选项组的设置方法和含义与"图案填充"选项卡相同。不同的是"渐变色"选项卡可以设置单色或双色渐变，有 9 种渐变样式可供选择。具体介绍如下。

（1）"颜色"选项组：指定是使用单色还是使用双色混合色填充图案填充边界。

①"单色"单选按钮：使用单色填充图案填充边界。可以单击■■■按钮，从"选择颜色"对话框中选择填充颜色。通过"暗——明"滑块，指定一种颜色的渐浅（选定颜色与白色的混合）或着色（选定颜色与黑色的混合），用于渐变填充。

②"双色"单选按钮：使用双色填充图案填充边界。选择该单选按钮后，将出现两个颜色样本，分别单击后面的■■■按钮，可选择两种填充颜色。

③ 渐变图案：显示用于渐变填充的固定图案，共 9 种样式，包括线性扫掠状、球状和抛物面状等图案。这些图案随着上述两个单选按钮的选择及颜色的选取而即时显示预览效果。单击其中的某一种图案，表示选择该渐变样式。

（2）"方向"选项组：指定渐变色的角度以及其是否对称。此选项组的设置内容也会在 9 种渐变样式上即时显示。

①"居中"复选框：指定对称的渐变配置。如果没有选定此选项，渐变填充将朝左上方变化，创建光源在对象左边的图案。

②"角度"下拉列表框：指定渐变填充相对当前 UCS 的角度。此选项与指定给图案填充的角度互不影响。

3.7.3 编辑图案填充和渐变色填充

在 AutoCAD 2015 中，可以通过以下 4 种方法编辑图案填充。

（1）单击功能区"默认"选项卡→"修改"面板→"编辑图案填充"按钮 。

（2）选择菜单栏"修改"→"对象"→"图案填充"命令。

（3）在命令行中输入命令：HATCHEDIT，并按 Enter 键。

（4）在图案填充对象上双击。

执行图案填充编辑命令后，命令行提示：

HATCHEDIT 选择图案填充对象：

此时选择图案填充对象，将弹出"图案填充编辑"对话框，如图 3-34 所示。此时其中有的选项已不可用，只能编辑其中可用的选项。

图 3-34 "图案填充编辑"对话框

3.8 将图形转换为面域

面域是使用形成闭合环的对象创建的二维闭合区域。用于创建面域的闭合环可以是直线、圆、圆弧、椭圆、椭圆弧、多段线和样条曲线的组合，但要求组成闭合环的对象必须闭合或通过与其他对象共享端点而形成闭合区域。

3.8.1 创建面域

在 AutoCAD 2015 中，一般可以通过两种方法创建面域，但都是基于闭合的一维对象组合。

1．通过 REGION 命令创建面域

REGION 命令用于将闭合环转换为面域，可以通过以下 3 种方法执行 REGION 命令。

（1）单击功能区"默认"选项卡→"绘图"面板→"面域"按钮 ⌾。

（2）选择菜单栏"绘图"→"面域"命令。

（3）在命令行中输入命令：REGION（或 REG），并按 Enter 键。

执行 REGION 命令后，命令行提示：

```
⌾ ▾ REGION 选择对象：
```

此时可选择有效的对象，然后按 Enter 键或单击鼠标右键完成选择，即可将所选对象转换为面域，如图 3-35 所示。

2．通过 BOUNDARY 命令创建面域

在 AutoCAD 2015 中，BOUNDARY 命令可以由对象封闭的区域内的指定点来创建面域或者多段线，有以下 3 种方法执行 BOUNDARY 命令。

（1）单击功能区"默认"项卡→"绘图"面板→"边界"按钮 ▭。

（2）选择菜单栏"绘图"→"边界"命令。

（3）在命令行中输入命令：BOUNDARY（或 BO），按 Enter 键。

执行 BOUNDARY 命令后，将弹出"边界创建"对话框，如图 3-36 所示。要创建面域，须将其中的"对象类型"下拉列表框设为"面域"。

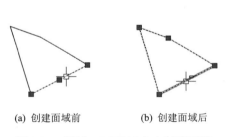

(a) 创建面域前　　(b) 创建面域后

图 3-35　通过 REGION 命令创建面域

图 3-36　"边界创建"对话框

在"边界创建"对话框中，单击"拾取点"按钮 ▨，可以拾取闭合边界内的一点，AutoCAD 2015 会根据点的位置自动判断该点周围构成封闭区域的现有对象来确定面域的边界。"孤岛检测"复选框用于设置创建面域或边界时是否检测内部闭合边界，即孤岛。只要对象间存在闭合的区域，就可以通过 BOUNDARY 命令创建面域。

3．设置 DELOBJ 系统变量

如上所述，面域的创建必须基于闭合环或者闭合的区域，DELOBJ 系统变量用于设置在对象转换为面域之后是否将原对象删除。

如果将 DELOBJ 设置为 1，那么 AutoCAD 2015 在创建面域之后将删除对象；如果将 DELOBJ 设置为 0，那么 AutoCAD 2015 在创建面域之后将保留原对象，创建的面域覆盖原对象之后，将面域移动到其他位置，可见其原对象仍然保留着。DELOBJ 系统变量的设置只对 REGION 命令起作用。

3.8.2 对面域进行逻辑运算

1．并集运算

面域的并集运算用于将指定的两个或两个以上面域合并为一个面域。在 AutoCAD 2015 中，有以下 3 种方法执行面域并集运算。

（1）选择菜单栏"修改"→"实体编辑"→"并集"命令。

（2）在命令行中输入命令：UNION（或 UNI），并按 Enter 键。

（3）单击"建模"工具栏的"并集"按钮◎。

2．差集运算

面域的差集运算用于从一个面域中减去另一个面域相交的部分区域。在 AutoCAD 2015 中，有以下 3 种方法执行面域差集运算。

（1）选择菜单栏"修改"→"实体编辑"→"差集"命令。

（2）在命令行中输入命令：SUBTRACT（或 SU），并按 Enter 键。

（3）单击"建模"工具栏的"差集"按钮◎。

3．交集运算

面域的交集运算用于将指定面域之间的公共部分创建为新的面域。在 AutoCAD 2015 中，有以下 3 种方法执行面域交集运算。

（1）选择菜单栏"修改"→"实体编辑"→"交集"命令。

（2）在命令行中输入命令：INTERSECT（或 IN），并按 Enter 键。

（3）单击"建模"工具栏的"交集"按钮◎。

例如，对图 3-37(a)所示的两个面域分别进行并集、差集、交集运算。

操作步骤如下。

（1）在命令行中输入命令：UNI，并按 Enter 键。命令行提示：

◎▾ **UNION** 选择对象：

此时选择两个面域 a 和 b，然后按 Enter 键或右击。至此并集运算结束，如图 3-37(b) 所示。

(a) 原面域　　(b) 并集运算　　(c) 差集运算1　　(d) 差集运算2　　(e) 交集运算

图 3-37　面域的逻辑运算

（2）在命令行中输入命令：SU，并按 Enter 键。命令行提示：

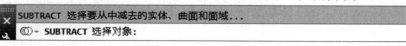

SUBTRACT 选择要从中减去的实体、曲面和面域...
◎▾ **SUBTRACT** 选择对象：

此时选择面域 b，然后按 Enter 键或单击鼠标右键完成选择。命令行继续提示：

选择要减去的实体、曲面和面域...

× **SUBTRACT 选择对象：**

此时选择面域 a，然后按 Enter 键。至此差集运算 1 结束，如图 3-37(c)所示。

（3）在命令行中输入命令：SU，并按 Enter 键。命令行提示：

× SUBTRACT 选择要从中减去的实体、曲面和面域...

SUBTRACT 选择对象：

此时选择面域 a，然后按 Enter 键或单击鼠标右键完成选择。命令行继续提示：

× SUBTRACT 选择要从中减去的实体、曲面和面域...

SUBTRACT 选择对象：

此时选择面域 b，然后按 Enter 键。至此差集运算 2 结束，如图 3-37(d)所示。

（4）在命令行中输入命令：IN，并按 Enter 键。命令行提示：

INTERSECT 选择对象：

此时选择两个面域 a 和 b，然后右击。至此交集运算结束，如图 3-37(e)所示。

3.8.3　使用 MASSPROP 提取面域质量特性

从表面上看，面域和一般的闭合对象没有什么区别，然而，实际上面域不但包含边界，还包含边界内的区域，属于二维对象。提取设计信息是面域的一大应用。

AutoCAD 2015 提供 MASSPROP 命令来提取面域的质量特性，有以下 3 种方法提取面域的质量特性。

（1）选择菜单栏"工具"→"查询"→"面域/质量特性"命令。

（2）在命令行中输入命令：MASSPROP，并按 Enter 键。

（3）单击"查询"工具栏的"面域/质量特性"按钮 。

执行 MASSPROP 命令后，命令行提示：

MASSPROP 选择对象：

此时选择要提取数据的面域对象，然后按 Enter 键或右击，系统自动弹出"AutoCAD 文本窗口"，显示面域对象的质量特性。如图 3-38 所示，显示的质量特性包括面积、周长、边界框、质心、惯性矩等信息。按 Enter 键继续，命令行提示：

MASSPROP 是否将分析结果写入文件？[是(Y) 否(N)] <否>：

输入"Y"并按 Enter 键，可将数据保存为文件。

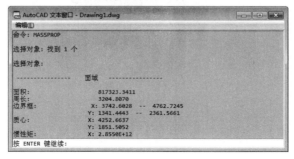

图 3-38　面域对象的质量特性

3.9 综合实例

【例 3-3】绘制机座。

使用直线、圆、圆弧等命令绘制如图 3-39 所示的机座立面图。

操作步骤

[1] 设置图层。单击功能区"默认"选项卡→"图层"面板→"图层特性"按钮，打开如图 3-40 所示的"图层特性管理器"对话框。单击"新建图层"按钮，在名称文本框中输入"粗实线"，线宽设置为0.5mm；再次单击"新建图层"按钮，在名称文本框中输入"中心线"，线型选择"Dash dot（.5x）"线型，线宽设置为默认线宽。选中"粗实线"图层，单击"置为当前"按钮。设置结果如图 3-41 所示。然后关闭"图层特性管理器"。

[2] 绘制基座。使用直线命令结合相对坐标绘制图形下部的基座 ABB′ C′ CDFE。

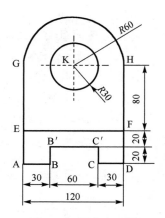

图 3-39　机座立面图

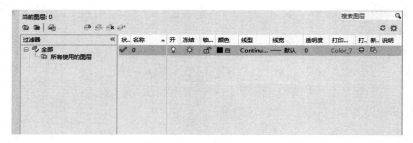

图 3-40　"图层特性管理器"对话框

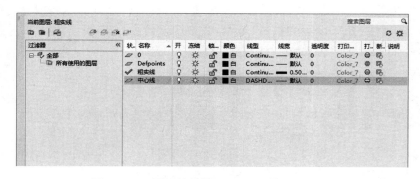

图 3-41　"图层特性管理器"对话框设置结果

单击功能区"默认"选项卡→"绘图"面板→"直线"按钮，命令行依次提示：

LINE 指定第一个点：

利用鼠标在绘图区任意捕捉一点作为 A 点。

LINE 指定下一点或 [放弃(U)]:

在命令行中输入相对坐标 "30,0"，按 Enter 键指定 B 点。

LINE 指定下一点或 [放弃(U)]:

在命令行中输入相对坐标 "@0,20"，按 Enter 键确定 B′ 点。

仿照上两步，依次指定 C′、C、D、F 和 E 点。尺寸如图 3-39 标注所示。确定 E 点后，命令行提示：

LINE 指定下一点或 [闭合(C) 放弃(U)]:

此时在命令行中输入：C，并按 Enter 键完成机座的绘制，如图 3-42 所示。

[3] 设置和启用对象捕捉。

单击状态栏 "对象捕捉" 按钮 □ 旁的 ▼ 按钮→选择 "对象捕捉设置" 命令，打开 "草图设置" 对话框的 "对象捕捉" 选项卡，如图 3-43 所示。单击其中的 "全部选择" 按钮 [全部选择]，表示使用对象捕捉功能时，可以捕捉所有类型的点。单击 "确定" 按钮关闭该对话框。

单击状态栏 "对象捕捉" 按钮 □，启用对象捕捉。

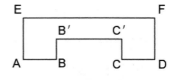

图 3-42　绘制基座

[4] 绘制直线段 EG 和 FH。使用直线命令结合对象捕捉功能绘制直线段。

单击功能区 "默认" 选项卡→"绘图" 面板→"直线" 按钮 ∕，用鼠标捕捉到 E 点，此时在命令行中输入相对坐标 "@0,80"，按 Enter 键确定 G 点，再按 Enter 键结束命令。

重复上述操作，绘制线段 FH。绘制结果如图 3-44 所示。

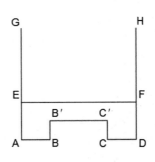

图 3-43　"草图设置" 对话框的 "对象捕捉" 选项卡　　　图 3-44　绘制直线段

[5] 确定上部圆孔的位置。使用直线命令和对象捕捉追踪功能绘制圆孔的中心线。

单击 "默认" 选项卡→"图层" 面板→"图层特性" 按钮，打开 "图层特性管理器" 对话框，选择 "中心线" 图层，单击 "置为当前" 按钮。关闭该对话框。

单击状态栏 "对象捕捉追踪" 按钮 ∠，启用对象捕捉追踪来显示捕捉参照线。

单击 "默认" 选项卡→"绘图" 面板→"直线" 按钮 ∕。此时用鼠标捕捉到 G 点，向右水平拖动鼠标，会显示捕捉参照线。在合适的位置单击鼠标，然后按住 Shift 键，绘制圆孔的一条水平中心线，如图 3-45(a)所示。

按空格键重复直线命令，用鼠标捕捉 EF 线段的中点，向上拖动鼠标并显示捕捉参照线，在合适的位置单击鼠标，然后按住 Shift 键，绘制圆孔竖直中心线，如图 3-45(b)所示。

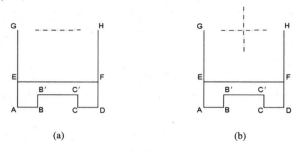

(a)   (b)

图 3-45　绘制中心线

[6]　绘制圆孔。

单击"默认"选项卡→"图层"面板→"图层特性"按钮，打开"图层特性管理器"对话框，选择"粗实线"图层，单击"置为当前"按钮。关闭该对话框。

单击"默认"选项卡→"绘图"面板→"圆心，半径"按钮，命令行提示：

CIRCLE 指定圆的圆心或 [三点(3P) 两点(2P) 切点、切点、半径(T)]：

此时用鼠标捕捉到两条中心线的交点 K，单击鼠标，确定圆心。

CIRCLE 指定圆的半径或 [直径(D)]：

输入"30"按 Enter 键，完成圆孔的绘制，如图 3-46 所示。

[7]　绘制上部半圆形。使用"圆弧"命令绘制上部的半圆形，注意绘制圆弧时端点的顺序。

单击"默认"选项卡→"绘图"面板→"圆弧系列"按钮中的下三角，选择"起点，圆心，端点"画法，命令行提示：

ARC 指定圆弧的起点或 [圆心(C)]：

指定圆弧的第一个端点 H。

ARC 指定圆弧的圆心：

捕捉到圆孔的圆心 K 并单击指定。

ARC 指定圆弧的端点(按住 Ctrl 键以切换方向)或 [角度(A) 弦长(L)]：

指定圆弧的第二个端点 G。至此完成机座的绘制。

[8]　单击状态栏的"线宽"按钮，显示线宽，结果如图 3-47 所示。

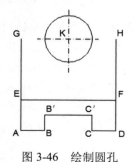

图 3-46　绘制圆孔

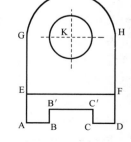

图 3-47　绘制半圆

第4章 编辑二维图形

上一章介绍了如何绘制简单的图形对象。如果要对所绘制的图形进行修改或删除，或者绘制较为复杂的图形时，我们还要借助图形编辑工具。通过 AutoCAD 的图形编辑工具，可以任意地移动图样，改变图样的大小，复制图样等。图形编辑工具有很高的智能性，通过本章的学习，可以进一步认识到利用 AutoCAD 来绘制图样的高效率。

AutoCAD 2015 的图形编辑工具主要通过"修改"面板和"修改"菜单以及相应的修改命令来使用。如图 4-1 所示为 AutoCAD 2015 中的"修改"面板和"修改"菜单。

【学习目标】

（1）掌握选择对象的方法。

（2）学会使用夹点工具编辑对象。

（3）熟练掌握各种编辑命令。

（4）学会使用"特性"选项板对对象特性进行编辑。

图 4-1　"修改"面板和"修改"菜单

4.1 选择对象

在绘图过程中（尤其是在大型图纸的绘图过程中），经常需要编辑某些图形对象，这就需要先合理正确地选择这些特定的图形对象。

4.1.1 点选

AutoCAD 2015 中，最简单和最快捷的选择对象方法是使用鼠标单击。被选择的对象的组合叫做选择集。在无命令状态下，对象选择后会显示其夹点。如果是执行命令过程中提示选择对象，十字光标变为小方框（称之为拾取框），被选择的对象则亮显（图4-2）。

图4-2 点选

将光标置于对象上时，将亮显对象，单击则选择该对象。当某处对象排列比较密集或有重叠的对象时，可按住 Shift+Space 组合键在该处单击鼠标，以循环亮显在此处的对象，当切换到要选择的对象时，按 Enter 键即可选择。

4.1.2 窗口

如要一次选择多个对象，可在图形的左侧按下鼠标，向右拖动，鼠标会画出一个由套索包围的蓝色区域，释放鼠标后，被蓝色套索窗口全部包围的对象被选择。使用套索窗口选择对象如图 4-3(a)所示，选择结果如图 4-3(b)所示。

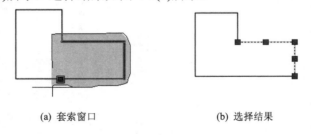

(a) 套索窗口   (b) 选择结果

图4-3 窗口方式选择对象

4.1.3 窗交

如果在图形的右侧按下鼠标，向左拖动，鼠标会画出一个由套索包围的绿色区域，释放鼠标后，此时选择与绿色套索窗口相交的对象，即不管对象是全部在窗口中还是只有一部分在窗口中，均会被选中。使用套索窗交选择对象如图 4-4(a)所示，选择结果如图 4-4(b)所示。用户可比较窗口和窗交方式选择对象的区别。

> 📖 **注意：** （1）使用套索选择时，可以按空格键在"窗口"、"窗交"和"栏选"对象选择模式之间切换。
>
> （2）通过按住 Shift 键并单击单个对象，或跨多个对象拖动，来取消选择对象。按 Esc 键可以取消选择所有对象。

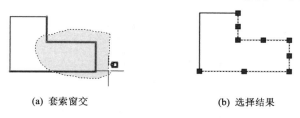

(a) 套索窗交   (b) 选择结果

图 4-4　窗交方式选择对象

4.1.4　快速选择

在 AutoCAD 2015 中，使用"快速选择"功能可以根据指定的过滤条件（对象的类型和特性等）来快速选择对象。例如，只选择"轮廓"图层上的对象而不选择其他对象。

使用"快速选择"功能，需要打开"快速选择"对话框，在其中完成设置。可以通过以下 3 种方法来打开该对话框。

（1）单击功能区"默认"选项卡→"实用工具"面板→"快速选择"按钮 ⬚。

（2）选择菜单栏"工具"→"快速选择"命令。

（3）在命令行中输入命令：QSELECT（或 QSE），并按 Enter 键。

执行上述操作后，打开如图 4-5 所示的"快速选择"对话框。

"快速选择"对话框是一个根据过滤条件创建选择集的方式。对话框中各选项的功能如下。

（1）"应用到"下拉列表框：用于指定将过滤条件应用到整个图形还是当前选择集（如果存在）。单击"选择对象"按钮 ⬚，临时关闭"快速选择"对话框，允许用户选择要对其应用过滤条件的对象。

（2）"对象类型"下拉列表框：用于指定要包含在过滤条件中的对象类型。如果过滤条件应用于整个图形，则"对象类型"下拉列表框包含全部的对象类型，包括自定义。否则，该列表只包含选定对象的对象类型。

（3）"特性"列表框：指定过滤器的对象特性。此列表包括选定对象类型的所有可搜索特性。选定的特性决定"运算符"和"值"中的可用选项。

（4）"运算符"下拉列表框：控制过滤的范围。根据选定的特性，选项可包括"等于"、"不等于"、"大于"、"小于"等。使用"全部选择"选项将忽略所有特性过滤器。

（5）"值"下拉列表框：用于指定过滤器的特性值。"特性"、"运算符"和"值"这 3 个下拉列表框是联合使用的。

（6）"如何应用"选项组：指定将符合给定过滤条件的对象包括在新选择集内或排除在新选择集之外。选择"包括在新选择集中"将创建其中只包含符合过滤条件的对象的新选择集。选择"排除在新选择集之外"将创建其中只包含不符合过滤条件的对象的新选择集。

（7）"附加到当前选择集"复选框：用于指定是将创建的新选择集替换还是附加到当前选择集。

例如，选择图 4-6 中"轮廓"图层上的对象而不选择其他对象，"快速选择"对话框的设置如图 4-7 所示，选择后的结果如图 4-8 所示。

图 4-5 "快速选择"对话框

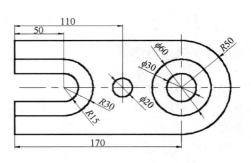

图 4-6 快速选择实例图

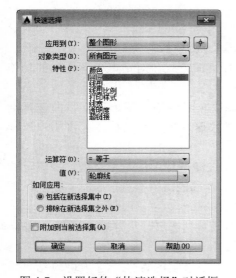

图 4-7 设置好的"快速选择"对话框

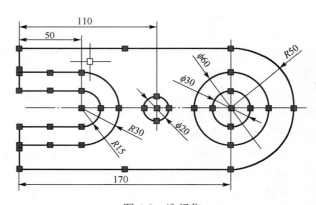

图 4-8 选择集

> 📖 注：用户也可以使用组合键 Ctrl+A 或功能区"默认"选项卡→"实用工具"面板→"全部选择"按钮 快速选择全部对象。

4.2 使用夹点编辑图形

AutoCAD 2015 为每个图形对象均设置了夹点。在二维对象上，夹点显示为一些实心的小方框，如图 4-9 所示。需要注意的是，锁定图层上的对象不显示夹点。夹点编辑模式是一种方便快捷的编辑操作途径，可以拖动这些夹点快速拉伸、移动、旋转、比例缩放或镜像对象。

图 4-9 显示对象上的夹点

要进入夹点编辑模式，只要在无命令的状态下，鼠标光标为 ┼ 时选择对象，对象关键点上将出现夹点。

例如，单击直线上的任何一个夹点时，命令行会提示：

> ** 拉伸 **
> >_ ▾ 指定拉伸点或 [基点(B) 复制(C) 放弃(U) 退出(X)]:

命令行的提示信息表明已进入夹点编辑模式。"** 拉伸 **"表示此时的夹点模式为拉伸模式。一共有 5 种夹点编辑模式，分别为"拉伸"、"移动"、"旋转"、"比例缩放"和"镜像"，按 Enter 键或 Space 键可在这 5 种模式之间循环切换。

4.2.1 拉伸对象

拉伸操作指的是将长度拉长，比如直线的长度、圆的半径等长度参量。在夹点编辑模式下，是通过移动夹点位置来拉伸对象的。

在无命令的状态下选择对象，单击其夹点即可进入夹点拉伸模式，AutoCAD 2015 自动将被单击的夹点作为拉伸基点。此时命令行提示：

> ** 拉伸 **
> >_ ▾ 指定拉伸点或 [基点(B) 复制(C) 放弃(U) 退出(X)]:

此时可通过鼠标移动或在命令行中输入数值指定拉伸点，该夹点就会移动到拉伸点的位置。对于一般的对象，随着夹点的移动，对象会被拉伸；对于文字、块参照、直线中点、圆心和点对象，夹点将移动对象而不是拉伸对象。各选项说明如下。

（1）基点（B）：重新指定拉伸的基点。

（2）复制（C）：选择该选项后，将在拉伸点位置复制对象，被拉伸的原始对象不会被删除。

（3）放弃（U）：取消上一次的操作。

（4）退出（X）：退出夹点编辑模式。

4.2.2 移动对象

移动是指对象位置的平移，而对象的方向和大小均不改变。在夹点编辑模式，可通过移动夹点位置移动对象。

单击夹点进入夹点编辑模式后，按 Enter 键或 Space 键切换编辑模式至"移动"，或者在命令行下直接输入"MO"进入移动模式，AutoCAD 2015 自动将被单击的夹点作为移动基点。此时命令行提示：

> ** MOVE **
> >_ ▾ 指定移动点 或 [基点(B) 复制(C) 放弃(U) 退出(X)]: |

通过鼠标拾取或在命令行中输入移动点的坐标值并按 Enter 键，可将对象移动到移动点。

4.2.3 旋转对象

旋转对象是指对象绕基点旋转指定的角度。单击夹点进入夹点编辑模式后，按 Enter 键或 Space 键切换编辑模式至"旋转"，或者在命令行下直接输入"RO"进入旋转模式，AutoCAD 2015 自动将被单击的夹点作为旋转基点。此时命令行提示：

```
** 旋转 **
指定旋转角度或 [基点(B) 复制(C) 放弃(U) 参照(R) 退出(X)]:
```

在某个位置上单击鼠标，即表示指定旋转角度为该位置与 X 轴正方向的夹角度数，也可通过在命令行中输入角度值指定旋转的角度。选择"参照"选项，可指定旋转的参照角度。

4.2.4 比例缩放

比例缩放是指对象的大小按指定比例进行放大或缩小。单击夹点进入夹点编辑模式后，按 Enter 键或 Space 键切换编辑模式至"比例缩放"，或者在命令行下直接输入"SC"进入比例缩放模式，AutoCAD 2015 自动将被单击的夹点作为比例缩放基点。此时命令行提示：

```
** 比例缩放 **
指定比例因子或 [基点(B) 复制(C) 放弃(U) 参照(R) 退出(X)]:
```

此时输入比例因子，完成对象基于基点的缩放操作。比例因子大于 1 表示放大对象，小于 1 表示缩小对象。

4.2.5 镜像对象

镜像对象是指将对象沿着镜像线进行对称操作。单击夹点进入夹点编辑模式后，按 Enter 键或 Space 键切换编辑模式至"镜像"，或者在命令行下直接输入"MI"进入镜像模式，AutoCAD 2015 自动将被单击的夹点作为镜像基点。此时命令行提示：

```
** 镜像 **
指定第二点或 [基点(B) 复制(C) 放弃(U) 退出(X)]:
```

此时指定的第二点与镜像基点构成镜像线，对象将以镜像线为对称轴进行镜像操作并删除原始对象。

4.3 改变图形位置

在 AutoCAD 中，除了使用夹点编辑图形外，系统还提供了多个图形编辑工具，通过这些工具可以可以任意地移动图形，改变图形的大小，复制图形等。

本节主要介绍图形位置的改变方法。AutoCAD 2015 中，可以通过移动、旋转和对齐的方式改变图形对象的位置。

4.3.1 移动对象

在绘制图形时，经常需要调整对象的位置，移动命令可以帮助用户精确地把对象移动到不同的位置。使用移动命令，用户必须选择基点来移动图形对象。此基点是对象移动前指定的起始位置，再将此点移动到目的位置。用户可以通过单击两点或指定位移来移动对象。

在 AutoCAD 2015 中，可以通过以下 3 种方法移动对象。

（1）单击功能区"默认"选项卡→"修改"面板→"移动"按钮⊕。

（2）选择菜单栏"修改"→"移动"命令。

（3）在命令行中输入命令：MOVE（或 M），并按 Enter 键。

执行移动操作后，命令行提示：

⊕▾ MOVE 选择对象：

此时选择要移动的对象，然后按 Enter 键或单击鼠标右键完成对象选择，命令行继续提示：

⊕▾ MOVE 指定基点或 [位移(D)] <位移>：

可通过"基点"方式或"位移"方式移动对象，系统默认为"指定基点"。此时可用鼠标单击绘图区某一点，即指定为移动对象的基点。基点可在被移动的对象上，也可不在对象上，坐标中的任意一点均可作为基点。指定基点后，命令行继续提示：

⊕▾ MOVE 指定第二个点或 <使用第一个点作为位移>：

此时可指定移动对象的第二个点，该点与基点共同定义了一个矢量，指示了选定对象要移动的距离和方向。指定该点后，将在绘图区显示基点与第二点之间的连线，表示位移矢量，如图 4-10 所示。

图 4-10　移动对象

如果命令行提示：

⊕▾ MOVE 指定基点或 [位移(D)] <位移>：

这时不指定基点，而是直接按 Enter 键，那么命令行将提示：

⊕▾ MOVE 指定位移 <0.0000, 0.0000, 0.0000>：

此时输入的坐标值将指定相对距离和方向。

📖　注意：这里指的是一个相对位移，但在输入相对坐标时，无须像通常情况下那样包含@标记，因为这里的相对坐标是假设的。

4.3.2　旋转对象

旋转对象是指对象绕基点旋转指定的角度。

在 AutoCAD 2015 中，可以通过以下 3 种方法旋转对象。

（1）单击功能区"默认"选项卡→"修改"面板→"旋转"按钮⟳。

（2）选择菜单栏"修改"→"旋转"命令。

（3）在命令行中输入命令：ROTATE（或 RO），并按 Enter 键。

执行旋转操作后，命令行提示：

> ↻ ▾ **ROTATE** 选择对象：

此时选择要旋转的对象，然后按 Enter 键或单击鼠标右键完成对象选择，命令行继续提示：

> ↻ ▾ **ROTATE** 指定基点：

此时指定对象旋转的基点，即对象旋转时所围绕的中心点，可用鼠标拾取绘图区上的点，也可输入坐标值指定基点。指定基点后，命令行继续提示：

> ↻ ▾ **ROTATE** 指定旋转角度，或 [复制(C) 参照(R)] <0>：

此时可以用鼠标在某角度方向上单击或在命令行中输入角度值来指定旋转角度，也可以选择中括号里面的选项。

（1）复制（C）：用于创建要旋转对象的副本，旋转后原对象不会被删除。

（2）参照（R）：用于设置对象旋转的参照角度。

> 📖 注意：鼠标单击指定的角度是光标与基点之间的连线与 X 轴正方向的夹角，输入角度值指定旋转角度，默认以逆时针为正方向。

4.3.3　对齐对象

对齐操作用于将所选对象与另一个对象对齐，包括线与线之间的对齐及面与面之间的对齐。对齐操作实际上集成了移动、旋转和缩放等操作。AutoCAD 2015 是通过指定一对或多对源点和目标点实现对象间对齐的。

在 AutoCAD 2015 中，有以下 3 种方法对齐对象。

（1）单击功能区"默认"选项卡→"修改"面板→"对齐"按钮🖳。

（2）选择菜单栏"修改"→"三维操作"→"对齐"命令。

（3）在命令行中输入命令：ALIGN（或 AL），并按 Enter 键。

执行对齐操作后，命令行提示：

> 🖳 ▾ **ALIGN** 选择对象：

此时选择要对齐的对象，然后按 Enter 键或单击鼠标右键完成对象选择，命令行继续提示：

> 🖳 ▾ **ALIGN** 指定第一个源点：

此时可以通过鼠标拾取指定第一个源点 A 点，如图 4-11(a)所示。命令行继续提示：

> 🖳 ▾ **ALIGN** 指定第一个目标点：

此时指定第一个目标点 B 点，如图 4-11(b)所示。如果只需通过这一对源点和目标点对齐对象，那么此时按 Enter 键，对齐结果如图 4-11(c)所示。

否则，命令行继续提示：

> 🖳 ▾ **ALIGN** 指定第二个源点：

> 🖳 ▾ **ALIGN** 指定第二个目标点：

如果通过两对源点和目标点对齐对象（如 A 点和 B 点对齐，C 点和 D 点对齐），则在命令行提示指定第三个源点时按 Enter 键。此时命令行提示：

ALIGN 是否基于对齐点缩放对象？[是(Y) 否(N)] <否>:

如选择"是（Y）"则表示在对齐时将根据两个源点的距离和两个目标点的距离的比例来缩放对象，使得源点和目标点重合，如图 4-11(d)所示；如果选择"否（N）"，将不进行缩放操作，对齐结果如图 4-11(c)所示。

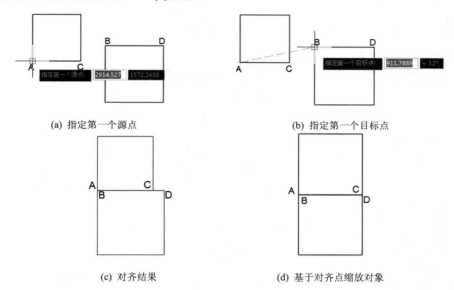

图 4-11　对齐对象

4.4　绘制多个图形

在 AutoCAD 的绘图过程中，经常用复制、阵列和偏移等命令创建很多与原对象相同的对象。

4.4.1　复制

在绘图过程中，有时候要绘制相同的图形，如果用绘图命令逐个绘制，将大大降低绘图效率。用户可以使用复制命令复制对象。

在 AutoCAD 2015 中，可以通过以下 3 种方法复制对象。

（1）单击功能区"默认"选项卡→"修改"面板→"复制"按钮 。

（2）选择栏"修改"→"复制"命令。

（3）在命令行中输入命令：COPY（或 CO），并按 Enter 键。

执行复制操作后，命令行提示：

COPY 选择对象:

此时选择要复制的对象并按 Enter 键或单击鼠标右键，命令行继续提示：

当前设置：复制模式 = 多个

COPY 指定基点或 [位移(D) 模式(O)] <位移>:

命令行第一行显示了复制操作的当前模式为"多个"。复制的操作过程与移动的操作过程完全一致，也是通过指定基点和第二个点来确定复制对象的位移矢量。同样，也可通过鼠标拾取或输入坐标值指定复制的基点，随后命令行提示：

> ⌖ COPY 指定第二个点或 [阵列(A)] <使用第一个点作为位移>：

此时可指定复制对象的第二个点。默认情况下，COPY 命令将自动重复，命令行继续提示：

> ⌖ COPY 指定第二个点或 [阵列(A) 退出(E) 放弃(U)] <退出>：

要退出该命令，可按 Enter 键或 Esc 键。

如图 4-12 所示，把复制对象复制到板状零件的右边。

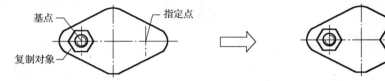

图 4-12　复制实例

中括号里其他两个选项的含义如下。

（1）位移（D）：用坐标值指定复制的位移矢量。

（2）模式（O）：用于控制是否自动重复该命令。选择该选项后，命令行提示：

> ⌖ COPY 输入复制模式选项 [单个(S) 多个(M)] <多个>：

默认模式为"多个"，即自动重复"复制"命令。若输入"S"，则执行一次重复操作只创建一个对象副本。

4.4.2　镜像

在制图工程中，经常会遇到一些对称的图形。可以画出对称图形的一半，然后用镜像命令将另一半对称图形复制出来，而不必绘制整个图形。AutoCAD 2015 通过指定临时镜像线镜像对象，镜像时可以选择删除原始对象还是保留原始对象。

AutoCAD 2015 中，有以下 3 种方法镜像对象。

（1）单击"功能区默认"选项卡→"修改"面板→"镜像"按钮◢◣。

（2）选择菜单栏"修改"→"镜像"命令。

（3）在命令行中输入命令：MIRROR（或 MI），并按 Enter 键。

执行镜像操作后，命令行提示：

> ◢◣ MIRROR 选择对象：

选择要镜像的对象并按 Enter 键或单击鼠标右键，命令行依次提示：

> ◢◣ MIRROR 指定镜像线的第一点：

> ◢◣ MIRROR 指定镜像线的第一点：指定镜像线的第二点：

此时可根据命令行的提示依次指定镜像线上的两点以确定镜像线，命令行继续提示：

> ◢◣ MIRROR 要删除源对象吗？[是(Y) 否(N)] <N>：

此时可选择是否删除被镜像的源对象。输入"Y"，将镜像的图像放置到图形中并删除原始对象；输入"N"，将镜像的图像放置到图形中并保留原始对象。

如图 4-13 所示，已知对称图形的一半（一个盘类零件），使用镜像命令完成视图。

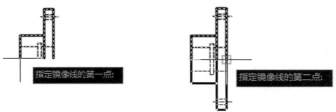

图 4-13　镜像实例

4.4.3　阵列

在制图过程中，要绘制按规律（矩形阵列或圆周均布）排列的相同图形，可以使用阵列命令。阵列分为 3 类：矩形阵列、路径阵列和环形阵列。

1．矩形阵列

矩形阵列是按照行列方阵的方式进行对象复制的。执行矩形阵列时必须确定好阵列的行数、列数及行间距、列间距。

在 AutoCAD 2015 中，可以通过以下 3 种方法执行矩形阵列命令。

（1）单击功能区"默认"选项卡→"修改"面板→"阵列"下拉列表→"矩形阵列"按钮。

（2）选择菜单栏"修改"→"阵列"→"矩形阵列"命令。

（3）在命令行中输入命令：ARRAYRECT，并按 Enter 键。

执行矩形阵列操作后，命令行提示：

ARRAYRECT 选择对象：

此时用鼠标拾取要阵列的对象，并按 Enter 键或单击鼠标右键完成选择。命令行提示：

类型 = 矩形　关联 = 是
ARRAYRECT 选择夹点以编辑阵列或 [关联(AS) 基点(B) 计数(COU) 间距(S) 列数(COL) 行数(R) 层数(L) 退出(X)] <退出>：

此时按 Enter 键可以创建一个默认行数为 3、列数为 4 的矩形阵列，如图 4-14 所示。

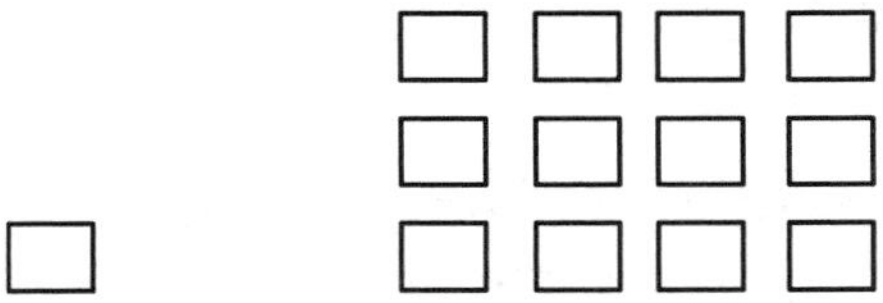

(a) 选择对象　　　　(b) 阵列结果

图 4-14　行数为 3、列数为 4 的矩形阵列

用户也可以根据需要选择中括号里的选项来定义矩形阵列参数，各选项的含义如下。

（1）关联（AS）：指定是否在阵列中创建项目作为关联阵列对象，或作为独立对象。选择该项中的"是（Y）"，表示创建关联阵列，使用户可以通过编辑阵列的特性和源对象，快速传递修改。选择"否（N）"，表示创建阵列项目作为独立对象，更改一个项目不影响其他项目。

（2）基点（B）：指定阵列的基点。

（3）计数（COU）：指定阵列中的列数和行数。

（4）间距（S）：指定列间距和行间距。

（5）列数（COL）：指定阵列中的列数和列间距，以及它们之间的增量标高。

（6）行数（R）：指定阵列中的行数和行间距，以及它们之间的增量标高。

（7）层数（L）：指定层数和层间距。

用户也可以在新打开的功能区"阵列创建"上下文选项卡（图4-15）中进行上述设置。

图4-15　矩形阵列"阵列创建"上下文选项卡

2．路径阵列

路径阵列是沿路径或部分路径均匀复制对象。使用这个命令需要确定阵列的路径和阵列的个数等。

在 AutoCAD 2015 中，可以通过以下 3 种方法路径阵列对象。

（1）单击功能区"默认"选项卡→"修改"面板→"阵列"下拉列表→"路径阵列"按钮。

（2）选择菜单栏"修改"→"阵列"→"路径阵列"命令。

（3）在命令行中输入命令：ARRAYPATH，并按 Enter 键。

执行路径阵列操作后，命令行提示：

> ARRAYPATH 选择对象：

此时用鼠标拾取要阵列的对象，并按 Enter 键或单击鼠标右键完成选择。随后命令行提示：

> 类型 = 路径　关联 = 是
> ARRAYPATH 选择路径曲线：

此时选择阵列路径，阵列路径可以是直线、多段线、三维多段线、样条曲线、螺旋、圆弧、圆或椭圆。命令行继续提示：

> ARRAYPATH 选择夹点以编辑阵列或 [关联(AS) 方法(M) 基点(B) 切向(T) 项目(I) 行(R) 层(L) 对齐项目(A) z 方向(Z) 退出(X)] <退出>：

此时按 Enter 键，系统默认沿整个路径长度平均定距等分创建阵列，如图4-16所示。

(a) 阵列对象和阵列路径　　　　　　　　　　(b) 阵列结果

图4-16　路径阵列

用户也可以根据需要选择中括号里的选项来定义阵列参数，其选项的含义如下。

（1）关联（AS）：指定是否在阵列中创建项目作为关联阵列对象，或作为独立对象。

（2）方法（M）：选择沿路径阵列的方法，是指定在该路径的阵列数还是路径中每个阵列的距离。选择该项后命令行提示：

ARRAYPATH 输入路径方法 [定数等分(D) 定距等分(M)] <定距等分>：

若选择"定数等分（D）"，继而选择命令行"项目（I）"选项，可指定沿整个路径等分的项目数。

若选择"定距等分（M）"，然后在命令行中选择"项目（I）"选项，命令行会依次提示指定项目之间的距离、指定项目数。

（3）基点（B）：指定阵列的基点。

（4）切向（T）：指定沿路径阵列的方向。

（5）项目（I）：根据"方法（M）"项中的选择不同而改变。默认情况下在该项中指定阵列中的项目数。

（6）行（R）：指定阵列中的行数和行间距，以及它们之间的增量标高。

（7）层（L）：指定阵列中的层数和层间距。

（8）对齐项目（A）：设置是否对齐每个项目以与路径的方向相切。

（9）Z 方向（Z）：控制是否保持项目的原始 Z 方向或沿三维路径自然倾斜项目。

同样，用户也可以在新打开的功能区"阵列创建"上下文选项卡（图 4-17）中进行上述设置。

图 4-17 路径阵列"阵列创建"上下文选项卡

3．环形阵列

环形阵列是将所选实体按圆周等距复制。这个命令需要确定阵列的圆心和阵列的个数，以及阵列图形所对应的圆心角等。

在 AutoCAD 2015 中，可以通过以下 3 种方法绘制环形阵列对象。

（1）单击功能区"默认"选项卡→"修改"面板→"阵列"下拉列表→"环形阵列"按钮。

（2）选择菜单栏"修改"→"阵列"→"环形阵列"命令。

（3）在命令行中输入命令：ARRAYPOLAR，并按 Enter 键。

执行环形阵列操作后，命令行提示：

ARRAYPOLAR 选择对象：

此时用鼠标拾取要阵列的对象，并按 Enter 键或单击鼠标右键完成选择。随后命令行提示：

类型 = 极轴 关联 = 是

ARRAYPOLAR 指定阵列的中心点或 [基点(B) 旋转轴(A)]：

此时指定阵列的中心点，完成环形阵列中心的定义。也可以根据需要选择中括号里的选项，其选项的含义如下。

（1）基点（B）：指定阵列的基点。

（2）旋转轴（A）：指定由两个指定点定义的自定义旋转轴。

选择中心点后，命令行提示如下：

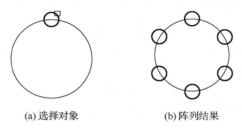

此时按 Enter 键完成环形阵列，图 4-18 为一个阵列项目数为 6 的环形阵列。

(a) 选择对象   (b) 阵列结果

图 4-18　阵列项目数为 6 的环形阵列

用户也可以根据不同的需要选择中括号里的选项来定义阵列，其选项的含义如下。

（1）关联（AS）：指定是否在阵列中创建项目作为关联阵列对象，或作为独立对象。

（2）基点（B）：指定阵列的基点。

（3）项目（I）：指定阵列中的项目数。

（4）项目间角度（A）：指定项目之间的角度。如图 4-19(a)所示为 6 个阵列项目，项目间角度为 45°。

（5）填充角度（F）：指定阵列中第一个和最后一个项目之间的角度。如图 4-19(b)所示为 6 个阵列项目，填充角度为 180°。

（6）行（ROW）：指定阵列中的行数和行间距，以及它们之间的增量标高。

（7）层（L）：指定阵列中的层数和层间距。

（8）旋转项目（ROT）：控制在排列项目时是否旋转项目，如图 4-19(c)所示为 6 个阵列项目，不旋转项目。

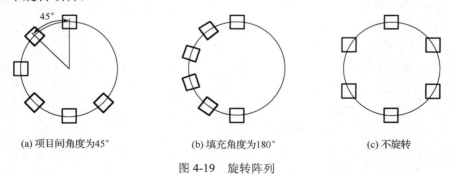

(a) 项目间角度为45°   (b) 填充角度为180°   (c) 不旋转

图 4-19　旋转阵列

用户也可以在新打开的功能区"阵列创建"上下文选项卡（图 4-20）中进行上述设置。

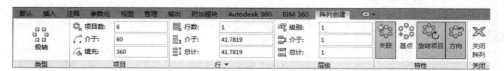

图 4-20　环形阵列"阵列创建"上下文选项卡

4.4.4　偏移

偏移命令用于创建造型与选定对象造型平行的新对象。偏移圆或圆弧可以创建更大或更小的圆或圆弧，取决于向哪一侧偏移。可以偏移的对象包括直线、圆弧、圆、两维多段线、椭圆、构造线、射线和样条曲线等。利用偏移命令可以将定位线或辅助曲线进行准确定位，这样可以精确高效地绘图。

在 AutoCAD 2015 中，可以通过以下 3 种方法偏移对象。

（1）单击功能区"默认"选项卡→"修改"面板→"偏移"按钮 。

（2）选择菜单栏"修改"→"偏移"命令。

（3）在命令行中输入命令：OFFSET（或 OF），并按 Enter 键。

执行偏移操作后，命令行提示：

> 当前设置：删除源=否　图层=源　OFFSETGAPTYPE=0
> OFFSET 指定偏移距离或 [通过(T) 删除(E) 图层(L)] <通过>：

命令行第一行显示了偏移操作的当前设置为不删除偏移源、偏移后对象仍在原图层。根据第二行提示，此时可指定偏移距离或选择中括号里的选项。

"偏移距离"是指偏移后的对象与现有对象的距离，输入距离的数值后，命令行将继续提示：

> OFFSET 选择要偏移的对象，或 [退出(E) 放弃(U)] <退出>：

此时选择要偏移的对象并按 Enter 键或右击鼠标。偏移操作只允许一次选择一个对象，但是偏移操作会自动重复，可以偏移一个对象后再选择另一个对象。选择偏移对象后，命令行提示：

> OFFSET 指定要偏移的那一侧上的点，或 [退出(E) 多个(M) 放弃(U)] <退出>：

此时在指定偏移的那一侧的任意一点单击即可完成偏移操作。偏移完一个对象后，偏移操作自动重复：

> OFFSET 选择要偏移的对象，或 [退出(E) 放弃(U)] <退出>：

要退出命令，直接按 Enter 键或 Esc 键。

例如，将线段 AB 向右偏移 20mm，操作过程如图 4-21 所示。

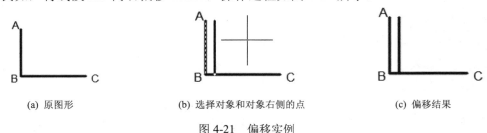

(a) 原图形　　　　　　　　(b) 选择对象和对象右侧的点　　　　　　　　(c) 偏移结果

图 4-21　偏移实例

中括号里其他三个选项的含义如下。

（1）通过（T）：该项可以在不知道要偏移的距离，而只知道偏移实体要经过的某点的情况下，通过指定通过点来偏移对象。可以使用捕捉的办法获得经过点（捕捉功能将在下一章详细介绍）。

（2）删除（E）：用于设置是否在偏移源对象后将其删除。

（3）图层（L）：用于设置将偏移对象创建在当前图层上还是源对象所在的图层上。

用偏移方法还可以得到用圆、椭圆、弧、正多边形、矩形命令生成实体的同心结构，如图 4-22 所示。

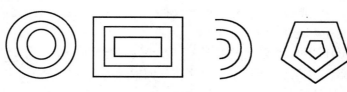

图 4-22　偏移图形

4.5　改变图形大小

本节主要介绍如何改变图形对象的大小。AutoCAD 2015 中，可以通过拉伸和缩放的方式改变图形对象的大小。

4.5.1　缩放

除了前面介绍的使用夹点进行比例缩放，还可以通过以下 3 种方法缩放对象。

（1）单击功能区"默认"选项卡→"修改"面板→"缩放"按钮。

（2）选择菜单栏"修改"→"缩放"命令。

（3）在命令行中输入命令：SCALE（或 SC），并按 Enter 键。

执行缩放操作后，命令行提示：

> SCALE 选择对象：

此时选择要缩放的对象并按 Enter 键或单击鼠标右键。命令行继续提示：

> SCALE 指定基点：

此时指定缩放操作的基点。该基点是指选定对象的大小发生改变时位置保持不变的点。基点可以在选定对象上，也可不在选定对象上。

指定基点后，命令行提示：

> SCALE 指定比例因子或 [复制(C) 参照(R)]：

此时可以输入比例因子，按 Enter 键完成对象基于基点的缩放操作。比例因子大于 1 表示放大对象，小于 1 表示缩小对象。

也可以选择中括号里面的选项。它们的含义分别如下。

（1）"复制（C）"：表示对象缩放后不删除原始对象。

（2）"参照（R）"：表示按参照长度和指定的新长度缩放所选对象。

例如，将图 4-23(a)所示的正六边形的边长缩放为 50mm。

执行缩放操作后，命令行提示：

> SCALE 指定比例因子或 [复制(C) 参照(R)]：

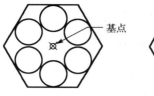

基点

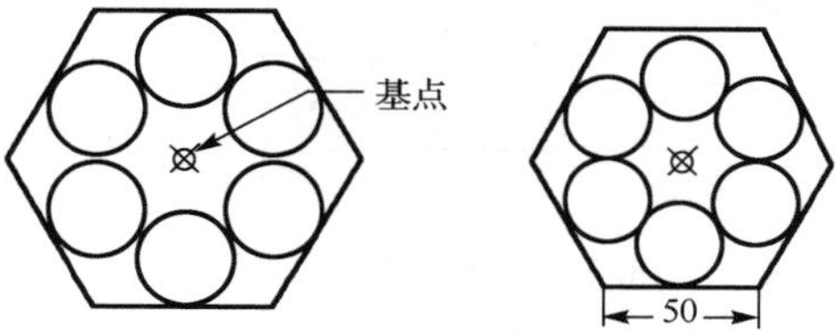

50

(a) 原图形　　　　　　　(b) 缩放后

图 4-23　缩放实例

选择"参照（R）"选项。命令行继续提示：

SCALE 指定参照长度 <1.0000>：

此时用鼠标单击图 4-23(a)中正六边形下侧水平边的左侧端点。命令行继续提示：

SCALE　指定第二点：

此时用鼠标单击图 4-23(a)中正六边形下侧水平边的右侧端点。命令行继续提示：

SCALE 指定新的长度或 [点(P)] <1.0000>：

此时在命令行中输入"50"并按 Enter 键，缩放后的效果如图 4-23(b)所示。

4.5.2　拉伸

拉伸命令用于移动图形对象的指定部分，同时保持与图形对象未移动部分相连接。

在 AutoCAD 2015 中，可以通过以下 3 种方法拉伸对象。

（1）单击功能区"默认"选项卡→"修改"面板→"拉伸"按钮。

（2）选择菜单栏"修改"→"拉伸"命令。

（3）在命令行中输入命令：STRETCH（或 STR），并按 Enter 键。

执行拉伸操作后，命令行提示：

以交叉窗口或交叉多边形选择要拉伸的对象...
STRETCH 选择对象：

命令行第一行提示"以交叉窗口选择要拉伸的对象"，此时一定要以交叉窗口或交叉多边形的形式选择对象，按 Enter 键或单击鼠标右键。注意不要框选所有的对象，如果都选中，就会变为移动操作。

选择要拉伸的对象后，命令行提示：

STRETCH 指定基点或 [位移(D)] <位移>：

STRETCH 指定第二个点或 <使用第一个点作为位移>：

此时依次指定拉伸的基点和第二个点，通过这两个点完成对象的拉伸。

例如，将图 4-24(a)所示的对象拉伸为图 4-24(c)所示的对象，用交叉窗口选择对象，如图 4-24(b)所示。

> 提示：使用拉伸命令，在选择实体时必须以交叉窗口或交叉多边形选择要拉伸的对象。只有选择框内的端点位置会被改变，框外端点的位置保持不变。当实体的端点全被框选在内时，该命令等同于移动命令。

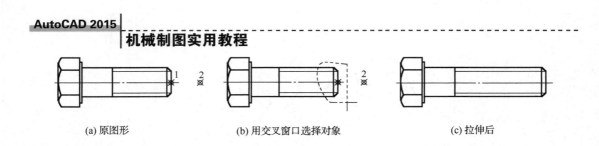

| (a) 原图形 | (b) 用交叉窗口选择对象 | (c) 拉伸后 |

图 4-24　拉伸实例

4.6　改变图形形状

4.6.1　删除

在 AutoCAD 2015 中，有以下 3 种方法删除对象。

（1）单击功能区"默认"选项卡→"修改"面板→"删除"按钮 ✐ 。

（2）选择菜单栏"修改"→"删除"命令。

（3）在命令行中输入命令：ERASE（或 E），并按 Enter 键。

执行删除操作后，命令行提示：

> ✐ ▾ ERASE 选择对象：

此时选择要删除的对象，然后按 Enter 键或单击鼠标右键，将删除已选择的对象。

> 📖　注意：当然，也可以选择对象后直接按 Delete 键，将所选对象删除。

4.6.2　修剪

顾名思义，用户可以使用"修剪"命令修剪掉图形中不需要的部分，前提要指定剪切边。系统将以剪切边为界，将被剪切对象上位于拾取点一侧的部分剪切掉。可以以某一对象为剪切边修剪其他对象。

在 AutoCAD 2015 中，有以下 3 种方法修剪对象。

（1）单击功能区"默认"选项卡→"修改"面板→"修剪"按钮 -/-- 。

（2）选择菜单栏"修改"→"修剪"命令。

（3）在命令行中输入命令：TRIM（或 TR），并按 Enter 键。

执行修剪操作后，命令行提示：

> 当前设置：投影=UCS，边=延伸
> 选择剪切边...
> 🔧 -/-- ▾ TRIM 选择对象或 <全部选择>：

命令行第一行显示的是修剪命令的当前设置，第二行和第三行的提示信息是指选择作为剪切边的对象。由于各个对象之间互为剪切边和被剪切对象，因此可以直接按 Enter 键表示全部选择。

选择剪切边后，命令行继续提示：

> 选择要修剪的对象，或按住 Shift 键选择要延伸的对象，或
> -/-- ▾ TRIM [栏选(F) 窗交(C) 投影(P) 边(E) 删除(R) 放弃(U)]：

此时选择要修剪的对象。将鼠标移动到想要修剪的部分上，若鼠标变为 ◻, 表示可以修剪，单击即可修剪；若鼠标变为 ◩, 表示该对象不可修剪。

> 📖 提示："修剪"命令不可修剪与剪切边不相交的对象。即剪切边须与被剪切对象相交，或剪切边延长线与被剪切对象相交，若不符合，则不可修剪。

选择修剪对象时会重复提示，因此可以选择多个修剪对象。按 Enter 键退出修剪命令。其他选项含义如下。

（1）栏选（F）：选择与选择栏相交的所有对象为修剪对象。

（2）窗交（C）：用窗交方式选择修剪对象。

（3）投影（P）：指定修剪对象时使用的投影方式。

（4）边（E）：通过该项可以选择当剪切边不与被剪切对象相交时，是否通过剪切边的延长线剪切对象。默认设置为"边=延伸"，若选择"不延伸"将不能剪切。

（5）删除（R）：删除任何选定的对象。

（6）放弃（U）：撤销由修剪命令所做的最近一次修改。

例如，使用修剪命令将图 4-25(a)所示的对象编辑为图 4-25(c)所示的对象。

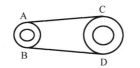
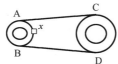
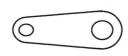

(a) 原图形，全部为剪切边   (b) 选择修剪对象   (c) 修剪结果

图 4-25　修剪实例

4.6.3　延伸

延伸命令可以延长指定的对象与另一个对象（延伸边界）相交，执行延伸命令时，需要确定延伸边界，然后指定对象延长与边界相交。

在 AutoCAD 2015 中，有以下 3 种方法延伸对象。

（1）单击功能区"默认"选项卡→"修改"面板→"延伸"按钮 ⊸/。

（2）选择菜单栏"修改"→"延伸"命令。

（3）在命令行中输入命令：EXTEND（或 EX），并按 Enter 键。

执行延伸操作后，命令行提示：

```
当前设置:投影=UCS，边=无
选择边界的边...
-⊸/ ⊸ EXTEND 选择对象或 <全部选择>:
```

命令行第一行显示的是延伸命令的当前设置，第二行和第三行的提示信息是指选择要延伸到的边界。由于各个对象之间互为边界和延伸对象，因此可以直接按 Enter 键表示全部选择。或者选择一个或几个边界后，按 Enter 键或单击鼠标右键完成边界选择。

选择边界后，命令行继续提示：

```
选择要延伸的对象，或按住 Shift 键选择要修剪的对象，或
-⊸/ ⊸ EXTEND [栏选(F) 窗交(C) 投影(P) 边(E) 放弃(U)]:
```

此时选择要延伸的对象。将鼠标移动到想要延伸的部分上，若对象变为橡皮筋线，则表示可以延伸该对象，单击即可延伸；若鼠标变为 ⌐◎，表示该对象不可延伸。

此时也可以按住 Shift 键，可在修剪和延伸两种操作之间切换。同样，在执行"修剪"命令，选择被剪切对象时，按 Shift 键也可在修剪和延伸两种操作之间切换。

选择要延伸的对象时也会重复提示，因此可以选择多个延伸对象。按 Enter 键退出延伸命令。

中括号里的选项同"修剪"命令里的选项含义基本相同。需要注意的是"边（E）"选项，该项用于设置延伸边界是否延伸，即要延伸的对象是否延伸到边界的延长线上。默认设置为"边=无"，表明边界是不延伸的。用户可以根据自己的需要设置。

如图 4-26 所示，使用延伸命令完成延伸操作。

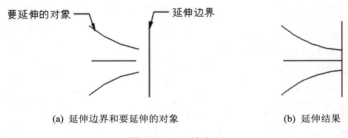

(a) 延伸边界和要延伸的对象   (b) 延伸结果

图 4-26   延伸实例

4.6.4   倒角

在绘图过程中，倒角和圆角是经常遇到的。AutoCAD 中使用倒角和圆角命令来完成。

在机件上倒角主要是为了去除锐边和安装方便。倒角多出现在轴端或机件外边缘。用 AutoCAD 绘制倒角时，如两个倒角距离不相等，要特别注意倒角第一边与倒角第二边的区分。选错了边，倒角就不正确了。

在 AutoCAD 2015 中，可以通过以下 3 种方法倒角对象。

（1）单击功能区"默认"选项卡→"修改"面板→"圆角"下拉列表→"倒角"按钮⬜。

（2）选择菜单栏"修改"→"倒角"命令。

（3）在命令行中输入命令：CHAMFER（或 CHA），并按 Enter 键。

执行倒角操作后，命令行提示：

> ("修剪"模式) 当前倒角距离 1 = 0.0000，距离 2 = 0.0000
> ⬜ · CHAMFER 选择第一条直线或 [放弃(U) 多段线(P) 距离(D) 角度(A) 修剪(T) 方式(E) 多个(M)]：

命令行第一行显示了倒角操作的当前设置。默认情况下，倒角距离 1=0，倒角距离 2=0。第二行提示选择第一条直线或中括号里的选项。若以默认设置倒角距离 1=0，倒角距离 2=0 进行倒角操作，结果将无任何效果。此时选择"距离（D）"选项来设置倒角距离。命令行依次提示：

> ⬜ · CHAMFER 指定 第一个 倒角距离 <0.0000>：

> ⬜ · CHAMFER 指定 第二个 倒角距离 <0.0000>： |

此时依次输入第一个倒角距离和第二个倒角距离。设置倒角距离后，命令行继续依次提示：

> CHAMFER 选择第一条直线或 [放弃(U) 多段线(P) 距离(D) 角度(A) 修剪(T) 方式(E) 多个(M)]：

> CHAMFER 选择第二条直线，或按住 Shift 键选择直线以应用角点或 [距离(D) 角度(A) 方法(M)]：

分别指定两个被倒角的直线即可完成倒角操作。当两个倒角距离不同的时候，要注意两条线的选中顺序。第一个倒角距离适用于第一条被选中的线，第二个倒角距离适用于第二条被选中的线。

选择第一条直线时，命令行中括号里的其他选项同样用于倒角设置，各项含义如下。

（1）放弃（U）：撤销由倒角命令所做的最近一次操作。

（2）多段线（P）：用于对整个二维多段线倒角。选择该选项后，可一次对每个多段线顶点倒角。倒角后的多段线成为新线段。

（3）角度（A）：用第一条线的倒角距离和第一条线的角度来设置倒角。

（4）修剪（T）：用于设置倒角后是否修剪多余的线。

（5）方式（E）：用于设置是使用"距离（D）"还是"角度（A）"方式创建倒角。

（6）多个（M）：使用该选项可以向其他直线添加倒角和圆角而不必重新启动倒角（或圆角）命令。

表 4-1 所示为倒角命令的应用。

表 4-1　倒角命令的应用

倒角设置、说明	示　例
距离（D）	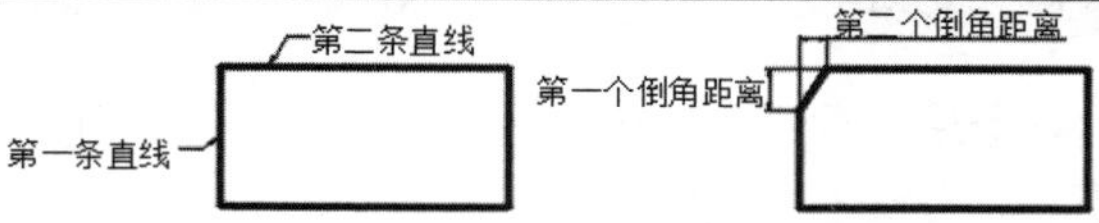
角度（A）	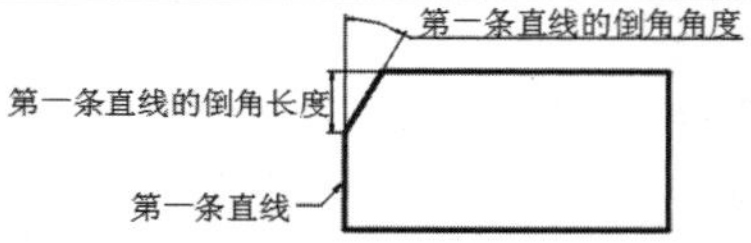
修剪/不修剪	
倒角两条不相交的直线	

4.6.5　圆角

圆角主要出现在铸造件上，以及机加工的退刀处。执行圆角命令时，主要参数就是圆角半径，操作与倒角基本相同。

在 AutoCAD 2015 中，可以通过以下 3 种方法圆角对象。

（1）选择菜单栏"修改"→"圆角"命令。

（2）单击功能区"默认"选项卡→"修改"面板→"圆角"按钮。

（3）在命令行中输入命令：FILLET（或 F），并按 Enter 键。

执行圆角操作后，命令行提示：

> 当前设置：模式 = 修剪，半径 = 0.0000
> ✕ FILLET 选择第一个对象或 [放弃(U) 多段线(P) 半径(R) 修剪(T) 多个(M)]:

命令行第一行显示了圆角操作的当前设置。默认情况为修剪模式，圆角半径=0。第二行提示选择第一个对象或中括号里的选项。若以默认设置圆角半径=0 进行圆角操作，结果将无任何效果。此时选择"半径（R）"选项来设置圆角半径。命令行将提示：

> FILLET 指定圆角半径 <0.0000>:

此时使用键盘输入半径值指定圆角半径。命令行提示：

> FILLET 选择第一个对象或 [放弃(U) 多段线(P) 半径(R) 修剪(T) 多个(M)]:

> FILLET 选择第二个对象，或按住 Shift 键选择对象以应用角点或 [半径(R)]:

分别指定两个被圆角的对象即可完成圆角操作。

选择第一个对象时，命令行中括号里的其他选项同倒角操作基本相同。

> 📖 提示：若圆角半径大于某一边，则不生成圆角，系统会提示半径太大。

4.7 其他修改命令

4.7.1 打断

打断命令用于删除对象中的一部分或把一个对象分为两部分。可以打断的对象包括直线、圆弧、圆、两维多段线、椭圆弧、构造线、射线和样条曲线等。

在 AutoCAD 2015 中，可以通过以下 3 种方法打断对象。

（1）单击功能区"默认"选项卡→"修改"面板→"打断"按钮 📖。

（2）选择菜单栏"修改"→"打断"命令。

（3）在命令行中输入 BREAK（或 BR），并按 Enter 键。

执行打断操作后，可以先在第一个断点处选择对象，然后再指定第二个打断点；或者也可以先选择对象，然后在命令行有如下提示时，选择中括号里的"第一点（F）"，重新选择第一打断点。

> 📖 BREAK 指定第二个打断点 或 [第一点(F)]:

AutoCAD 按逆时针方向删除圆上第一个打断点到第二个打断点之间的部分，从而将圆转换成圆弧，如图 4-27 所示。

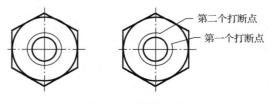

图 4-27　打断实例

要将对象一分为二并且不删除某个部分，输入的第一个点和第二个点应相同。通过输入"@"指定第二个点即可实现此过程。也可以单击"打断于点"命令按钮 ▭ 来完成。

4.7.2 合并

合并可以将相似的对象合并为一个对象。合并可用于直线、圆弧、椭圆弧、多段线、三维多段线、螺旋或样条曲线，但对合并的对象有诸多限制。

在 AutoCAD 2015 中，可以通过以下 3 种方法合并对象。

（1）单击功能区"默认"选项卡→"修改"面板→"合并"按钮 ⊷ 。

（2）选择菜单栏"修改"→"合并"命令。

（3）在命令行中输入 JOIN，并按 Enter 键。

执行合并操作后，命令行提示：

⊷ ▾ JOIN 选择源对象或要一次合并的多个对象：

此时选择合并操作的源对象。选择完成后，根据选择对象的不同，命令行的提示也不同，并且对所选择的合并到源的对象也有限制，否则合并操作不能进行。

1．合并直线

如果所选源对象为直线，则命令行提示：

⊷ ▾ JOIN 选择要合并的对象：

此时选择要合并到源的直线并按 Enter 键或单击鼠标右键。要求：被合并的直线必须在同一条直线上。

2．合并圆弧、椭圆弧

如果所选源对象为圆弧或椭圆弧，则命令行提示：

⊷ ▾ JOIN 选择要合并的对象：

此时选择要合并到源的圆弧或椭圆并按 Enter 键或单击鼠标右键。要求：被合并的圆弧（椭圆弧）必须在同一假想的圆（椭圆）上。

3．合并多段线

如果所选源对象为多段线，则命令行提示：

⊷ ▾ JOIN 选择要合并的对象：

此时选择与源对象相连的直线、圆弧或多段线完成合并操作。要求：被合并的多段线必须与源相连。

例如，使用合并命令将图 4-28(a)所示图形合并，合并结果如图 4-28(b)所示。

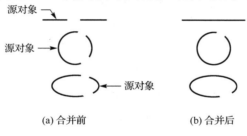

(a) 合并前　　　　　　　(b) 合并后

图 4-28　合并实例

4.7.3　分解

在 AutoCAD 中，有许多组合对象，如矩形（矩形命令绘制的）、正多边形（正多边形命令绘制的）、块、多段线、标注、图案填充等，不能对其某一部分进行编辑，就需要使用分解命令把对象组合进行分解。有时分解后图形外观上看不出明显的变化，例如，将矩形（用矩形命令绘制的）分解成四条线段，但用鼠标直接拾取对象可以发现它们的区别。

在 AutoCAD 2015 中，有以下 3 种方法分解对象。

（1）单击功能区"默认"选项卡→"修改"面板→"分解"按钮 ✿。

（2）选择菜单栏"修改"→"分解"命令。

（3）在命令行中输入命令：EXPLODE（或 X），并按 Enter 键。

执行分解操作后，命令行提示：

✿▾ EXPLODE 选择对象：

此时用鼠标拾取要分解的对象，按 Enter 键或单击鼠标右键结束对象选择，同时完成分解操作。

4.8　编辑对象特性

每个图形对象都有其特有的属性，包括线型、颜色和线宽等。可以用"特性"选项板对其相关属性进行编辑。

4.8.1　"特性"选项板

一般对象的特性包括颜色、图层、线型等。在 AutoCAD 2015 中，所有对象的特性均可通过打开"特性"选项板来查看并编辑。如图 4-29 所示为选择对象情况不同时所显示的不同的"特性"选项板。

在 AutoCAD 2015 中，有以下 5 种方法打开"特性"选项板。

（1）单击功能区"默认"选项卡→"特性"面板→"特性"按钮 ◥。

（2）选择菜单栏"修改"→"特性"命令。

（3）在命令行中输入命令：PROPERTIES，并按 Enter 键。

（4）选中对象→右击→"特性"命令。

（5）选择要查看或修改其特性的对象后双击。

"特性"选项板根据当前选择对象的不同而不同。

如果未选择对象，"特性"选项板只显示当前图层的基本特征、图层附着的打印样式表的名称及有关 UCS 的信息等，如图 4-29(a)所示。选择单个对象时，"特性"选项板中显示该对象的所有特性，包括基本特性、几何位置等信息，如图 4-29(b)所示。选择多个对象时，"特性"选项板只显示选择集中所有对象的公共特性，如图 4-29(c)所示。

"特性"选项板中其他各个部分的功能如下。

（1）"切换 PICKADD 系统变量的值"按钮 ✿：用于改变 PICKADD 系统变量的值。打开 PICKADD 时，每个选定对象（无论是单独选择还是通过窗口选择的对象）都将添加到当前选择集中。关闭 PICKADD 时，选定对象替换当前选择集。

(a) 没有选择对象　　　　　(b) 选择单个对象　　　　　(c) 选择多个对象

图 4-29　"特性"选项板

（2）"选择对象"按钮 ⊕：用于选择对象。

（3）"快速选择"按钮 ：单击该按钮，将弹出"快速选择"对话框，用于快速选择对象。

在"特性"选项板中显示的特性大多数均可编辑。在要编辑的特性上单击后，有的显示出文本框，有的显示为拾取按钮，有的显示下拉列表框。如此，可在文本框中输入新值，或者单击拾取按钮指定新的坐标，或者在下拉列表框中选择新的选项。

4.8.2　特性匹配

AutoCAD 2015 提供特性匹配工具来复制特性，特性匹配可将选定对象应用到其他对象。默认情况下，所有可应用的特性都会自动地从选定的第一个对象复制到其他对象。如果不希望复制特定的特性，可以在执行该命令的过程中随时选择"设置"选项禁止复制该特性。

在 AutoCAD 2015 中，可以通过以下两种方法进行"特性匹配"。

（1）选择菜单栏"修改"→"特性匹配"命令。

（2）在命令行中输入命令：MATCHPROP，并按 Enter 键。

执行"特性匹配"命令后，命令行提示：

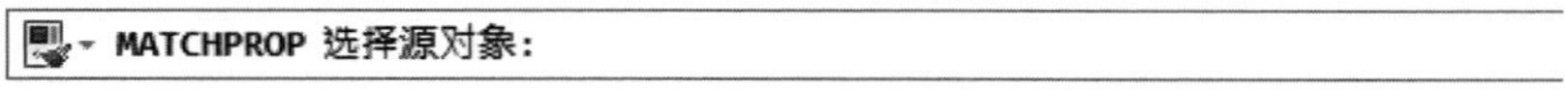

MATCHPROP 选择源对象：

此时选择要复制其特性的对象，且只能选择一个对象。选择完成后，命令行提示：

当前活动设置：颜色 图层 线型 线型比例 线宽 透明度 厚度 打印样式 标注 文字 图案填充 多段线 视口 表格 材质 阴影显示 多重引线

× ▣▾ MATCHPROP 选择目标对象或 [设置(S)]：

　　第一行显示了当前要复制的特性，默认是所有特性均复制。此时可选择要应用源对象特性的目标对象，可选择多个对象，直到按 Enter 键或 Esc 键退出命令。若输入"S"，可弹出"特性设置"对话框，如图 4-30 所示，从中可以控制要将哪些对象特性复制到目标对象。默认情况下，将选择"特性设置"对话框中的所有对象特性进行复制。

图 4-30　"特性设置"对话框

第 5 章　精确绘制图形

AutoCAD 2015 为用户提供了多种绘图的辅助工具，如"捕捉"、"栅格"、"正交"、"极轴追踪"和"对象捕捉"等。这些辅助工具类似于手工绘图时使用的方格纸、三角板，使用它们可以更容易、更准确地创建和修改图形对象。用户可以通过图 5-1 所示的"草图设置"对话框对这些辅助工具进行设置，通过图 5-2 所示状态栏中的按钮来打开或关闭这些工具。

【学习目标】

（1）掌握捕捉和栅格的用法。
（2）掌握正交模式和极轴追踪的用法。
（3）掌握对象捕捉和对象追踪的用法。
（4）熟悉动态 UCS 和动态输入的用法。
（5）了解快速计算器的用法。

图 5-1　"草图设置"对话框

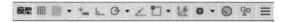

图 5-2　状态栏

5.1　捕捉与栅格

在绘图过程中，为了提高绘图的速度和效率，可以设置和使用捕捉与栅格功能。

5.1.1　设置与使用捕捉

在 AutoCAD 2015 中，对捕捉的设置通过"草图设置"对话框的"捕捉和栅格"选项卡来实现，如图 5-3 所示。

图 5-3　"捕捉和栅格"选项卡

用户可以通过以下 3 种方式打开"草图设置"对话框。

（1）选择菜单栏中"工具"→"绘图设置"命令。

（2）在命令行中输入 DSETTINGS，并按 Enter 键。

（3）单击状态栏"捕捉模式"按钮▦旁的小三角按钮或右击"捕捉模式"按钮，在弹出的快捷菜单中选择"捕捉设置"命令。

由图 5-3 可知，"草图设置"对话框中的"捕捉和栅格"选项卡主要分为两部分，左侧用于捕捉设置，右侧用于栅格设置。

1．捕捉设置

"捕捉和栅格"选项卡左侧的捕捉设置部分包括"捕捉间距"、"极轴间距"和"捕捉类型" 3 个选项组。

（1）"捕捉间距"选项组：用于设置捕捉在 X 轴和 Y 轴方向的间距。如果选择"X 轴间距和 Y 轴间距相等"复选框，可以强制 X 轴和 Y 轴间距相等。

（2）"极轴间距"选项组："极轴距离"文本框用于设置极轴捕捉增量距离，必须在"捕捉类型"选项组中选择"PolarSnap"项，该文本框才可用。如果该值为 0，则极轴捕捉距离采用"捕捉 X 轴间距"的值。"极轴距离"设置与"极轴追踪"或"对象捕捉追踪"结合使用。如果两个追踪功能都未启用，则"极轴距离"设置无效。

（3）"捕捉类型"选项组：可以分别选择"栅格捕捉"的"矩形捕捉"、"等轴测捕捉"和"PolarSnap" 3 种捕捉类型。"矩形捕捉"是指捕捉矩形栅格上的点，即捕捉正交方向上的点；"等轴测捕捉"用于将光标与 3 个等轴测中的两个轴对齐，并显示栅格，从而使二维等轴测图形的创建更加轻松；"PolarSnap"须与"极轴追踪"一起使用，当两者均打开时，光标将沿在"极轴追踪"选项卡上相对于极轴追踪起点设置的极轴对齐角度进行捕捉。

例如，分别设置图 5-4(a)所示的矩形捕捉、图 5-4(b)所示的极轴捕捉。

设置步骤如下。

（1）在状态栏的"捕捉模式"按钮 ▦ 上右击，选择"捕捉设置"命令，打开"草图设置"对话框的"捕捉和栅格"选项卡。在"捕捉类型"选项组中选择"栅格捕捉"、"矩形捕捉"单选按钮；在"捕捉间距"选项组中设置"捕捉 X 轴间距"为 10，勾选"X 轴间距和 Y 轴间距相等"复选框；勾选"启用捕捉"复选框，然后单击 确定 按钮。至此完成图 5-4(a)所示的矩形捕捉设置。

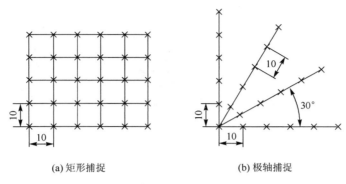

(a) 矩形捕捉   (b) 极轴捕捉

图 5-4　设置捕捉

（2）打开"草图设置"对话框，选择"极轴追踪"选项卡。在"增量角"下拉列表框中选择"30"；在"对象捕捉追踪设置"选项组中选择"用所有极轴角设置追踪"；在"极轴角测量"选项组中选择"绝对"；勾选"启用极轴追踪"复选框，然后单击 确定 按钮。

（3）打开"草图设置"对话框的"捕捉和栅格"选项卡，在"捕捉类型"选项组中选中"PolarSnap"；在"极轴间距"选项组中设置"极轴距离"为 10；勾选"启用捕捉"复选框，然后单击 确定 按钮。至此完成图 5-4(b)所示的极轴捕捉设置。

2．使用捕捉

捕捉模式主要是按指定距离和角度限制光标，使其按照定义的间距和方向移动。

在 AutoCAD 2015 中，有以下 3 种方法打开或关闭捕捉模式。

（1）单击状态栏的"捕捉"按钮 ▦。

（2）按 F9 键。

（3）在"草图设置"对话框的"捕捉与栅格"选项卡中勾选"启用捕捉"复选框。

5.1.2　设置与使用栅格

在 AutoCAD 2015 中，对栅格的设置也通过"草图设置"对话框的"捕捉和栅格"选项卡来实现，如图 5-5 所示，右侧用于栅格设置。

1．栅格设置

"捕捉和栅格"选项卡右侧的栅格设置部分包括"栅格样式"、"栅格间距"和"栅格行为" 3 个选项组。各选项组说明如下。

（1）"栅格样式"选项组：用于设置在"二维模型空间"、"块编辑器"、"图纸/布局"位置显示点栅格或线栅格。

（2）"栅格间距"选项组：用于设置栅格在 X 轴、Y 轴方向上的显示间距。如果它们的值都设置为 0，那么栅格采用捕捉间距的值为零。"每条主线之间的栅格数"调整框用于指定主栅格线相对于次栅格线的频率，只有当栅格显示为线栅格时才有效。

图 5-5 "捕捉和栅格"选项卡

（3）"栅格行为"选项组：选择"自适应栅格"复选框后，在视图缩小和放大时，系统将自动控制栅格显示的比例。"允许以小于栅格间距的间距再拆分"复选框用于控制在视图放大时是否允许生成更多间距更小的栅格线。"显示超出界限的栅格"复选框用于设置是否显示超出 LIMITS 命令指定的图形界限之外的栅格。利用"遵循动态 UCS"复选框可更改栅格平面，以跟随动态 UCS 的 XY 平面。

2．使用栅格

栅格是指点或者线的矩阵，遍布栅格界限内的整个区域。利用栅格可以直观地显示对象间的距离，也可以对齐对象。

在 AutoCAD 2015 中，有以下 3 种方法打开或关闭栅格显示。

（1）单击状态栏的"栅格"按钮▦。

（2）按 F7 键。

（3）在"草图设置"对话框的"捕捉与栅格"选项卡中勾选"启用栅格"复选框。

【例 5-1】显示图 5-6 所示的栅格，其中 X、Y 轴栅格间距为 10mm，图形界限为 A3 图纸的图形界限。

🕹 设置步骤

[1] 在命令行中输入 "LIMITS" 并按 Enter 键，命令行提示：

▦ ▾ LIMITS 指定左下角点或 [开(ON) 关(OFF)] <0.0000,0.0000>:

此时按 Enter 键，命令行继续提示：

▦ ▾ LIMITS 指定右上角点 <420.0000,297.0000>:

此时在命令行中输入 "420,297" 并按 Enter 键。至此完成设置 A3 图纸界限。

[2] 在状态栏的"捕捉模式"按钮▦上右击，选择"捕捉设置"命令，打开"草图设

置"对话框的"捕捉与栅格"选项卡。在"栅格样式"选项组中选择"二维模型空间"复选框;在"栅格间距"选项组中设置"栅格 X 轴间距"、"栅格 Y 轴间距"为 10;确保"栅格行为"选项组中未选中"显示超出界限的栅格";其他为默认设置;勾选"启用栅格"复选框,然后单击 确定 按钮即可。

图 5-6　栅格实例

注意:栅格只在屏幕上显示,不能打印输出,且栅格模式和捕捉模式经常被同时打开,配合使用。

5.2 正交模式与极轴追踪

正交模式和极轴追踪是两个相对的模式,两者不能同时使用。正交模式将光标限制在水平和竖直方向上移动,配合直接距离输入方法可以创建指定长度的正交线或将对象移动指定的距离。极轴追踪使光标按指定角度进行移动,配合使用极轴捕捉,光标可以沿极轴角度按指定增量移动。

5.2.1 使用正交模式

使用正交模式可以将光标限制在水平或竖直方向上移动,以便精确地创建和修改对象。打开正交模式后,移动光标时,不管是水平轴还是垂直轴,哪个离光标最近,拖动引线时将沿着该轴移动。这种绘图模式非常适合绘制水平或垂直的构造线以辅助绘图。

正交模式对光标的限制仅仅局限于命令执行过程中,比如绘制直线时。在无命令的状态下,鼠标仍然可以在绘图区自由移动。

在 AutoCAD 2015 中,可以使用以下 3 种方法打开或关闭正交模式。

(1)单击状态栏的"正交模式"按钮。

(2)按 F8 键。

(3)在命令行中输入命令:ORTHO,并按 Enter 键,选择"开"选项。

> 📖 注意：在命令执行过程中可随时打开或关闭正交，输入坐标或使用对象捕捉时将忽略正交。
> 要临时打开或关闭正交，可按住临时替代键——Shift 键。

5.2.2 设置极轴追踪

极轴追踪的设置可以通过"草图设置"对话框的"极轴追踪"选项卡来实现，如图 5-7所示。

图 5-7 "极轴追踪"选项卡

"极轴追踪"选项卡包括"极轴角设置"、"对象捕捉追踪设置"和"极轴角测量"3个选项组。各选项组说明如下。

（1）"极轴角设置"选项组：可设置极轴追踪的增量角与附加角。

"增量角"下拉列表框：用来选择极轴追踪对齐路径的极轴角测量。可输入任何角度，也可以从其下拉列表中选择 90、45、30 等常用角度值。

> 📖 注意：这里设置的是增量角，即选择某一角度后，将在这一角度的整数倍数角度方向显示极
> 轴追踪的对齐路径。

"附加角"复选框：选中该复选框后，可指定一些附加角度。单击 新建(N) 按钮，新建增量角度，新建的附加角度将显示在左侧的列表框内；单击 删除 按钮，将删除选定的附加角度。在 AutoCAD 中最多可以添加 10 个附加极轴追踪对齐角度。

> 📖 注意：附加角设置的是绝对角度，即如果设置了 28°附加角，那么除了在增量角的整数倍数方
> 向上显示对齐路径外，还将在28°方向上显示。

（2）"对象捕捉追踪设置"选项组：可设置对象捕捉和追踪的相关选项，这一选项组的设置需要打开对象捕捉和对象捕捉追踪才能生效。

"仅正交追踪"单选按钮：当对象捕捉追踪打开时，仅显示已获得的对象捕捉点的正交（水平/垂直）对象捕捉追踪路径。

"用所有极轴角设置追踪"单选按钮：将极轴追踪设置应用于对象捕捉追踪。使用对象捕捉追踪时，光标将从获取的对象捕捉点起沿极轴对齐角度进行追踪。

（3）"极轴角测量"选项组：可设置测量极轴追踪对齐角度的基准。

"绝对"单选按钮：选中该单选按钮，表示根据当前用户坐标系 UCS 确定极轴追踪角度。

"相对上一段"单选按钮：选中该单选按钮，表示根据上一条线段确定极轴追踪角度。

5.2.3 使用极轴追踪

在绘图过程中，使用 AutoCAD 2015 的极轴追踪功能，当光标靠近设置的极轴角时会显示由指定的极轴角度所定义的临时对齐路径（一条橡皮筋线）和对应的工具提示。

在 AutoCAD 2015 中，可以通过以下 3 种方法打开或关闭极轴追踪。

（1）单击状态栏的"极轴追踪"按钮 ⊙ 。

（2）按 F10 键。

（3）在"草图设置"对话框的"极轴追踪"选项卡中勾选"启用极轴追踪"复选框。

下面以两个实例来说明如何设置及使用"极轴追踪"。

【例 5-2】 将图 5-8(a)所示的对象利用极轴追踪绘制成图 5-8(b)所示的对象。

操作步骤

[1] 打开"草图设置"的"极轴追踪"选项卡，在"增量角"下拉列表框中输入"60"；在"对象捕捉追踪设置"选项组中选择"仅正交追踪"；在"极轴角测量"选项组中选择"绝对"；勾选"启用极轴追踪"复选框，然后单击 确定 按钮。

[2] 在命令行中输入"L"并按 Enter 键。

[3] 命令行提示：

> ╱ ▾ **LINE** 指定第一个点：

此时单击图 5-8(a)中直线的左端点，命令行继续提示：

> ╱ ▾ **LINE** 指定下一点或 [放弃(U)]：

此时将光标移至 60° 线的地方会出现一条追踪线，如图 5-9 所示，在命令行中输入"30"并按 Enter 键即可。

(a) 原对象　　　(b) 绘制60°方向的直线

图 5-8　极轴追踪实例 1　　　　　　　图 5-9　绘制 60° 直线

【例 5-3】 将图 5-10(a)所示的对象利用极轴追踪绘制成图 5-10(b)所示的对象。

操作步骤

[1] 打开"草图设置"的"极轴追踪"选项卡，在"增量角"下拉列表框中输入"26"；在"对象捕捉追踪设置"选项组中选择"用所有极轴角设置追踪"；在

"极轴角测量"选项组中选择"相对上一段";勾选"启用极轴追踪"复选框,然后单击 确定 按钮。

[2] 在命令行中输入"L"并按 Enter 键。

[3] 命令行提示:

> **LINE** 指定第一个点:

此时单击图 5-8(a)中直线的下端点,命令行继续提示:

> **LINE** 指定下一点或 [放弃(U)]:

此时将光标移至与直线成 26°线的地方会出现一条追踪线,如图 5-11 所示,在命令行中输入"18"并按 Enter 键即可。

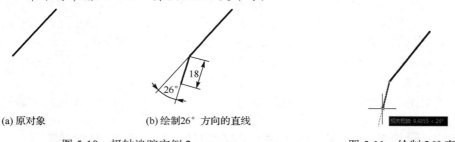

(a) 原对象   (b) 绘制26°方向的直线

图 5-10　极轴追踪实例 2　　　　　　　　　　图 5-11　绘制 26°直线

5.3 对象捕捉与对象捕捉追踪

在 AutoCAD 中,使用对象捕捉可以将指定点快速、准确地限制在现有对象的确切位置上,如圆心、端点、中点、交点、象限点等。

对于无法使用对象捕捉直接捕捉到的某些点,利用对象捕捉追踪可以快捷地定义这些点的位置。对象捕捉追踪可以根据现有对象的特征点定义新的坐标点。对象捕捉追踪必须配合自动对象捕捉完成。

使用对象捕捉和对象捕捉追踪可以快速而准确地捕捉到对象上的一些特征点,或捕捉到根据特征点偏移出来的一系列点。另外,还可以很方便地解决绘图过程中的一些解析几何问题,而不必一步一步地计算和输入坐标值。

5.3.1 设置对象捕捉和对象捕捉追踪

设置对象捕捉和对象捕捉追踪模式,可以使用"草图设置"对话框的"对象捕捉"选项卡,如图 5-12 所示。可在命令行中输入 OSNAP(或 OS)可直接打开"对象捕捉"选项卡。

"启用对象捕捉"和"启用对象捕捉追踪"复选框分别用于打开和关闭对象捕捉与对象捕捉追踪功能。

在"对象捕捉模式"选项组中,列出了可以在执行对象捕捉时捕捉到的特征点,各个复选框前的图标显示的是捕捉该特征点时的对象捕捉标记。单击 全部选择 按钮,可以全部选择这些复选框;单击 全部清除 按钮,可全部清除。

在"对象捕捉"选项卡中设置需要捕捉的特征点并启用对象捕捉,绘图过程中,AutoCAD 2015 会根据"对象捕捉"选项卡中的设置自动捕捉相应的特征点。

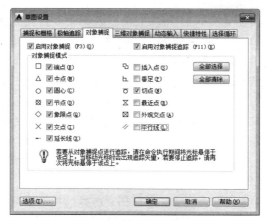

图 5-12　"对象捕捉"选项卡

5.3.2　使用对象捕捉

只要命令行提示输入点，就可以使用对象捕捉功能。默认情况下，当光标移到对象捕捉设置的特征点时，光标将显示为特定的标记，并显示工具栏提示。

在 AutoCAD 2015 中，可以通过以下 3 种方法打开或关闭对象捕捉。

（1）单击状态栏的"对象捕捉"按钮□。

（2）按 F3 键。

（3）在"草图设置"对话框的"对象捕捉"选项卡中勾选"启用对象捕捉"复选框。

另外，AutoCAD 2015 还提供了"对象捕捉"工具栏和"对象捕捉"快捷菜单，以方便用户在绘图过程中使用，如图 5-13 和图 5-14 所示。

图 5-13　"对象捕捉"工具栏　　　　　图 5-14　"对象捕捉"快捷菜单

"对象捕捉"工具栏在默认情况下不显示，可以选择菜单栏"工具"→"工具栏"→

"AutoCAD"→"对象捕捉"命令，打开该工具栏；在命令行提示指定点时，按住 Shift 键并在绘图区右击鼠标可以打开"对象捕捉"快捷菜单。

"对象捕捉"工具栏和"对象捕捉"快捷菜单一般在下面的情况中使用：对象分布比较密集或者特征点分布比较密集，这时打开对象捕捉后，捕捉到的可能不是用户需要的特征点，例如，本想要捕捉的是中点，但是由于对象太密集，可能捕捉到的是另一个交点。这时，如果单击"对象捕捉"工具栏中的"中点"按钮 ⟋ 或选择"对象捕捉"快捷菜单中的"中点"命令，就可以只捕捉对象的中点，从而避免捕捉到错误的特征点而导致绘图误差。

利用对象捕捉可方便地捕捉到 AutoCAD 2015 所定义的特征点，如端点、中点、交点、圆心、象限点、节点等。

除了对象特征点之外，"对象捕捉"工具栏和"对象捕捉"快捷菜单上的第一项均为"临时追踪点"，第二项为"自"，这两种对象捕捉方法均要求与对象捕捉追踪联合使用。

"自"按钮用于基于某个基点的偏移距离来捕捉点；而"临时追踪点"是为对象捕捉而创建的一个临时点，该临时点的作用相当于使用"自"按钮时的捕捉基点，通过该点可在垂直和水平方向上追踪出一系列点来指定一点。

【例 5-4】已知图 5-15(a)中的一条直线 AB，在其基础上绘制另一条直线 BC，C 点位置在 B 点的水平正方向 50 个单位，垂直位置正方向 70 个单位，如图 5-15(b)所示。

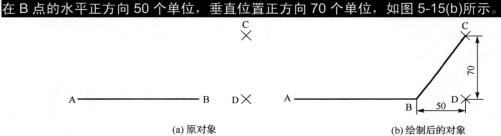

    (a) 原对象   (b) 绘制后的对象

图 5-15　绘图实例

绘图步骤

[1]　在命令行中输入"L"并按 Enter 键。

[2]　命令行提示：

> ⟋ ▾ **LINE 指定第一个点：**

此时单击图 5-15(a)中的 B 点。命令行继续提示：

> ⟋ ▾ **LINE 指定下一点或** [放弃(U)]：

此时按住 Shift 键并单击鼠标右键，选择"自"命令。命令行继续提示：

> ⟋ ▾ **LINE 指定下一点或** [放弃(U)]：_from 基点：

此时单击状态栏的"正交"按钮 ⌐，打开"正交模式"，将光标移至水平向右的方向，在命令行中输入"50"并按 Enter 键（相当于指定基点为 D 点）。命令行继续提示：

> ⟋ ▾ **LINE <偏移>：**

此时将光标移至竖直向上的方向，在命令行中输入"70"并按 Enter 键。

[3]　按 Enter 键或 Esc 键结束当前命令。

5.3.3　使用对象捕捉追踪

AutoCAD 的对象捕捉追踪又称自动追踪。使用该功能，在命令中指定点时，光标可以沿基于其他对象捕捉点的对齐路径进行追踪。要使用对象捕捉追踪，必须打开对象捕捉，或者极轴追踪。

在 AutoCAD 2015 中，可以通过以下 3 种方法打开或关闭对象捕捉追踪。

（1）单击状态栏的"对象捕捉追踪"按钮∠。

（2）按 F11 键。

（3）在"草图设置"对话框的"对象捕捉"选项卡中勾选"启用对象捕捉追踪"复选框。

启用自动追踪后，当绘图过程中命令行提示指定点时，可将光标移动至对象的特征点上（类似于对象捕捉），但无须单击该特征点指定对象，只需要将光标在特征点上停留几秒，使光标显示为特征点的对象捕捉标记。然后移动鼠标至其他位置，将显示到特征点的橡皮筋线，表示追踪该特征点（如打开极轴追踪，将在各个极轴角度方向上显示），显示橡皮筋线后，单击或输入坐标值指定点。

5.4　动态 UCS 与动态输入

AutoCAD 2015 中"动态"的含义为跟随光标。"动态 UCS"是指 UCS 自动移动到光标处，结束命令后又回到上一个位置；"动态输入"是指在光标附近显示一个动态的命令界面，可显示和输入坐标值等绘图信息。不管是动态 UCS 还是动态输入，均随着光标的移动即时更新信息。

5.4.1　使用动态 UCS

AutoCAD 2015 的动态 UCS 功能，可以在创建对象时使 UCS 的 XY 平面自动与实体模型上的平面临时对齐，而无须使用 UCS 命令。结束该命令后，UCS 将恢复到其上一个位置和方向。

可以使用以下两种方法打开或关闭动态 UCS。

（1）单击状态栏的"动态 UCS"按钮↳。

（2）按 F6 键。

例如，有一个楔形体，要在楔形体的斜面上绘制一个圆，可打开动态 UCS。在图 5-16(a)中，UCS 还是在原点处；执行绘制圆的命令后，命令行提示：

⊘ ▾ CIRCLE 指定圆的圆心或 [三点(3P) 两点(2P) 切点、切点、半径(T)]:

此时 UCS 自动移到光标处，如图 5-16(b)所示。绘制圆完成后，UCS 又自动恢复到原点处，如图 5-16(c)所示。

动态 UCS 一般用于创建三维模型，可以使用动态 UCS 命令的类型主要包括以下几种。

（1）简单几何图形：直线、多段线、矩形、圆和圆弧。

（2）文字：文字、多行文字和表格。

(a) 动态 UCS 启动前   (b) 显示动态 UCS   (c) UCS 恢复

图 5-16 使用动态 UCS

（3）参照：插入和外部参照。

（4）实体：原型和 POLYSOLID。

（5）编辑：旋转、镜像和对齐。

（6）其他：UCS、区域和夹点工具操作。

5.4.2 设置动态输入

对动态输入的设置是通过"草图设置"对话框中的"动态输入"选项卡来实现的，如图 5-17 所示。

"动态输入"选项卡包括"指针输入"、"标注输入"和"动态提示"3 个选项组。各选项组说明如下。

（1）单击"指针输入"选项组的"设置"按钮，可弹出"指针输入设置"对话框，如图 5-18 所示。通过该对话框可以设置输入坐标的格式和可见性。

图 5-17 "动态输入"选项卡   图 5-18 "指针输入设置"对话框

> 📖 注意：在"指针输入设置"对话框中，所设置的坐标格式为第二个点及后续点的坐标格式，第一点将仍然使用默认的笛卡儿坐标格式。而且，当选择"可能时启用标注输入"复选框后，第二个点的坐标值往往被标注输入所代替。

（2）单击"标注输入"选项组的"设置"按钮，可弹出"标注输入的设置"对话框，如图 5-19 所示。通过该对话框可以设置标注输入的显示特性。

📖 注意：如果同时打开指针输入和标注输入，则标注输入在可用时将取代指针输入。

（3）单击"动态提示"选项组的"绘图工具提示外观"按钮，可弹出"工具提示外观"对话框，如图 5-20 所示。通过该对话框可以设置动态输入的外观显示。

图 5-19　"标注输入的设置"对话框　　　图 5-20　"工具提示外观"对话框

单击其中的 颜色(C)... 按钮，可弹出"图形窗口颜色"对话框，从中可设置动态输入的颜色；在"大小"和"透明度"选项组中，通过文本框和滑块可设置动态输入的大小和透明度；如果选择"替代所有绘图工具提示的操作系统设置"单选按钮，设置将应用于所有的工具提示，从而替代操作系统中的设置；如果选择"仅对动态输入工具提示使用设置"单选按钮，那么这些设置仅应用于动态输入中使用的绘图工具提示。

5.4.3　使用动态输入

启用动态输入后，将在光标附近显示工具提示信息，该信息会随着光标的移动而即时更新。动态输入信息只在命令执行过程中显示，包括绘图命令、编辑命令和夹点编辑等。

可以使用以下两种方法打开或关闭动态输入。

（1）单击状态栏的"动态输入"按钮 ⌐ 。

（2）按 F12 键。

动态输入有 3 个组件：指针输入、标注输入和动态提示。各组件说明如下。

（1）指针输入：当启用指针输入且有命令在执行时，将在光标附近的工具提示中显示坐标。这些坐标值随着光标的移动自动更新，并可以在此输入坐标值，而不用在命令行中输入。按 Tab 键，可以在两个坐标值之间切换。

（2）标注输入：启用标注输入时，当命令提示输入第二点时，工具提示将显示距离和角度值，且该值随着光标的移动而改变。一般来说，指针输入是在命令行提示"指定第一个点"时显示；而标注输入是在命令行提示"指定第二个点"时显示。要注意的是，第二个点和后续点的默认设置为相对极坐标（对于 RECTANG 命令，为相对笛卡尔坐标），不需要输入"@"符号。如果需要使用绝对坐标，使用"#"为前缀。如果要将对象移动到原点，在提示输入第二个点时，须输入"#0,0"。

（3）动态提示：启用动态提示后，命令行的提示信息将在光标处显示。用户可以在工具提示（而不是在命令行）中输入响应。按方向键↓，可以查看和选择选项；按方向键↑，可以显示最近的输入。

5.5 综合实例

5.5.1 实例 – 使用对象捕捉

【例 5-5】已知图 5-21(a)中的两个圆，绘制图 5-21(b)所示的两圆的公切线。

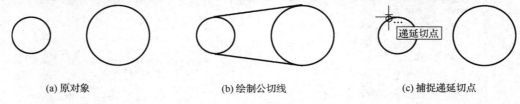

(a) 原对象　　　　　　　　(b) 绘制公切线　　　　　　(c) 捕捉递延切点

图 5-21　对象捕捉实例

绘图步骤

[1]　在命令行中输入 L，并按 Enter 键。命令行提示：

    ╱▾ LINE 指定第一个点：

此时按住 Shift 键后在绘图区右击鼠标，选择"切点"命令。命令行继续提示：

    ╱▾ LINE 指定第一个点：_tan 到

此时将光标移至图 5-21(c)所示的小圆位置处会出现"递延切点"的标志，在此位置处单击一下。命令行继续提示：

    ╱▾ LINE 指定下一点或 [放弃(U)]：

此时再按住 Shift 键后在绘图区右击鼠标，选择"切点"命令。命令行继续提示：

    ╱▾ LINE 指定下一点或 [放弃(U)]：_tan 到

此时将光标移至大圆对应位置处也会出现"递延切点"的标志，同样在此位置处单击一下。

[2]　按 Enter 键或 Esc 键结束当前命令。

[3]　按照同样的方法可以绘制两圆下侧的公切线。

5.5.2 实例 – 设置及使用对象捕捉追踪

【例 5-5】以 A 点的 48°方向上距离 80 个单位的地方为圆心绘制一个半径为 50 个单位的圆，如图 5-22 所示。

绘图步骤

[1]　在状态栏的"极轴追踪"按钮⊙上右击，选择"设置"命令，在"增量角"下拉列表框中输入"48"；在"对象捕捉追踪设置"选项组中选择"用所有极轴角设

置追踪"；在"极轴角测量"选项组中选择"绝对"；勾选"启用极轴追踪"复选框，然后单击 确定 按钮。

[2] 同时打开"对象捕捉"和"对象捕捉追踪"按钮。且要在"草图设置"对话框的"对象捕捉"选项卡中，选中"节点"复选框。

[3] 在命令行中输入命令：C，并按 Enter 键。

[4] 命令行提示：

> ⊙ ▾ CIRCLE 指定圆的圆心或 [三点(3P) 两点(2P) 切点、切点、半径(T)]:

将光标移至 A 点附近，捕捉到 A 点，但不要单击 A 点；当光标显示为 ⊠ 时，再将光标移动至 A 点 48° 方向上，显示一条 48° 方向上的橡皮筋线（图 5-23），此时在命令行中输入"80"并按 Enter 键。

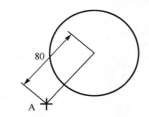

图 5-22　对象捕捉追踪实例　　　　　图 5-23　使用对象捕捉追踪

[5] 命令行继续提示：

> ⊙ ▾ CIRCLE 指定圆的半径或 [直径(D)] <10.0000>:

此时在命令行中输入"50"并按 Enter 键即可。

第6章 标注图形尺寸

尺寸标注描述了设计对象各组成部分的大小及相对位置关系，在机械制图中，其是图形的重要组成部分。本章主要介绍标注样式的设置、各种尺寸的标注方法以及尺寸标注的修改编辑等内容。

【学习目标】

（1）了解尺寸标注的规定和组成。

（2）掌握标注样式的创建与设置。

（3）掌握各种尺寸的标注方法。

（4）熟悉尺寸标注的修改编辑方法。

6.1 尺寸标注规定

图形只能表达零件的形状，零件的大小则通过标注尺寸来确定。国家标准规定了标注尺寸的一系列规则和方法，绘图时必须遵守。

6.1.1 基本规定

（1）图样中的尺寸，以 mm 为单位时，不需要注明计量单位代号或名称。若采用其他单位则必须标注相应计量单位或名称。

（2）图样中所注的尺寸数值是零件的真实大小，与图形大小及绘图的准确度无关。

（3）零件的每一尺寸，在图样中一般只标注一次。

（4）图样中所注尺寸是该零件最后完工时的尺寸，否则应另加说明。

6.1.2 尺寸要素

在机械制图或者其他工程制图中，尺寸标注必须采用细实线绘制。一个完整的尺寸标注，包含以下三个尺寸要素（图6-1）。

（1）尺寸界线：从标注端点引出的表示标注范围的直线。尺寸界线可由图形轮廓线、轴线或对称中心线引出，也可直接利用轮廓线、轴线或对称中心线作为尺寸界线。

（2）尺寸线：尺寸线与尺寸界线垂直，其终端一般采用箭头形式。

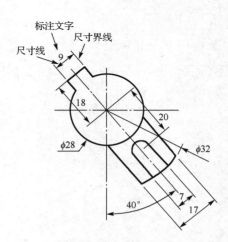

图 6-1 尺寸标注的组成

（3）标注文字：标出图形的尺寸值，一般标在尺寸线的上方。对非水平方向的尺寸，其文字也可水平标在尺寸线的中断处。

对图形进行尺寸标注前，最好先建立自己的尺寸样式。因为在标注一张图时，必须考虑打印出图时的字体大小、箭头等样式应符合国家标准，做到布局合理美观，不要出现标注的字体、箭头等过大或者过小的情况。同时，建立自己的尺寸标注样式也是为了确保标注在图形实体上的每种尺寸形式相同、风格统一。

6.2 创建与设置标注样式

在 AutoCAD 2015 中，可通过标注样式控制标注格式，包括尺寸线线型、尺寸线箭头大小、标注文字高度以及排列方式等。

6.2.1 打开标注样式管理器

设置或编辑标注样式，需要在"标注样式管理器"对话框（图 6-2）中进行，用户可以通过以下 4 种方法打开"标注样式管理器"对话框。

（1）选择菜单栏"格式"→"标注样式"命令。

（2）单击功能区"默认"选项卡→"注释"面板→"标注样式"按钮 。

（3）单击功能区"注释"选项卡→"标注"面板→"标注样式"按钮 。

（4）在命令行中输入命令：DIMSTYLE（或 D），并按 Enter 键。

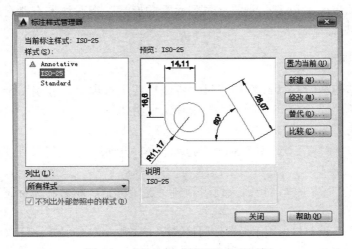

图 6-2 "标注样式管理器"对话框

6.2.2 设置标注样式

单击"标注样式管理器"对话框右侧的 新建(N)... 按钮，打开如图 6-3 所示的"创建新标注样式"对话框。

在"新样式名"文本框中输入新建样式的名称；在"基础样式"下拉列表框中选择新建样式的基础样式，新建样式即在该基础样式的基础上进行修改而成；在"用于"下拉列表框中选择新建标注的应用范围，如"所有标注"、"线性标注"、"角度标注"等；选中"注释性"复选框，可以自动完成缩放注释的过程，从而使注释能够以合适的大小在图纸上打印或显示。

单击 继续 按钮，进入"新建标注样式：副本 ISO-25"对话框，如图 6-4 所示。

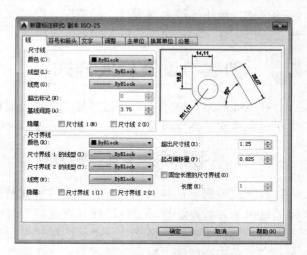

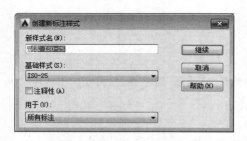

图 6-3 "创建新标注样式"对话框   图 6-4 "新建标注样式：副本 ISO-25"对话框

该对话框包括"线"、"符号和箭头"、"文字"、"调整"、"主单位"、"换算单位"和"公差"7 个选项卡，可设置标注的一系列元素的属性，在对话框右侧有所设置内容的预览。各选项卡说明如下。

1．"线"选项卡

"线"选项卡包含"尺寸线"和"尺寸界线"两个选项组，分别用于设置尺寸线、尺寸界线的格式和特性，如图 6-4 所示。各选项组说明如下。

（1）"尺寸线"选项组。

①"颜色"、"线型"、"线宽"3 个下拉列表框：分别用于设置尺寸线的颜色、线型和线宽。

②"超出标记"调整框：当箭头使用倾斜、建筑标记、积分和无标记时尺寸线超过尺寸界线的距离。

③"基线间距"调整框：用于设置使用基线标注时尺寸线之间的距离，如图 6-5 所示。

④"隐藏"复选框：不显示尺寸线。勾选"尺寸 1"复选框表示不显示第一条尺寸线，勾选"尺寸 2"复选框表示不显示第二条尺寸线，如图 6-6 所示，可用于半剖视图中的标注。

（2）"尺寸界线"选项组。

①"超出尺寸线"调整框：指定尺寸界线超出尺寸线的距离，如图 6-7 所示。

②"起点偏移量"调整框：设置自图形中定义标注的点到尺寸界线的偏移距离，如图 6-7 所示。

③"固定长度的尺寸界线"复选框：若选择该复选框，将启用固定长度的尺寸界线，其长度可在"长度"调整框中设置。

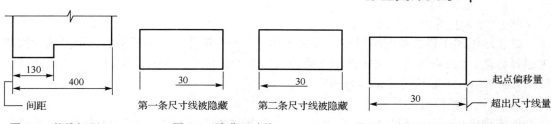

图 6-5　基线间距　　　　图 6-6　隐藏尺寸线　　　图 6-7　超出尺寸线量和起点偏移量

④ 其他选项与"尺寸线"选项组的对应选项含义相同。

2．"符号和箭头"选项卡

"符号和箭头"选项卡主要用于设置箭头、圆心标记、弧长符号、半径折弯标注和线性折弯标注的格式和位置，如图 6-8 所示。

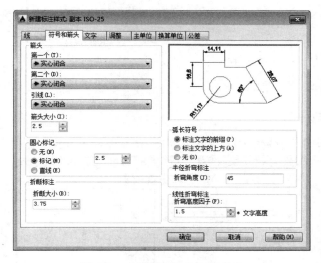

图 6-8　"符号和箭头"选项卡

（1）"箭头"选项组。

① "第一个"、"第二个"、"引线" 3 个下拉列表框：分别用于设置第一个尺寸线箭头、第二个尺寸线箭头及引线箭头的类型。

② "箭头大小"调整框：设置箭头的大小。

（2）"圆心标记"选项组。

① "无"单选按钮：如选择该按钮，表示不创建圆心标记或中心线。

② "标记"单选按钮：表示创建圆心标记。

③ "直线"单选按钮：创建中心线。

（3）"折断标注"选项组。

"折断大小"调整框：设置折断标注的间隙大小。

（4）"弧长符号"选项组。

"标注文字的前缀"、"标注文字的上方"和"无" 3 个单选按钮：用于设置弧长符号"⌒"在尺寸线上的位置，即在标注文字的前方、上方或者不显示。

（5）"半径折弯标注"选项组。

该选项组用于设置折弯半径标注的显示样式，这种标注一般用于圆心在纸外的大圆或大圆弧标注。"折弯角度"文本框用来确定折弯半径标注中，尺寸线的横向线段的角度，如图 6-9 所示。一般该角度设置为 30°。

（6）"线性折弯标注"选项组。

该选项组用于控制线性标注折弯的显示。当标注不能精确表示实际尺寸时，通常将折弯线添加到线性标注中。在"折弯高度因子"调整框中可以设置折弯符号的高度和标注文字高度的比例。折弯高度如图 6-10 所示。

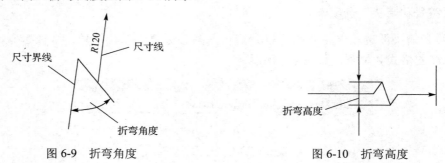

图 6-9　折弯角度　　　　　　　　　　　图 6-10　折弯高度

3."文字"选项卡

"文字"选项卡用于设置标注文字的格式、位置和对齐方式，如图 6-11 所示。

图 6-11　"文字"选项卡

（1）"文字外观"选项组。

①"文字样式"下拉列表框：列出可用的文本样式。也可通过单击 ... 按钮，打开"文字样式"对话框设置新的文字样式（"文字样式"设置详见第 7 章）。

②"文字颜色"、"填充颜色"两个下拉列表框：分别用于选择标注文字的颜色和填充文字的颜色。

③"文字高度"调整框：设置当前标注文字样式的高度。

> 📖 提示：选择的文字样式中的字高需要为 0（不能为具体值），否则在"文字高度"调整框中设置的值将对字高无影响。

④"分数高度比例"调整框：仅在"主单位"选项卡上选择"分数"作为"单位格式"时，此选项才可用。该调整框用于设置相对于标注文字的分数比例。在此处输入的值乘以文字高度，可确定标注分数相对于标注文字的高度。

⑤"绘制文字边框"复选框：在标注文字周围绘制一个边框。

（2）"文字位置"选项组。

①"垂直"和"水平"下拉列表框：分别用于设置标注文字相对于尺寸线的垂直位置和标注文字在尺寸线上相对于尺寸界线的水平位置。

②"观察方向"下拉列表框：控制标注文字的观察方向，即是按从左到右阅读的方式放置文字，还是按从右到左阅读的方式放置文字。

③"从尺寸线偏移"调整框：设置当尺寸线断开以容纳标注文字时，标注文字周围的距离；或者尺寸线没有断开，标注文字与尺寸线之间的距离。

（3）"文字对齐"选项组。

①"水平"单选按钮：无论尺寸线的方向如何，标注文字的方向总是水平的。

②"与尺寸线对齐"单选按钮：标注文字保持与尺寸线平行。

③"ISO 标准"单选按钮：当文字在尺寸界线内时，文字与尺寸线对齐。当文字在尺寸线界外时，文字水平排列。

4．"调整"选项卡

"调整"选项卡包含"调整选项"、"文字位置"等 4 个选项组，如图 6-12 所示。该选项卡用于控制没有足够空间时的标注文字、箭头、引线和尺寸线的放置。如果有足够大的空间，文字和箭头都将放在尺寸界线内。否则，将按照"调整选项"中的设置放置文字和箭头。

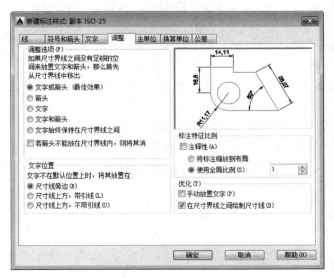

图 6-12 "调整"选项卡

5．"主单位"选项卡

"主单位"选项卡用于设置主标注单位的格式和精度，并设置标注文字的前缀和后缀，如图 6-13 所示。

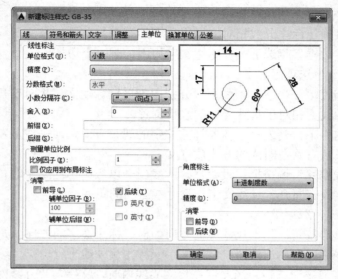

图 6-13　"主单位"选项卡

（1）"线性标注"选项组。

①"单位格式"下拉列表框：设置除角度之外的所有标注类型的当前单位格式，包括"科学"、"小数"、"工程"等几种格式。用户可以根据自己的行业类别和标注需要选择所需的单位格式。在预览窗口可以预览标注效果。

②"精度"下拉列表框：设置标注文字中的小数位数。

③"分数格式"下拉列表框：设置分数格式。只有当"单位格式"设为"分数"格式时才可用。

④"小数分隔符"下拉列表框：用于设置小数点的格式。只有当"单位格式"设置为"小数"格式时才可用。

⑤"舍入"调整框：为除角度之外的所有标注类型设置标注测量值的舍入规则。如果输入 0.25，则所有标注距离都以 0.25 为单位进行舍入。如果输入 1.0，则所有标注距离都将舍入为最接近的整数。小数点后显示的位数取决于"精度"设置。

⑥"前缀"文本框：在标注文字中包含前缀。可以输入文字或使用控制代码显示特殊符号。例如，若输入控制代码"%%c"，则显示直径符号ϕ。当输入前缀时，将覆盖在直径和半径等标注中使用的任何默认前缀。

⑦"后缀"文本框：在标注文字中包含后缀。同样可以输入文字或使用控制代码显示特殊符号。例如，若输入"mm"表示在所有标注文字后面加上 mm。输入的后缀将替代所有默认后缀。

（2）"测量单位比例"选项组。

①"比例因子"调整框：设置线性标注测量值的比例因子，该值不应用到角度标

注。例如，如果输入"2"，则 1mm 的直线的尺寸将显示为 2mm。建议不要更改此项的默认值 1。

②"仅应用到布局标注"复选框：设置测量单位比例因子是否仅应用到布局标注。

（3）"消零"选项组。

若"前导"复选框被勾选，则不输出所有十进制标注中的前导零。例如，0.5000 变成.5000。若"后续"复选框被勾选，则不输出所有十进制标注中的后续零。例如，12.5000 将变成 12.5。

（4）"角度标注"选项组。

各个选项的含义与"线性标注"选项组中的对应选项相同。

6．"换算单位"选项卡

"换算单位"选项卡用于指定标注测量值中换算单位的显示并设置其格式和精度，如图 6-14 所示。

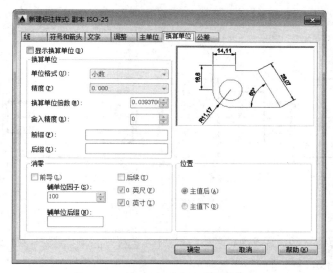

图 6-14 "换算单位"选项卡

该选项卡在公、英制图纸之间进行交流时非常有用，可以同时标注公制和英制的尺寸，以方便不同国家的工程人员进行交流。在这里使用默认的设置，不选择"显示换算单位"复选框。

7．"公差"选项卡

"公差"选项卡用于控制标注文字中尺寸公差的格式及显示，如图 6-15 所示。

（1）"公差格式"选项组。

①"方式"下拉列表框：在 AutoCAD 中默认的设置是不标注公差，即"无"。但在工程制图中需要标注公差。AutoCAD 提供了"对称"、"极限偏差"、"极限尺寸"和"基本尺寸"等几种公差标注格式，它们之间的区别如图 6-16 所示。

②"精度"下拉列表框：用于设置公差精度，根据要求的公差数值来确定。

③"上偏差"和"下偏差"调整框：上下偏差的数值是用户输入的，AutoCAD 系统

默认设置上偏差为正值，下偏差为负值，输入的数值自动带正负号。若再输入正、负号，则系统会根据"负负得正"的数学原则来显示数值的符号。

图 6-15 "公差"选项卡

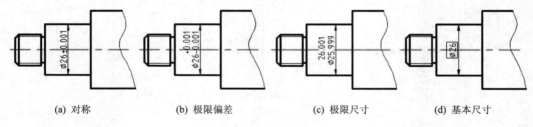

(a) 对称   (b) 极限偏差   (c) 极限尺寸   (d) 基本尺寸

图 6-16 各种尺寸公差表示方式

> 📖 **注意：** "精度"的小数点位数应等于或高于公差值的小数点位数，否则将会使所设的公差与预期的不相符。

④ "高度比例"调整框：用于设置公差文字与基本尺寸文字高度的比值。

⑤ "垂直位置"下拉列表框：用于设置公差与基本尺寸在垂直方向上的相对位置。

（2）"公差对齐"选项组：当堆叠时，设置上偏差和下偏差值的对齐方式。

（3）"消零"选项组：设置方法与"主单位"选项卡相同。

（4）"换算单位公差"选项组，其用于设置换算公差单位的格式。只有当"换算单位"选项卡中的"显示换算单位"复选框被选上后才可用。

所有的选项卡都设置完成后，单击 确定 按钮，返回到"标注样式管理器"对话框。

6.2.3 将标注样式置为当前

若要以"副本 ISO-25"为当前标注格式，可以单击"样式"列表中的"副本 ISO-25"，使之亮显，再单击 置为当前(U) 按钮，设置它为当前的格式，单击 关闭 按钮关闭设置。

在标注尺寸过程中，要想把某一种样式设为当前标注样式，还可以通过以下两种方法实现。

（1）单击功能区"默认"选项卡→"注释"面板→"标注样式"下拉列表框，选择"副本 ISO-25"，可将其置为当前标注样式，如图 6-17 所示。

（2）单击功能区"注释"选项卡→"标注"面板→"标注样式"下拉列表框，选择"副本 ISO-25"，也可将其置为当前标注样式，如图 6-18 所示。

图 6-17　"注释"面板

图 6-18　"标注"面板

6.2.4　标注样式的其他操作

前面讲述了怎样新建一个标注样式，怎样把一个标注样式设置为当前的标注样式。除此之外，标注样式操作还有标注样式的修改、删除、替代和比较等。

1．修改标注样式

在"标注样式管理器"对话框中，单击要修改的标注样式名，使其亮显，然后单击 修改(M)... 按钮，就会进入"修改标注样式"对话框，具体修改方法跟新建标注样式一样，修改完毕单击 确定 按钮就可以完成样式的修改。

2．删除和重命名标注样式

如果要删除一个没有使用的样式，或者对某个样式进行重命名，用户可以打开"标注样式管理器"对话框，在"样式"列表中某样式名上右击，出现如图 6-19 所示的快捷菜单，单击"删除"或"重命名"选项即可。用户需要注意的是当前样式和已经使用的样式是不能被删除的。

3．标注样式替代

在标注尺寸的过程中会遇到一些特殊格式的标注，例如标注公差，每个公差值几乎均不相同，用户不会为每一

图 6-19　右键快捷菜单

种公差设置一种标注样式。这时可以利用"样式替代"功能为这些特殊标注建立一个临时标注样式。临时样式是在当前样式的基础上修改而成的。

建立样式替代时，首先选择样式替代的基础样式，单击 置为当前(U) 按钮把其置为当前。然后单击 替代(O)... 按钮，此时弹出"替代当前样式"对话框，对话框中显示的是当前样式的设置，用户根据需要修改后，单击 确定 按钮后，回到"标注样式管理器"对话框，这时在"样式"列表中当前样式下面多了一个名为"样式替代"的临时样式，如图 6-20 所示。这时临时样式已经替代了当前样式，可以利用它标注尺寸了。

"样式替代"是作为未保存的更改结果显示在"样式"列表中标注样式下的，使用之后可以通过改变当前样式的方法删除临时标注样式（也可以在样式上使用鼠标右键快捷菜单直接删除）。选中另外一个标注样式，单击 置为当前(U) 按钮，系统会弹出如图 6-21 所示的警告对话框，系统提示当前样式的改变会使样式替代放弃，也就是会删除临时标注样式。单击 确定 按钮。这时"样式"列表中名为"样式替代"的临时样式就会消失。

4．标注样式比较

设置标注样式的参数比较多，用户要通过人工找到两种标注样式的区别比较困难，AutoCAD 在"标注样式管理器"对话框中设置了样式比较功能，通过这个功能，用户可以对样式的各个参数进行比较，从而了解不同样式的总体特性。

单击 比较(C)... 按钮，进入"比较标注样式"对话框，分别在"比较"和"与"下拉列表框中选择参与比较的两个样式，在下面的列表框中会显示两种尺寸样式对应同一参数的不同数值，如图 6-22 所示。

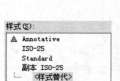

图 6-20　样式替代　　　图 6-21　警告对话框　　　图 6-22　"比较标注样式"对话框

6.3　各种具体尺寸的标注方法

完成标注样式的设置后，就可以使用各种尺寸标注工具进行尺寸标注了。在标注尺寸前，先将所需使用的标注样式设置为当前标注样式。

在 AutoCAD 2015 中，可通过以下 4 种方法选取各种尺寸标注工具。

（1）单击功能区"默认"选项卡→"注释"面板→"标注工具"列表按钮。该列表按钮包括两部分，左侧的尺寸标注工具和右侧的下箭头。单击右侧的下箭头可以在出现的下拉列表中选择合适的尺寸标注工具进行标注。如果左侧的尺寸标注工具就是需要的标注工具，直接单击即可进行当前类型的尺寸标注。

（2）单击功能区"注释"选项卡→"标注"面板→"标注工具"列表按钮，从中选取各种尺寸标注工具进行尺寸标注。

（3）选择"标注"菜单下的相应命令。

（4）在命令行输入相应命令调用各种标注工具。

标注中常用到的形式有：线性尺寸标注、对齐尺寸标注、角度尺寸标注、半径标注、直径标注、引线标注、基线标注、连续标注、坐标尺寸标注等，下面具体介绍它们的用法。

6.3.1 线性尺寸标注

线性尺寸标注是指标注对象在水平或垂直方向上的尺寸。例如，使用"副本 ISO-25"标注样式标注图 6-23 中的尺寸 8。

把"副本 ISO-25"标注样式置为当前，然后通过以下 4 种方式执行标注线性尺寸命令。

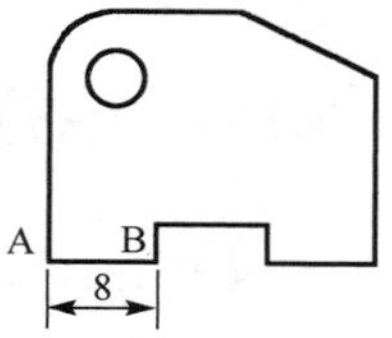

（1）单击功能区"默认"选项卡→"注释"面板→"线性"按钮 ⊢⊣。

（2）单击功能区"注释"选项卡→"标注"面板→"线性"按钮 ⊢⊣。

图 6-23 线性尺寸标注

（3）选择菜单栏"标注"→"线性"命令。

（4）在命令行中输入命令：DIMLINEAR（或 DLI），并按 Enter 键。

执行以上任一操作后，命令行提示如下：

> ⊢⊣ ▾ **DIMLINEAR** 指定第一个尺寸界线原点或 <选择对象>：

命令行要求指定第一个尺寸界线的原点。一般来说，指定标注的尺寸在界线原点时，可利用"对象捕捉"功能。单击图 6-23 中的 A 点。命令行继续提示：

> ⊢⊣ ▾ **DIMLINEAR** 指定第二条尺寸界线原点：

此时单击图 6-23 中的 B 点。命令行继续提示：

> ✕ 指定尺寸线位置或
> ⊢⊣ ▾ **DIMLINEAR** [多行文字(M) 文字(T) 角度(A) 水平(H) 垂直(V) 旋转(R)]：

此时系统自动测量标注两点之间的水平或竖直距离，用户只要在合适的位置单击一下即可指定尺寸线位置，完成标注线性尺寸操作。用户也可以选择中括号里的选项，各个选项的含义如下。

（1）多行文字（M）：选择该选项后进入多行文字编辑器，可用它来编辑标注文字。

（2）文字（T）：在命令提示下，自定义标注文字。生成的标注测量值显示在尖括号中。

（3）角度（A）：用于修改标注文字的旋转角度。例如，要将文字旋转 60°，此时在命令行中输入"60"并按 Enter 键。

（4）水平（H）/垂直（V）：这两项用于选择尺寸线是水平的或是垂直的。

（5）旋转（R）：用于创建旋转线性标注。这一项用于旋转标注的尺寸线，而不同于"角度（A）"中的旋转标注文字。

用户也可以在命令行提示"指定第一个尺寸界线原点或〈选择对象〉"时，直接按下 Enter 键选择要标注的对象。

在工程图样中进行线性标注时，经常会遇到如图 6-24 所示的情况，这是标注特殊画法和剖视图的一种常用方法，要标注这样的图形使用"副本 ISO-25"标注样式是不行的，应该建立一个专门标注这种形式的标注样式——"抑制样式"。

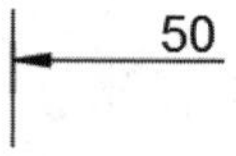

图 6-24 隐藏尺寸线和尺寸界线

"抑制样式"是在"副本 ISO-25"的基础上设置完成的。在"标注样式管理器"对话框中选择"样式"列表中的"副本 ISO-25"，然后单击 新建(N)... 按钮，出现"创建新标注样式”对话框，在“新样式名”文本框中输入样式名“抑制样式”，单击[继续]按钮就可以进入“新建标注样式”对话框。切换到“线”选项卡，在“尺寸线”选项组中选择“尺寸线 2”复选框，在“尺寸界线”选项组中选择“尺寸界线 2”复选框。其他内容不做任何修改，单击[确定]按钮即完成新样式设置。

6.3.2 对齐尺寸标注

对齐尺寸标注可以让尺寸线始终与被标注对象平行，它也可以标注水平或垂直方向的尺寸，完全代替线性尺寸标注，但是，线性尺寸标注不能标注倾斜的尺寸。

图 6-25 对齐尺寸标注

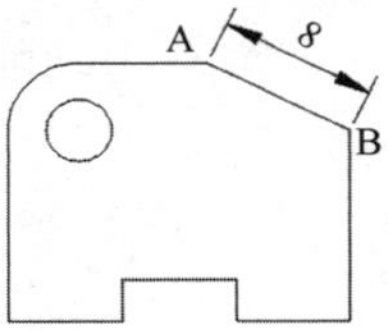

标注图 6-25 中的倾斜尺寸，可通过以下 4 种方式之一执行对齐尺寸标注命令。

（1）单击功能区“默认”选项卡→“注释”面板→“对齐”按钮。

（2）单击功能区“注释”选项卡→“标注”面板→“对齐”按钮。

（3）选择菜单栏“标注”→“对齐”命令。

（4）在命令行中输入命令：DIMALIGNED（或 DAL），并按 Enter 键。

执行对齐尺寸标注操作后，命令行依次提示：

```
DIMALIGNED 指定第一个尺寸界线原点或 <选择对象>:
DIMALIGNED 指定第二条尺寸界线原点:
指定尺寸线位置或
DIMALIGNED [多行文字(M) 文字(T) 角度(A)]:
```

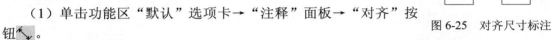

命令行提示的选项与线性标注意义相同，其标注步骤也基本相同，可参照线性标注方法完成标注。

6.3.3 角度尺寸标注

角度尺寸标注是用来标注角度尺寸的。角度尺寸标注的两条直线必须能相交，不能标注平行的直线。国标中规定，在工程图样中标注的角度值的文字都是水平放置的，在“副本 ISO-25”中的尺寸值都是与尺寸线对齐的，所以不能直接用“副本 ISO-25”进行角度标注，需要建立一个标注角度的样式——“角度样式”。

“角度样式”的建立步骤如下。

（1）进入“标注样式管理器”对话框，在“样式”列表中选择“副本 ISO-25”，然后单击[新建(N)...]按钮，出现“创建新标注样式”对话框。

（2）不需要输入新样式名，在“用于”下拉列表中选取“角度标注”，单击[继续]按钮进入“新建样式标注”对话框。

（3）进入“文字”选项卡，在“文字对齐”选项组中选择“水平”选项。

单击[确定]按钮，回到“标注样式管理器”对话框，这时在“副本 ISO-25”下出现了“角度”这个子样式，如图 6-26 所示。

注意这个新建样式与前面讲的新建样式的显示有所不同，因为前面的新建样式是用于所有标注的，而刚建的"角度样式"仅用于角度标注，所以 AutoCAD 有不同的处理方法。由于该样式是以"副本 ISO-25"为基础的，因此它作为"副本 ISO-25"的子样式，用户进行角度标注时，直接使用"副本 ISO-25"即可。因"角度样式"为子样式，所以在功能区"标注样式"下拉列表中不显示。

角度标注用于标注两条非平行直线、圆、圆弧或者不共线的 3 个点之间的角度。AutoCAD 会自动在标注值后面加上"°"。

例如，添加如图 6-27 所示的标注，先设置"副本 ISO-25"为当前样式，然后通过以下 4 中方式之一执行角度标注命令。

（1）单击功能区"默认"选项卡→"注释"面板→"角度"按钮◬。

（2）单击功能区"注释"选项卡→"标注"面板→"角度"按钮◬。

（3）选择菜单栏"标注"→"角度"命令。

（4）在命令行中输入命令：DIMANGULAR（或 DAN），并按 Enter 键。

执行角度标注后，命令行提示：

◬ ▾ DIMANGULAR 选择圆弧、圆、直线或 <指定顶点>：

此时选择线段 a。命令行提示：

◬ ▾ DIMANGULAR 选择第二条直线：

此时选择线段 b 后，命令行继续提示：

◬ ▾ DIMANGULAR 指定标注弧线位置或 [多行文字(M) 文字(T) 角度(A) 象限点(Q)]：

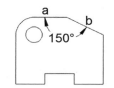

图 6-26 "标注样式管理器"对话框的"样式"列表

图 6-27 角度标注

此时用鼠标在合适的位置单击一下完成角度标注。

注意：当选择"多行文字（M）"或"文字（T）"选项，输入角度值时，要在数字后输入"%%d"代替角度符号"°"。

上面是标注两条直线之间角度的方法，如果要标注圆弧，可以直接在命令行提示"选择圆弧、圆、直线或<指定顶点>:"时选择圆弧。要标注三点间的角度，可以在命令行提示"选择圆弧、圆、直线或<指定顶点>:"时直接回车，然后指定角的顶点，再指定其余两点。各种角度标注形式如图 6-28 所示。

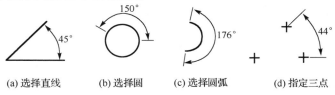

(a) 选择直线   (b) 选择圆   (c) 选择圆弧   (d) 指定三点

图 6-28 角度标注的多种形式

6.3.4 半径标注

半径标注用来标注圆和圆弧的半径，在标注文字前加半径符号 R 表示。如标注图 6-29 中的半径，可通过以下 4 种方式来实现。

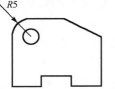

（1）单击功能区"默认"选项卡→"注释"面板→"半径"按钮 。

（2）单击功能区"注释"选项卡→"标注"面板→"半径"按钮 。

图 6-29 半径尺寸标注

（3）选择菜单栏"标注"→"半径"命令。

（4）在命令行中输入命令：DIMRADIUS（或 DRA），并按 Enter 键。

执行半径标注后，命令行提示：

> DIMRADIUS 选择圆弧或圆：

此时用鼠标单击要标注的圆弧或圆，系统会自动测出圆弧或圆的半径，命令行继续提示：

> DIMRADIUS 指定尺寸线位置或 [多行文字(M) 文字(T) 角度(A)]：

此时在合适的位置单击一下指定尺寸线的位置即可。如果要更改标注文字的属性，可选择中括号里的相应选项，然后输入属性值并按 Enter 键。

6.3.5 直径标注

直径标注用于标注圆或圆弧的直径，在标注文字前加直径符号 ϕ 表示。例如标注图 6-30(a)中的直径，可通过以下 4 种方式来实现。

（1）单击功能区"默认"选项卡→"注释"面板→"直径"按钮 。

（2）单击功能区"注释"选项卡→"标注"面板→"直径"按钮 。

（3）选择菜单栏"标注"→"直径"命令。

（4）在命令行中输入 DIMDIAMETER（或 DDI），并按 Enter 键。

执行直径标注后，命令行提示与操作和半径标注大部分相同。

> 注意：当选择"多行文字（M）"或"文字（T）"选项输入直径值时，要在数字前输入控制字符"%%c"代替直径符号"ϕ"。比如选择要标注的圆或圆弧后，选择"文字（T）"选项后按 Enter 键，然后输入"%%c10"，则完成的标注如图 6-30(b)所示。

在有些情况下，半径或直径的标注不是在圆视图上进行的，而是在非圆视图上进行的，如图 6-31 所示。

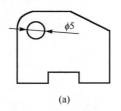

(a)

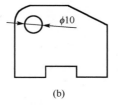

(b)

图 6-30 直径尺寸标注

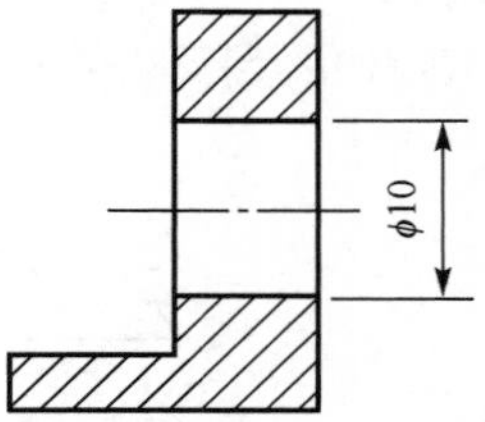

图 6-31 非圆直径尺寸的标注

这种情况在零件图的绘制过程中经常遇到，所以应该为这种格式专门建立一个"非圆尺寸样式"。"非圆尺寸样式"中的参数与"副本 ISO-25"的参数基本相同，要改动的地方是在"主单位"选项卡的"线性标注"选项组中的"前缀"文本框中输入直径符号"%%c"。在"非圆尺寸样式"中，用线性标注就可以标注出图 6-31 中的结果。

> 📖 提示：在机械制图中，一般圆角、圆弧等用半径来标注，而完整的圆用直径来标注，这样便于零件的加工。

6.3.6　弧长标注

弧长标注用于标注圆弧的长度，在标注文字前方或上方用弧长记号"⌒"表示。在 AutoCAD 2015 中，可通过以下 4 种方式执行弧长标注命令。

（1）单击功能区"默认"选项卡→"注释"面板→"弧长"按钮 ⟋。

（2）单击功能区"注释"选项卡→"标注"面板→"弧长"按钮 ⟋。

（3）选择菜单栏"标注"→"弧长"命令。

（4）在命令行中输入命令：DIMARC（或 DAR），并按 Enter 键。

执行弧长标注命令后，命令行提示：

> ⟋▾ DIMARC 选择弧线段或多段线圆弧段：

此时用鼠标单击所要标注的圆弧。命令行继续提示：

> ⟋▾ DIMARC 指定弧长标注位置或 [多行文字(M) 文字(T) 角度(A) 部分(P)]：

此时用鼠标指定弧长标注的位置即可。中括号里的"部分（P）"选项用于指定弧长中某段的标注。弧长标注如图 6-32 所示。

6.3.7　标注折弯尺寸

有些图形中圆弧或圆的圆心无法在其实际位置显示，这些圆弧的圆心甚至在整张图纸之外，此时在工程图中就可以对其进行折弯标注。使用折弯标注可以创建折弯半径标注，也称"缩放的半径标注"，如图 6-33 所示。这种方法可以在更方便的位置指定标注的"原点"，这称为"中心位置替代"。

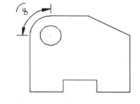

图 6-32　弧长标注

在 AutoCAD 2015 中，可通过以下 4 种方式执行折弯标注命令。

（1）单击功能区"默认"选项卡→"注释"面板→"折弯"按钮 ⟋。

（2）单击功能区"注释"选项卡→"标注"面板→"折弯"按钮 ⟋。

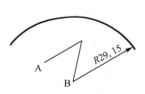

图 6-33　折弯标注

（3）选择菜单栏"标注"→"折弯"命令。

（4）在命令行中输入命令：DIMJOGGED（或 DJO），并按 Enter 键。

执行折弯标注后，命令行提示：

> ⟋▾ DIMJOGGED 选择圆弧或圆：

此时用鼠标单击要折弯标注的圆弧或圆。命令行继续提示：

> ✐ ▾ DIMJOGGED 指定图示中心位置：

"中心位置"即折弯标注的尺寸线起点，如图 6-33 中的 A 点。鼠标选择中心位置后，命令行提示：

> ✐ ▾ DIMJOGGED 指定尺寸线位置或 [多行文字(M) 文字(T) 角度(A)]：

此时用鼠标指定尺寸线的位置或者选择中括号里的选项配置标注文字。命令行继续提示：

> ✐ ▾ DIMJOGGED 指定折弯位置：

用鼠标指定折弯的位置，即图 6-33 中的 B 点，完成标注。

6.3.8 坐标标注

坐标标注测量基准点到特征点的垂直距离，默认的基准点为当前坐标的原点。坐标标注由 X 或 Y 值和引线组成；X 基准坐标标注沿 X 轴测量特征点与基准点的距离，尺寸线和标注文字为垂直方向；Y 基准坐标标注沿 Y 轴测量距离，尺寸线和标注文字为水平放置，如图 6-34 所示。

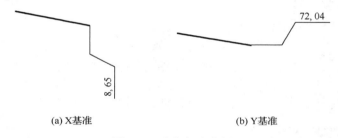

(a) X基准　　　　　　　　　　　　　(b) Y基准

图 6-34　坐标标注实例

在 AutoCAD 2015 中，可以通过以下 4 种方法执行坐标标注命令。

（1）单击功能区"默认"选项卡→"注释"面板→"坐标"按钮 ⊹ 。

（2）单击功能区"注释"选项卡→"标注"面板→"坐标"按钮 ⊹ 。

（3）选择菜单栏"标注"→"坐标"命令。

（4）在命令行中输入命令：DIMORDINATE（或 DOR），并按 Enter 键。

执行坐标标注后，命令行提示：

> ⊹ ▾ DIMORDINATE 指定点坐标：

此时用鼠标选择要标注的点，命令行继续提示：

> ⊹ ▾ DIMORDINATE 指定引线端点或 [X 基准(X) Y 基准(Y) 多行文字(M) 文字(T) 角度(A)]：

（1）默认选项："指定引线端点"即指定标注文字的位置，AutoCAD 2015 通过自动计算点坐标和引线端点的坐标差确定它是 X 坐标标注还是 Y 坐标标注。如果 Y 坐标的坐标差较大，标注就测量 X 坐标，否则就测量 Y 坐标。

（2）其他选项说明如下。

① "X 基准（X）"：确定为测量 X 坐标并确定引线和标注文字的方向。

② "Y 基准（Y）"：确定为测量 Y 坐标并确定引线和标注文字的方向。

③ "多行文字（M）"、"文字（T）"和"角度（A）"：含义同前。

6.3.9 圆心标注

圆心标注用于圆和圆弧的圆心标记，如图 6-35 所示。

在 AutoCAD 2015 中，可通过以下两种方法执行圆心标注命令：

（1）选择菜单栏"标注"→"圆心标记"命令。

（2）在命令行中输入命令：DIMCENTER（或 DCE），并按 Enter 键。

图 6-35　圆心标注

执行圆心标注后，命令行提示：

⊕ ▾ DIMCENTER 选择圆弧或圆：

此时用鼠标单击所要标注的圆弧或圆即可。

> 📖 注意：圆心标注之前要先设置好"点样式"，圆心标注的外观可以通过"新建/修改标注样式"对话框的"符号和箭头"选项卡中的"圆心标记"选项组进行设置。

6.4 其他类型的标注

6.4.1 快速标注

AutoCAD 将常用标注综合成了一个方便的"快速标注命令"。执行该命令时，不再需要确定尺寸界线的起点和终点，只要选择需要标注的对象（如直线、圆、圆弧等），就可以快速标注这些对象的尺寸。

执行"快速标注"命令主要有以下几种方式。

（1）单击功能区"注释"选项卡→"标注"面板→"快速标注"按钮 。

（2）选择菜单栏"标注"→"快速标注"命令。

（3）在命令行中输入命令：QDIM（或 QD），并按 Enter 键。

6.4.2 连续标注

连续标注从某一个尺寸界线开始，按顺序标注一系列尺寸，相邻的尺寸共用一条尺寸界线，而且所有的尺寸线都在同一条直线上，如图 6-36 所示。

连续标注不能单独进行，必须以已经存在的线性标注或角度标注作为基准标注，系统默认刚结束的尺寸标注为基准标注并且以该标注的第二条尺寸界线作为连续标注的第一条尺寸界线。

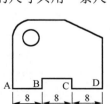

图 6-36　连续尺寸的标注

在 AutoCAD 2015 中执行连续标注命令可通过以下 3 种方式：

（1）单击功能区"注释"选项卡→"标注"面板→ 连续（连续标注）按钮。

（2）选择菜单栏"标注"→"连续"命令。

（3）在命令行中输入命令：DIMCONTINUE（或 DCO），并按 Enter 键。

在图 6-36 中先用线性标注命令标注 A、B 两点之间的尺寸。然后执行连续标注命令，命令行提示：

> ⊢⊢⊢ DIMCONTINUE 指定第二条尺寸界线原点或 [放弃(U) 选择(S)] <选择>:

此时用鼠标依次单击 C 点、D 点进行连续标注。按 Esc 键或按两次 Enter 键可结束命令。

其他选项：

（1）"放弃（U）"选项，表示撤销连续标注最近一次的操作。

（2）"选择（S）"选项，若选择该项，命令行会提示：

> ⊢⊢⊢ DIMCONTINUE 选择连续标注:

此时可重新指定基准标注。选择要作为基准标注的尺寸标注即可，并且以该标注靠近拾取点的尺寸界线作为连续标注的第一尺寸界线。

6.4.3 基线标注

"基线标注"以某一尺寸界线为基准位置，按某一方向标注一系列尺寸，所有尺寸共用一条基准尺寸界线。方法与步骤与连续标注类似，也应该先标注或选择一个尺寸作为基准标注，如图 6-37 所示使用了基线标注。

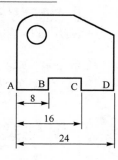

图 6-37　基线标注

6.4.4 多重引线

引线标注可用来标注倒角、文字注释、装配图中的零件编号等。引线对象通常包括箭头、可选的水平基线、引线或曲线、多行文字对象或块。可以从图形中的任意点或部件创建引线并在绘制时控制其外观。引线可以是直线段或平滑的样条曲线。

AutoCAD 2015 在"注释"选项卡专门设置了"引线"面板，如图 6-38 所示。在"标注"菜单中有"多重引线"标注命令。

1．设置多重引线标注

在 AutoCAD 2015 中，有以下 4 种方法设置多重引线标注。

（1）选择菜单栏"格式"→"多重引线样式"命令。

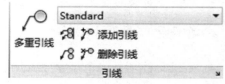

图 6-38　"引线"面板

（2）单击功能区"默认"选项卡→"注释"面板→"多重引线样式"按钮 🔏 。

（3）单击功能区"注释"选项卡→"引线"面板→"多重引线样式"按钮 ⌄ 。

（4）在命令行中输入命令：MLEADERSTYLE，并按 Enter 键。

执行多重引线标注设置命令后，将弹出"多重引线样式管理器"对话框，如图 6-39 所示。

单击 置为当前(U) 按钮，可将选中的多重引线样式置为当前；单击 修改(M)... 按钮可修改已有的多重引线样式；单击 删除(D) 按钮，可将选中的多重引线样式删除，但是

Standard、已使用的、置为当前的多重引线样式不能被删除；单击 新建(N)... 按钮可新建一个多重引线样式。

单击 新建(N)... 按钮，弹出"创建新多重引线样式"对话框，如图 6-40 所示。

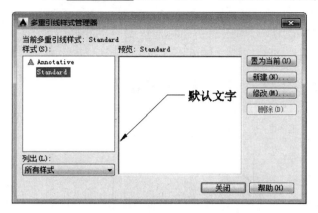

图 6-39　"多重引线样式管理器"对话框　　　　图 6-40　"创建新多重引线样式"对话框

在"新样式名"文本框中输入新建的样式名称，默认为"副本 Standard"；在"基础样式"下拉列表框中选择新建样式的基础样式，新建样式即在该基础样式的基础上进行修改而成，默认为 Standard 样式；若选中"注释性"复选框，可以自动完成缩放注释的过程，从而使注释能够以合适的大小在图纸上打印或显示。设置完成后单击 继续(0) 按钮，弹出如图 6-41 所示的"修改多重引线样式：副本 Annotative"对话框。

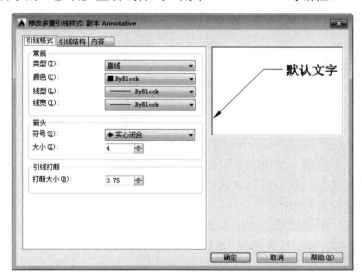

图 6-41　"修改多重引线样式：副本 Annotative"对话框

"修改多重引线样式：副本 Annotative"对话框包括"引线格式"、"引线结构"和"内容"3 个选项卡。

（1）"引线格式"选项卡：设置多重引线基本外观和引线箭头的类型及大小，以及执行"标注打断"命令后引线打断的大小，如图 6-41 所示。各选项说明如下。

①"类型"、"颜色"、"线型"、"线宽"下拉列表框：分别用于设置引线类型、颜色、线型和线宽。

②"符号"下拉列表框：设置多重引线的箭头符号。

③"大小"调整框：设置箭头的大小。

④"打断大小"调整框：设置选择多重引线后用于"折断标注"命令的折断大小。

（2）"引线结构"选项卡：设置多重引线的结构，如图6-42所示。

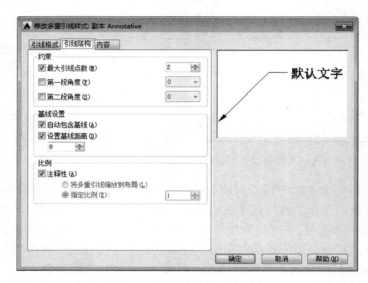

图6-42　"引线结构"选项卡

各选项说明如下。

①"最大引线点数"复选框：指定引线的最大点数。

②"第一段角度"复选框：指定多重引线基线中的第一个点的角度。

③"第二段角度"复选框：指定多重引线基线中的第二个点的角度。

④"自动包含基线"复选框：将水平基线附着到多重引线内容。

⑤"设置基线距离"调整框：为多重引线基线设定固定距离。

⑥"注释性"复选框：指定多重引线为注释性。

⑦"将多重引线缩放到布局"单选按钮：根据模型空间视口和布局空间视口中的缩放比例确定多重引线的比例因子。

⑧"指定比例"单选按钮：指定多重引线的缩放比例。

（3）"内容"选项卡：设置多重引线是包含文字还是包含块。如果选择多重引线类型为 多行文字 ，如图6-43所示，可以设置默认文字、文字样式、角度、颜色、高度、是否左对齐和加框、引线连接和基线间隙。

如果选择多重引线类型为 块 ，如图6-44所示，可以设置源块、附着、颜色和比例。

2．创建多重引线标注

在AutoCAD 2015中，可以通过以下4种方法执行多重引线标注命令。

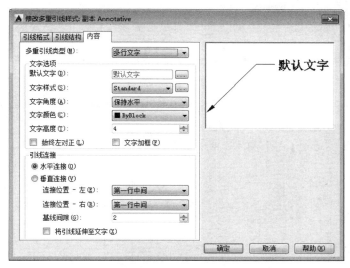

图 6-43　多重引线类型为"多行文字"

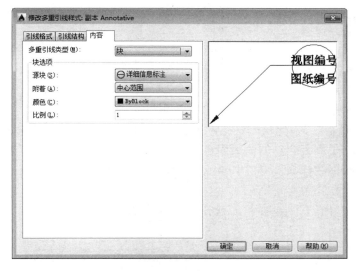

图 6-44　多重引线类型为"块"

（1）单击功能区"默认"选项卡→"注释"面板→"引线"按钮 。

（2）单击功能区"注释"选项卡→"引线"面板→"多重引线"按钮 。

（3）选择菜单栏"标注"→"多重引线"命令。

（4）在命令行中输入命令：MLEADER，并按 Enter 键。

执行多重引线标注命令后，命令行提示：

MLEADER 指定引线箭头的位置或 [引线基线优先(L) 内容优先(C) 选项(O)] <选项>：

默认为"指定引线箭头的位置"，即用鼠标单击指定引线箭头的位置。中括号里其他
选项的含义如下。

（1）"引线基线优先（H）"选项：表示创建引线基线优先的多重引线标注，即先指定
引线基线位置。

（2）"内容优先（C）"选项：表示创建引线内容优先的多重引线标注，即先指定引线内容位置。

（3）"选项（O）"选项：表示对多重引线标注的属性进行相关设置。输入"O"后，命令行将提示：

> ↗ MLEADER 输入选项 [引线类型(L) 引线基线(A) 内容类型(C) 最大节点数(M) 第一个角度(F) 第二个角度(S) 退出选项(X)] <退出选项>:

此时根据要求设置所需的相关属性即可。

例如，创建如图 6-45(b)所示的多重引线标注。

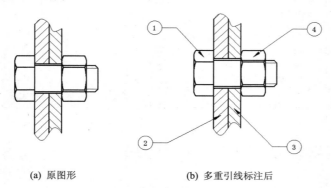

(a) 原图形   (b) 多重引线标注后

图 6-45　多重引线标注实例

操作步骤如下。

（1）选择菜单栏"格式"→"多重引线"命令。

（2）在弹出的"多重引线样式管理器"对话框中选中"Standard"样式，单击 新建(N)... 按钮，在弹出的"创建新多重引线样式"对话框的"新样式名"文本框中输入新名称"零件序号标注样式"，如图 6-46 所示。单击 继续(O) 按钮打开"修改多重引线样式：零件序号标注样式"对话框。

（3）切换到"内容"选项卡，选择"多重引线类型"为"块"，选择"源块"为"圆"，如图 6-47 所示。

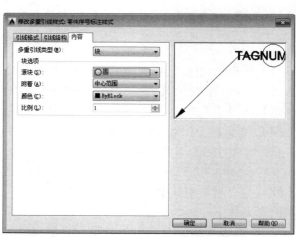

图 6-46　设置多重引线样式的名称　　　　　图 6-47　设置"内容"选项卡

（4）单击 确定 按钮，回到"多重引线样式管理器"对话框。系统默认将新建的"零件序号标注样式"置为当前，此时单击 关闭 按钮。

（5）单击功能区"默认"选项卡→"注释"面板→"引线"按钮 。

（6）命令行提示：

MLEADER 指定引线箭头的位置或 [引线基线优先(L) 内容优先(C) 选项(O)] <选项>:

此时参照图 6-45(b)单击序号 1 所示的箭头位置处。命令行继续提示：

MLEADER 指定引线基线的位置:

此时参照图 6-45(b)指定引线基线的位置。在弹出的"编辑属性"对话框中输入标记编号"1"，并单击 确定 按钮，如图 6-48 所示。

图 6-48　"编辑属性"对话框

（7）按照同样的方法标注零件序号"2"、"3"、"4"即可。

3．编辑多重引线标注

AutoCAD 2015 的"默认"选项卡的"注释"面板、"注释"选项卡的"引线"面板提供了"添加引线"、"删除引线"、"对齐"、"合并"4 个编辑工具，如图 6-49 所示。

图 6-49　多重引线编辑工具

各按钮的功能如下。

（1）"添加引线"：将一个或多个引线添加至选定的多重引线对象。

（2）"删除引线"：从选定的多重引线对象中删除引线。

（3）"对齐"：将各个多重引线对齐。对齐效果如图 6-50 所示。

（4）"合并"：将内容为块的多重引线对象合并到一个基线，合并效果如图 6-51 所示。

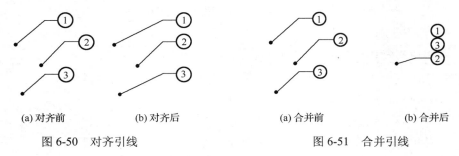

（a）对齐前　　　　　　（b）对齐后　　　　　　（a）合并前　　　　　　（b）合并后

图 6-50　对齐引线　　　　　　　　　　图 6-51　合并引线

6.4.5　快速引线

利用"快速引线"命令也可以标注一些说明或注释性文字，引注一般由箭头、引线和注释文字构成，如图 6-52 所示。

1．引注样式设置

用户可以通过在命令行中输入 QLEADER（或 QL），并按 Enter 键执行快速引线命令。启动"快速引线"命令后，命令行提示：

> QLEADER 指定第一个引线点或 [设置(S)] <设置>：

此时直接按下 Enter 键，就会打开"引线设置"对话框，如图 6-53 所示。利用该对话框可以对引注的箭头、注释类型、引线角度等进行设置。

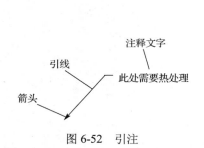

图 6-52　引注　　　　　　　　　　图 6-53　"引线设置"对话框

1）"注释"选项卡

（1）注释类型选项组。

常用的是"多行文字"和"公差"选项，用"多行文字"选项加文字注释，使用"公差"选项可以利用引注命令标注几何公差。

（2）多行文字选项组。

①"提示输入宽度"：命令行提示输入文字的宽度。

②"始终左对齐"：设置多行文字左对齐。

③"文字边框"：设置是否为注释文字加边框。

（3）重复使用注释选项组。

①"无"：不重复使用，每次使用引线标注命令时，都手工输入注释文字的内容。

②"重复使用下一个"：重复使用为后续引线创建的下一个注释。

③"重复使用当前"：重复使用当前注释。选择"重复使用下一个"之后重复使用注释时，AutoCAD 自动选择此选项。

2）"引线和箭头"选项卡

"引线和箭头"选项卡主要用于设置引线和箭头的格式，如图 6-54 所示。

（1）"引线"选项组：用于设置引线形式是直线还是样条曲线。

（2）"点数"选项组：在"最大值"调整框中设置一个引注中引线的最多段数。如果选中"无限制"选项，表示对引线段数没有限制。

（3）"箭头"下拉列表框：选择引注箭头的样式。

（4）"角度约束"选项组：设置第一段和第二段引线的角度约束，设置角度约束后，引线的倾斜角度只能是角度约束值的整数倍。其中，"任意角度"表示没有限制，"水平"表示引线只能水平绘制。

3）"附着"选项卡

"附着"选项卡用于设置附着的多行文字的对齐方式以及是否加下画线，如图 6-55 所示。

图 6-54　"引线和箭头"选项卡　　　　图 6-55　"附着"选项卡

（1）"多行文字附着"选项组：用户可以使用左边和右边的两组单选按钮，分别设置当注释文字位于引线左边或右边时，文字的对齐位置。

（2）"最后一行加下画线"：选择这一选项，会给最后一行文字加上下画线。

2. 快速引线标注

根据工程制图习惯，一般把文字标注在水平引线的上方，如图 6-56 所示。因

图 6-56　快速引线标注

此，一般设置第二段引线的角度为水平，同时选中"最后一行加下画线"这个选项，并且图中没有引线箭头，所以在"箭头"下拉列表框中选择"无"。

执行快速引线标注命令，命令行提示如下：

> **✎▾ QLEADER** 指定第一个引线点或 [设置(S)] <设置>：

此时指定引线的第一个点"1"点。命令行提示：

> **✎▾ QLEADER** 指定下一点：

指定引线的第二个点"2"点。因为在"引线设置"中设置"点数"为"3"，因此命令行会继续提示：

> **✎▾ QLEADER** 指定下一点：

指定引线的第三个点"3"点后，命令行提示：

> **✎▾ QLEADER** 指定文字宽度 <0>：

此时可用鼠标指定文字宽度，也可用键盘直接输入宽度值，并按 Enter 键。

> **✎▾ QLEADER** 输入注释文字的第一行 <多行文字(M)>：

此时可直接输入注释文字"2×45%%d"，按 Enter 键，命令行提示输入下一行，连按两次 Enter 键结束命令。也可直接按 Enter 键打开多行文字编辑器输入注释文字。注释结果如图 6-56 所示。

6.4.6 标注尺寸公差

尺寸公差是尺寸误差的允许变动范围，在这个范围内生产出的产品是合格的。尺寸公差取值恰当与否，直接决定了机件的加工成本和使用性能。工程图样中的零件图或装配图中都必须标注尺寸公差。

为了标注带有公差的尺寸，需要先建立"公差样式"。"公差样式"中的参数与"副本 ISO-25"中的参数差不多，需要修改的参数在"公差"选项卡中。"公差格式"选项组中的"方法"选项设为"极限偏差"，"精度"设为"0.000"，精度值应根据不同机件的具体要求而调定，"上偏差值"设置为"0.029"，"下偏差值"设置为"0.018"，"高度比例"设为"0.6"，"垂直位置"设置为"中"，如图 6-57 所示。

要标注图 6-58 中的带公差的尺寸，首先把"公差样式"设为当前样式，然后执行线性尺寸标注命令即可。

利用上面建立的"公差样式"标注的尺寸的公差值是一样的，用户一般不会为每一种公差建立一种公差样式。比较方便的方法是，用户可以在"公差样式"的基础上进行样式替代，建立一种临时标注样式，标注不同公差值的尺寸。

如果在图 6-58 中还要标注一个尺寸，它的公差值与前面设置的公差值不同，在标注之前首先通过样式替代，建立临时标注样式。

样式替代的步骤如下。

（1）打开"标注样式管理器"对话框，在"样式"列表中选择"公差样式"，再单击 替代(O)... 按钮。

（2）进入"替代当前样式：公差样式"对话框，打开"公差"选项卡进行修改。

（3）修改完毕后单击 确定 按钮，回到"标注样式管理器"对话框，在"公差样式"下多了一个"样式替代"，单击 关闭 按钮退出，样式替代设置完成，进行标注即可。

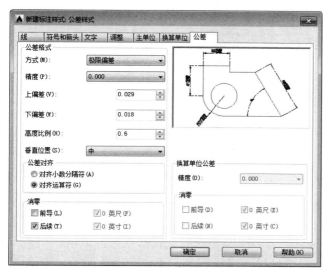

图 6-57　"公差样式"设置

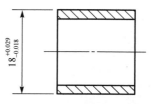

图 6-58　公差标注

在标注不同公差值时，每次都要进入"标注样式管理器"对话框进行样式替代。

6.4.7　标注形位公差

形位公差是机械制图中表明尺寸在理想尺寸中几何关系的偏差，如直线度、同轴度、平行度、面轮廓度、圆跳动等。在机械制图中，使用形位公差可以保证加工零件之间的装配精度。

在 AutoCAD 2015 中，可通过以下 3 种方法执行形位公差标注命令。

（1）单击功能区"注释"选项卡→"标注"面板→"公差"按钮 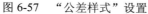。

（2）选择菜单栏"标注"→"公差"命令。

（3）在命令行中输入命令：TOLERANCE，并按 Enter 键。

执行形位公差标注命令后，可打开"形位公差"对话框，如图 6-59 所示。

通过"形位公差"对话框，可添加特征控制框里的各个符号及公差值等。对话框各个区域的作用如下。

（1）"符号"区域：单击"■"框，将弹出"特征符号"对话框，如图 6-60 所示，选择表示位置、方向、形状、轮廓和跳动的特征符号。单击"特征符号"对话框中的"□"框，表示清空已填入的符号。特征符号的意义和类型见表 6-1。

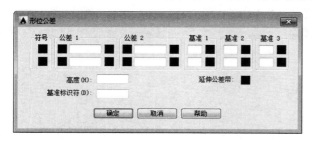

图 6-59　"形位公差"对话框

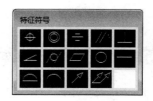

图 6-60　"特征符号"对话框

表 6-1　特征符号的意义和类型

符　号	特　征	类　型	符　号	特　征	类　型
⌖	位置度	位置	▱	平面度	形状
◎	同轴（同心）度	位置	○	圆度	形状
=	对称度	位置	—	直线度	形状
//	平行度	方向	⌒	面轮廓度	轮廓
⊥	垂直度	方向	⌒	线轮廓度	轮廓
∠	倾斜度	方向	↗	圆跳动	跳动
⌭	圆柱度	形状	⤢↗	全跳动	跳动

（2）"公差 1"和"公差 2"区域：每个"公差"区域包括三个框。第一个为"■"框，单击即可插入直径符号；第二个为文本框，可在框中输入公差值；第三个框也是"■"框，单击将弹出"附加符号"对话框，如图 6-61 所示，用来插入公差的包容条件。

图 6-61　"附加符号"对话框

（3）"基准 1"、"基准 2"和"基准 3"区域：这 3 个区域用来添加基准参照，3 个区域分别对应第一级、第二级和第三级基准参照。每一个区域包含一个文本框和一个"■"框。在文本框中输入形位公差的基准代号，单击"■"框弹出如图 6-61 所示的"附加符号"对话框，选择包容条件的表示符号。

（4）"高度"文本框：输入特征控制框中的投影公差零值。

（5）"基准标识符"文本框：输入由参照字母组成的基准标识符。基准是理论上精确的几何参照，用于建立其他特征的位置和公差带。点、直线、平面、圆柱或其他几何图形都能作为基准，在该框中输入字母。

（6）"延伸公差带"选项：在延伸公差带值的后面插入延伸公差带符号。

设置完"形位公差"对话框后，单击 确定 按钮关闭该对话框，同时命令行提示：

⊕□ ▼ TOLERANCE 输入公差位置：

此时用鼠标单击指定公差的位置即可。

> 📖　*注意：按上述步骤所标注的形位公差是不带引线的。如要标注带引线的形位公差，可通过以下两种方法实现：*
>
> *（1）执行多重引线标注命令，不输入任何文字，然后运行形位公差并标注于引线末端。*
>
> *（2）执行快速引线标注命令，打开"引线设置"对话框，选择其中的"公差"选项，实现带引线的形位公差并标注。*

6.5　尺寸标注的编辑修改

　　尺寸标注之后，如果要改变尺寸线的位置、尺寸数字的大小等，就需要使用尺寸编辑命令。尺寸编辑包括样式的修改和单个尺寸对象的修改。通过修改尺寸样式，可以全部修改用该样式标注的尺寸。还可以用一种样式更新用另外一种样式标注的尺寸，即标注更新。

📖 提示：特性选项板也是一种编辑标注的重要手段。

6.5.1 标注更新

要修改用某一种样式标注的所有尺寸，用户在"标注样式管理器"对话框中修改这个标注样式即可。用这个标注样式标注的尺寸可以统一修改。

如果要使用当前样式更新所选尺寸，可以用标注更新命令。执行"更新"命令主要有以下 3 种方式。

（1）单击功能区"注释"选项卡→"标注"面板→"更新"按钮🔄。

（2）选择菜单栏"标注"→"更新"命令。

（3）在命令行中输入命令：DIMSTYLE，并按 Enter 键。

例如，将图 6-62(a)中的尺寸标注样式改为"副本 ISO-25"，如图 6-62(b)所示。

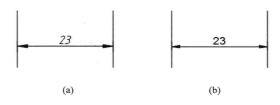

(a)   (b)

图 6-62　标注更新

首先选择"副本 ISO-25"为当前标注样式，然后激活"更新"命令，命令行提示如下：

```
命令: _dimstyle
当前标注样式: 副本 ISO-25   注释性: 否
输入标注样式选项
[注释性(AN)/保存(S)/恢复(R)/状态(ST)/变量(V)/应用(A)/?] <恢复>: _apply
-DIMSTYLE 选择对象:
```

此时选择尺寸对象，可以选择多个对象同时更新。按 Enter 键结束命令。

6.5.2 其他编辑工具

如图 6-63 所示，在功能区"注释"选项卡→"标注"面板中，AutoCAD 还提供了一系列其他的标注编辑工具。各工具的功能如下。

（1）"打断"工具⊡：用于在尺寸线、尺寸界线与几何对象或其他标注相交的位置将其打断。

（2）"调整间距"工具🔳：该工具用于自动调整平行的线性标注和角度标注之间的间距，或者根据指定的间距值进行调整，如图 6-64 所示。

（3）"折弯标注"工具〰：可在线性标注或对齐标注

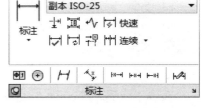

图 6-63　"标注"面板

中添加或删除折弯线。如图 6-65 所示，尺寸为 14 的标注添加了折弯线，其他标注为默认。

137

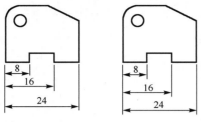

图 6-64 执行"调整间距"命令前后的标注

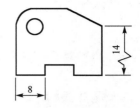

图 6-65 执行"折弯标注"命令

（4）"检验"工具：选择此工具，弹出"检验标注"对话框，可让用户在选定的标注中添加或删除检验标注。

（5）"重新关联"工具：使用此工具，可将选定的标注关联或重新关联至某个对象或该对象上的点。

（6）"倾斜"工具：使用此工具，可以调整线性标注尺寸界线的倾斜角度。

（7）"文字角度"工具：使用此工具，可以移动和旋转标注文字并重新定位尺寸线。

（8）"左对齐"、"居中对齐""右对齐"：分别使标注文字与左侧尺寸界线对齐、居中、与右侧尺寸界线对齐。

（9）"替代工具"：使用此工具，可以控制选定标注中使用的系统变量的替代值。

6.5.3 尺寸关联

执行菜单栏"工具"→"选项"命令，出现"选项"对话框，打开"用户系统配置"选项卡，在"关联标注"选项组选择"使新标注可关联"复选框，然后标注的尺寸就会与标注的对象尺寸关联。系统默认尺寸关联。当与其关联的几何对象被修改时，关联标注将自动调整其位置、方向和测量值。布局中的标注可以与模型空间中的对象相关联。

利用这个特点，在修改标注对象后不必重新标注尺寸，非常方便。例如，在图 6-66 中移动矩形的右上角点，尺寸标注相应变化。在图 6-67 中移动圆的位置，圆心与矩形右上角点的水平和竖直距离尺寸也随着更新。

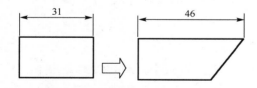

图 6-66 夹点编辑尺寸更新

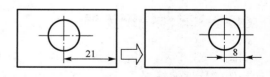

图 6-67 移动编辑尺寸更新

6.6 综合实例

6.6.1 实例–基线标注和连续标注

【例 6-1】使用"基线标注"将图 6-68(a)中的图形标注为 6-68(b)中的形式（相等基线间距）。

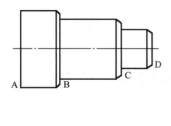
(a) 原对象

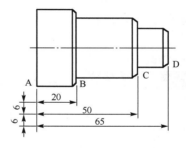
(b) 基线标注后的对象

图 6-68　基线标注实例 1

操作步骤

[1] 选择菜单栏"格式"→"标注样式"命令，打开"标注样式管理器"对话框。选中当前标注所使用的标注样式"ISO-25"，单击 修改(M)... 按钮，弹出"修改标注样式：ISO-25"对话框。切换到"线"选项卡，将"基线间距"设置为"6"，如图 6-69 所示，然后单击 确定 按钮。再单击"标注样式管理器"对话框中的 关闭 按钮即可。至此完成基线间距设置。

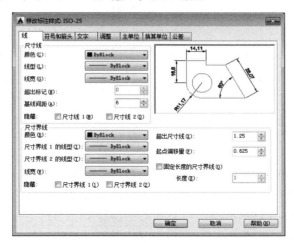

图 6-69　设置基线间距

[2] 在命令行中输入 DLI，并按 Enter 键。命令行提示：

⊢⊣▾ DIMLINEAR 指定第一个尺寸界线原点或 <选择对象>：

此时单击 A 点。命令行提示：

⊢⊣▾ DIMLINEAR 指定第二条尺寸界线原点：

此时单击 B 点，然后拖动鼠标到合适的位置单击一下确定尺寸线的位置。

[3] 在命令行中输入 DBA，并按 Enter 键。命令行提示：

⊢▾ DIMBASELINE 指定第二条尺寸界线原点或 [放弃(U) 选择(S)] <选择>：

此时单击图 6-68(a)中的 C 点，命令行继续提示：

⊢▾ DIMBASELINE 指定第二条尺寸界线原点或 [放弃(U) 选择(S)] <选择>：

此时单击图 6-68(a)中的 D 点即可。至此完成基线标注。标注后的效果如图 6-68(b) 所示。

[4] 按 Esc 键结束当前命令。

【例 6-2】使用"基线标注"将图 6-70(a)中的图形标注为图 6-70(b)中的形式（不等基线间距）。

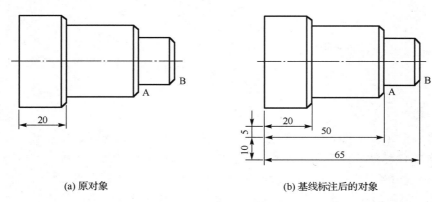

(a) 原对象   (b) 基线标注后的对象

图 6-70 基线标注实例 2

🕹 **操作步骤**

[1] 在命令行中输入 DBA，并按 Enter 键。命令行提示：

> ⊢ ▾ DIMBASELINE 选择基准标注：

此时选择图 6-70(a)中的线性标注，选择时靠近左侧尺寸界线选取。

[2] 命令行继续提示：

> ⊢ ▾ DIMBASELINE 指定第二条尺寸界线原点或 [放弃(U) 选择(S)] <选择>：

此时单击图 6-70(a)中的 A 点。命令行继续提示：

> ⊢ ▾ DIMBASELINE 指定第二条尺寸界线原点或 [放弃(U) 选择(S)] <选择>：

此时单击图 6-70(a)中的 B 点。按 Esc 键结束当前命令。

[3] 在命令行中输入 DIMSPACE，并按 Enter 键。命令行提示：

> 🔟 ▾ DIMSPACE 选择基准标注：

此时选择原有的长度为 20 的线性标注。命令行继续提示：

> 🔟 ▾ DIMSPACE 选择要产生间距的标注：

此时选择长度为 50 的线性标注并按 Enter 键。命令行继续提示：

> 🔟 ▾ DIMSPACE 输入值或 [自动(A)] <自动>：

此时在命令行中输入 5，并按 Enter 键。

[4] 参照步骤 3 将长度为 50 的标注和长度为 65 的标注之间的间距改为"10"即可。

【例 6-3】使用"连续标注"将图 6-71(a)中的图形标注为图 6-71(b)中的形式。

🕹 **操作步骤**

[1] 在命令行中输入 DCO，并按 Enter 键。

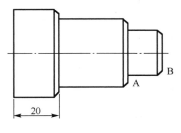

(a) 原对象	(b) 连续标注后的对象

图 6-71　连续标注实例

[2]　命令行提示：

> ⊢⊢⊢▾ DIMCONTINUE 选择连续标注：

此时选择图 6-71(a)中的线性标注，选择时靠近尺寸界线右侧选取。命令行继续提示：

> ⊢⊢⊢▾ DIMCONTINUE 指定第二条尺寸界线原点或 [放弃(U) 选择(S)] <选择>：

此时单击图 6-71(a)中的 A 点。命令行继续提示：

> ⊢⊢⊢▾ DIMCONTINUE 指定第二条尺寸界线原点或 [放弃(U) 选择(S)] <选择>：

此时单击图 6-71(a)中的 B 点。

[3]　按 Esc 键结束当前命令。标注后的效果如图 6-71(b)所示。

6.6.2　实例－标注尺寸公差

【例 6-4】新建图 6-72 所示的尺寸公差标注样式，并标注图中尺寸。其中标注文字字高为 5，箭头大小为 5。

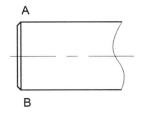 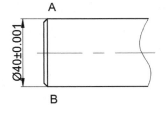

(a) 原对象	(b) 标注后

图 6-72　新建尺寸公差标注样式实例

操作步骤

[1]　在命令行中输入 D，并按 Enter 键。

[2]　在弹出的"标注样式管理器"对话框中，单击 新建(N)... 按钮，打开"创建新标注样式"对话框，在"新样式名"文本框中输入"尺寸公差"，其余选项默认，如图 6-73 所示。然后单击 继续 按钮，弹出"新建标注样式: 尺寸公差"对话框。

图 6-73　"创建新标注样式"对话框

[3] 切换到"符号和箭头"选项卡，在"箭头大小"调整框中输入"5"。

[4] 切换到"文字"选项卡，在"文字高度"调整框中输入"5"，如图6-74所示。

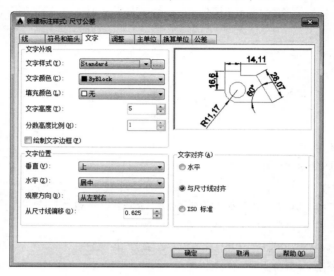

图6-74 "文字"选项卡

[5] 切换到"主单位"选项卡，在"小数分隔符"下拉列表框中选择"."（句点）; 在"前缀"文本框中输入"%%c"。

[6] 切换到"公差"选项卡，在"方式"下拉列表框中选择"对称"，在"精度"下拉列表框中选择"0.000"，在"上偏差"调整框中输入"0.001"，如图6-75所示。至此完成"尺寸公差"标注样式设置。

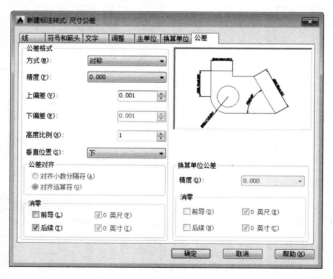

图6-75 "公差"选项卡

[7] 单击 确定 按钮，返回"标注样式管理器"对话框，选中"尺寸公差"标注样式，单击 置为当前(U) 按钮，然后单击 关闭 按钮。

[8] 单击"默认"选项卡→"注释"面板→"线型标注"按钮├─┤，命令行提示：

> ├─┤ ▾ **DIMLINEAR** 指定第一个尺寸界线原点或 <选择对象>：

此时单击图 6-72(a)中的 A 点，命令行继续提示：

> ├─┤ ▾ **DIMLINEAR** 指定第二条尺寸界线原点：

此时单击图 6-72(a)中的 B 点。然后根据命令行提示，选择合适的尺寸线位置单击即可完成尺寸公差的标注，标注结果如图 6-72(b)所示。

6.6.3 实例 – 标注形位公差

【例 6-5】标注如图 6-76 所示的阶梯轴的形位公差。

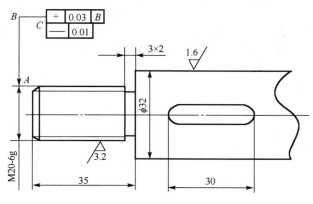

图 6-76　形位公差标注实例

🐎 操作步骤

[1] 在命令行中输入 QL，并按 Enter 键。命令行提示：

> 🐎 ▾ **QLEADER** 指定第一个引线点或 [设置(S)] <设置>：

此时在命令行中输入 S，并按 Enter 键。

[2] 在弹出的"引线设置"对话框中的"注释"选项卡下选择"公差"，如图 6-77 所示；切换到"引线和箭头"选项卡，将点数设置为"3"，如图 6-78 所示。

图 6-77　"引线设置"对话框

图 6-78　设置引线和箭头

[3]　单击"引线设置"对话框中的 ▢ 确定 ▢ 按钮，命令行提示：

> 🐾▾ QLEADER 指定第一个引线点或 [设置(S)] <设置>：

此时单击图 6-76 中的 A 点。命令行继续提示：

> 🐾▾ QLEADER 指定下一点：

此时单击图 6-76 中的 B 点。命令行继续提示：

> 🐾▾ QLEADER 指定下一点：

此时单击图 6-76 中的 C 点。

[4]　参照图 6-76，设置如图 6-79 所示的"形位公差"对话框，单击 ▢ 确定 ▢ 按钮即可。

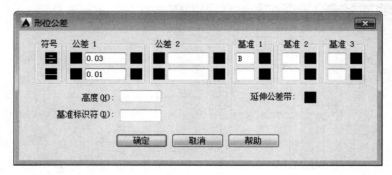

图 6-79　"形位公差"对话框

第7章 文字和表格

文字是工程图纸中重要的组成部分，如标题栏、技术要求和尺寸标注等很多地方都需要文字。它可以对工程图中几何图形难以表达的部分进行注释、补充说明。

另外，在工程图中经常会遇到表格，使用 AutoCAD 2015 绘制表格功能，可以自动生成表格，非常方便。

【学习目标】

（1）掌握文字样式和表格样式的设置。

（2）熟练掌握单行文字和多行文字的创建和编辑。

（3）熟练掌握表格的创建和编辑。

（4）了解可注释性对象的基本概念。

7.1 创建文字样式

在为图形添加文字对象之前，应先确定文字的样式。AutoCAD 2015 默认的文字样式为 Standard。通过"文字样式"对话框（图 7-1），用户可以自己设置文字样式。

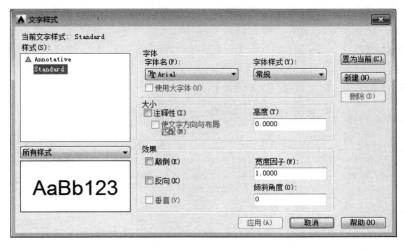

图 7-1 "文字样式"对话框

在 AutoCAD 2015 中，可以通过以下 5 种方法打开"文字样式"对话框。

（1）选择菜单栏"格式"→"文字样式"命令。

（2）单击功能区"默认"选项卡→"注释"面板→"文字样式"按钮。

（3）单击功能区"注释"选项卡→"文字"面板→"文字样式"按钮。

（4）单击"文字"工具栏→"文字样式"按钮 **A** 。

（5）在命令行中输入命令：STYLE（或 ST），并按 Enter 键。

如图 7-1 所示，"文字样式"对话框的"样式"列表框内列出了所有的文字样式。通过"样式"列表框下方的预览窗口，可对所选择的样式进行预览。

"文字样式"对话框主要包括"字体"、"大小"和"效果"3 个选项组，分别用于设置文字的字体、大小和显示效果。单击 置为当前(C) 按钮，可将所选择的文字样式置为当前；单击 新建(N)... 按钮，可新建文字样式，新建的文字样式将显示在"样式"列表框内；单击 删除(D) 按钮，可删除文字样式，但不能删除 Standard 文字样式、当前文字样式和已经使用的文字样式。

图 7-2 "新建文字样式"对话框

要创建新的文字样式，可单击 新建(N)... 按钮，在弹出的"新建文字样式"对话框的"样式名"文本框内输入样式名称，如图 7-2 所示。单击 确定 按钮后，新建的文字样式将显示在"样式"列表框内，并自动置为当前。

在"样式"列表框内选择要设置的文字样式后，可对所选文字样式进行设置。

在"字体"选项组中可设置文字样式的字体。

AutoCAD 可以提供两种类型的文字，分别是 AutoCAD 专用的形字体（后缀为 shx）和 Windows 自带的 Truetype 字体（后缀为 ttf）。形字体的特点是字形比较简单，占用的计算机资源较低；TrueType 字体是 Windows 自带字体，不完全符合国标对工程图用字的要求，所以一般不推荐使用。AutoCAD 2015 提供了中国用户专用的符合国家标准的中西文工程形字体，其中有两种西文字体和一种中文长仿宋体工程字，两种西文字体的字体名是 gbeitc.shx（控制英文斜体）和 gbenor.shx（控制英文直体），中文长仿宋体的字体名为 gbcbig.shx。

通过"字体名"下拉列表框可选择所需字体。选择"使用大字体"复选框指定亚洲语言的大字体文件。只有在"字体名"中指定.shx 文件，才能使用"大字体"。图 7-3 显示了设定"gbenor.shx"字体后使用大字体的情况。

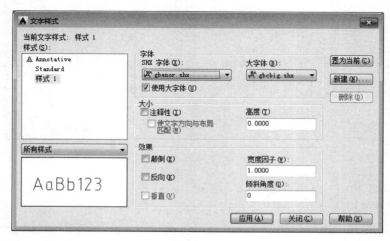

图 7-3 设定"大字体"示例

在"大小"选项组中可设置文字的大小。文字大小通过"高度"文本框设置，默认为0.0000。如果设置"高度"为 0.0000，则每次用该样式输入文字时，文字高度的默认值为2.5；如果输入大于 0.0000 的高度值，则为该样式设置了相应的文字高度。

在"效果"选项组中可设置文字的显示效果，共 5 个选项。各选项说明如下。

（1）"颠倒"复选框：倒置显示字符。

（2）"反向"复选框：反向显示字符。

（3）"垂直"复选框：文字垂直书写。这个功能对 True Type 字体不可用。

（4）"宽度因子"文本框：默认值是 1，如果输入值大于 1，则文本宽度加大。

（5）"倾斜角度"文本框：字符向左右倾斜的角度，以 Y 轴正向为角度的 0 值，顺时针为正。可以输入 –85 ～85 的一个值，使文本倾斜。

创建好的文字样式会显示在"默认"选项卡→"注释"面板或"注释"选项卡→"文字"面板的"文字样式"下拉列表中，以便用户切换文字样式。

7.2 文字输入

AutoCAD 中提供了两种文字输入方式，分别为单行文字与多行文字。所谓的单行文字输入，并不是用该命令每次只能输入一行文字，而是输入的文字，每一行单独作为一个实体对象来处理。相反，多行文字输入就是不管输入几行文字，AutoCAD 都把它作为一个实体对象来处理。对于简短的输入项可以使用单行文字，对于有内部格式的分行较多的输入项则使用多行文字比较合适。

7.2.1 单行文字

在 AutoCAD 2015 中，可以通过以下 4 种方法创建单行文字。

（1）单击功能区"默认"选项卡→"注释"面板→"单行文字"按钮 **A**。

（2）单击功能区"注释"选项卡→"文字"面板→"单行文字"按钮 **A**。

（3）选择菜单栏"绘图"→"文字"→"单行文字"命令。

（4）在命令行中输入命令：TEXT（或 DT），并按 Enter 键。

执行"单行文字"命令后，命令行提示：

```
当前文字样式: "Standard"  文字高度: 2.5000  注释性: 否  对正: 左
A· TEXT 指定文字的起点 或 [对正(J) 样式(S)]:
```

命令行第一行显示当前的文字样式。第二行提示指定单行文字的起点。

指定单行文字的起点后，命令行继续提示：

```
A· TEXT 指定高度 <2.5000>:
```

此时通过操作鼠标定位或输入高度值来指定文字的高度。

命令行继续提示：

```
A· TEXT 指定文字的旋转角度 <0>:
```

此时可设置文字的旋转角度，既可以在命令行直接输入角度值，也可以将鼠标光标置于绘图区，会显示光标到文字起点的橡皮筋线，在相应的角度位置单击，也可指定角度。

📖 注意：此时设置的是文字的旋转角度，即文字对象相对于 0° 方向的角度，如图 7-4 所示。

图 7-4　文字的旋转角度

指定文字的起点、高度、旋转角度之后，光标变为 I 形，在如图 7-5(a)所示的输入框中输入文字，也可以在其他处单击鼠标进行输入。输入文字后，按一次 Enter 键可换行，如图 7-5(b)所示，按两次 Enter 键结束命令。完成文字输入后，每一行都是一个单独的对象，如图 7-5(c)所示。

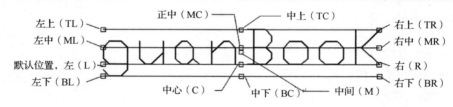

(a) 输入文字　　　　　　　　　(b) 换行操作　　　　　　　　　(c) 两个独立对象

图 7-5　单行文字编辑器

用户也可以在命令行有如下提示时选择中括号里面的"对正"或"样式"选项。"对正"选项用于决定字符的哪一部分与指定的基点对齐，"样式"选项用于指定文字样式。

A▼ TEXT 指定文字的起点 或 [对正(J) 样式(S)]:

若选择"对正"选项，命令行将出现不同的对正类型供选择，用户根据自己的需要，输入括号内的字母。对正方式如图 7-6 所示。

A▼ TEXT 输入选项 [左(L) 居中(C) 右(R) 对齐(A) 中间(M) 布满(F) 左上(TL) 中上(TC) 右上(TR) 左中(ML) 正中(MC) 右中(MR) 左下(BL) 中下(BC) 右下(BR)]:

左上（TL）　　　正中（MC）　　　中上（TC）　　　右上（TR）

左中（ML）　　　　　　　　　　　　　　　　　　右中（MR）

默认位置，左（L）　　　　　　　　　　　　　　　右（R）

左下（BL）　　　中心（C）　中下（BC）　中间（M）　右下（BR）

图 7-6　对正方式

若选择"样式"选项，可输入已定义的文字样式名称，设置该样式为当前样式。输入"?"可以查询当前文档中定义的所有文字样式。

7.2.2　多行文字

多行文字输入命令用于输入内部格式比较复杂的多行文字，与单行文字输入命令不同的是，输入的多行文字是一个整体，每一单行不再是一个单独的文字对象。

在 AutoCAD 2015 中，可通过以下 4 种方法创建多行文字。

（1）单击功能区"默认"选项卡→"注释"面板→"多行文字"按钮 **A**。

（2）单击功能区"注释"选项卡→"文字"面板→"多行文字"按钮 **A**。

（3）选择菜单栏"绘图"→"文字"→"多行文字"命令。

（4）在命令行中输入命令：MTEXT（MT），并按 Enter 键。

执行"多行文字"命令后，命令行提示：

当前文字样式："Standard"　文字高度：2.5　注释性：否

A ⁃ MTEXT 指定第一角点：

此时指定多行文字的第一角点，命令行继续提示：

A ⁃ MTEXT 指定对角点或 [高度(H) 对正(J) 行距(L) 旋转(R) 样式(S) 宽度(W) 栏(C)]：

此时可指定第二角点或者选择中括号内的选项设置多行文字。指定对角点之后，系统自动切换到多行文字编辑界面，如图 7-7 所示。可见功能区提供了附加的"文字编辑器"选项卡，在此便于对多行文字进行编辑，这在下一节将做详细介绍。

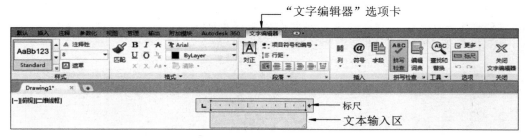

图 7-7　多行文字编辑界面

此时可在"文本输入区"输入文本，按 Enter 键可换行，单击绘图区空白处结束命令。"文字编辑器"选项卡→"选项"面板→"标尺"按钮 用于控制标尺的显示/隐藏。默认情况下，文本输入区显示标尺，用来辅助文本输入。通过拖动标尺上的箭头，还可调整文本输入框的大小，通过制表符可以设置制表位。

7.2.3　输入特殊字符

在 AutoCAD 中有些字符是不方便通过标准键盘直接输入的，这些字符为特殊字符，如直径符号"ϕ"、角度符号"°"、正负号"±"等。在多行文本输入文字时可通过符号按钮来输入常用的符号；在单行文本输入中，则必须使用控制码来进行。

1. 利用"多行文字编辑器"

执行"多行文字"命令后，在出现的"文字编辑器"选项卡上，单击"插入"面板→"符号"按钮 @，弹出"符号"菜单。菜单中列出了常用符号及其控制代码或 Unicode 字符串，从中选择需要的符号插入光标处。如果在"符号"菜单中没有要输入的符号，还可选择菜单的"其他"选项，用"字符映射表"来插入所需符号。

2. 使用控制码

执行"单行文字"或"多行文字"命令，在命令行提示输入文本时输入控制码即可。控制码由两个百分号（%%）后紧跟一个字母构成。表 7-1 中是 AutoCAD 中常用的控制码。

表 7-1　AutoCAD 常用控制码

控　制　码	功　　能	控　制　码	功　　能
%%o	加上画线	%%p	正/负符号
%%u	加下画线	%%c	直径符号
%%d	角度符号	%%%	百分号

7.3 文字编辑

7.3.1 编辑单行文字

对单行文字的编辑包含两方面的内容：修改文字内容和修改文字特性。如果仅仅要修改文字的内容，可以直接在文字上双击，使文字处于编辑状态，如图 7-8 所示。

要修改单行文字的特性，可单击选择文字对象后，单击"默认"选项卡→"特性"面板→"特性"按钮，打开"特性"对话框修改文字的内容、样式、高度、旋转角度等，如图 7-9 所示。

图 7-8　处于编辑状态的文字　　　　　图 7-9　"特性"对话框

7.3.2 编辑多行文字

直接双击多行文字，系统切换到多行文字编辑界面。在文本输入区中修改文字内容，利用"文字编辑器"选项卡可设置多行文字格式。

如图 7-10 所示，"文字编辑器"选项卡主要包括"样式"、"格式"、"段落"、"插入"、"选项"和"关闭"等面板。它既可以在输入文本之前设置其格式，也可以设置选定文本的格式。各面板说明如下。

图 7-10　"文字编辑器"选项卡

1．"样式"面板

（1）"样式"列表框：用于设置多行文字对象的文字样式。该列表框中将列出所有的文字样式，包括系统默认的样式和用户自定义的样式。

（2）"注释性"按钮 ⚖：为新的或选定的多行文字对象启用或禁用注释性。

（3）"文字高度"下拉列表框：按图形单位设置多行文字的高度。可以从其下拉列表框中选取，也可以直接输入数值指定高度。

（4）"遮罩"按钮 🖼 遮罩：用于在多行文字后放置不透明背景，如图 7-11 所示。

2．"格式"面板

（1）"字体"下拉列表框：设置多行文字的字体。

（2）"颜色"下拉列表框：设置多行文字的颜色。

（3）"粗体"按钮 **B**、"斜体"按钮 *I*、"删除线"按钮 A̶、"下画线"按钮 U、"上画线"按钮 Ō：分别用于开关多行文字的粗体、斜体、删除线、下画线和上画线格式。其中"粗体"和"斜体"仅适用于 TrueType 字体。

（4）"匹配文字格式"按钮 🖌：用于将选定文字的格式应用到多行文字对象中的其他字符。

（5）"堆叠"按钮 ⅛：用于堆叠指定的分数和公差格式的文字。如文本中使用斜线（/），则垂直堆叠分数；使用磅字符（#），沿对角方向堆叠分数；或使用插入符号（^），堆叠公差。三种堆叠方式如图 7-12 所示。默认情况下，使用上述三种方法输入的分数或公差是堆叠的，可选中已堆叠的文本，再按"堆叠"按钮取消堆叠。

图 7-11　"背景遮罩"对话框　　　　　图 7-12　堆叠方式

用户可以利用"堆叠特性"对话框编辑堆叠文字、堆叠类型、对齐方式和大小。首先选中堆叠文字，然后单击鼠标右键，在快捷菜单中选择"堆叠特性"选项（图 7-13），从而打开"堆叠特性"对话框，如图 7-14 所示。用户可以进行相关堆叠设置，这里不再详细讲述。

图 7-13　快捷菜单　　　　　　　图 7-14　"堆叠特性"对话框

（6）"上标"按钮 x^2、"下标"按钮 x_2：分别用于将选定文字转为上标、下标。

（7）"倾斜角度"调整框 $0/$：确定文字是向前倾斜还是向后倾斜。倾斜角度表示的是相对于 90°方向的偏移角度。输入一个–85～85 之间的数值，可使文字倾斜。倾斜角度的值为正时，文字向右倾斜；倾斜角度的值为负时，文字向左倾斜。

（8）"追踪"调整框 **a·b**：用于增大或减小选定字符之间的间距。1.0 是常规间距，该值大于 1.0 可增大间距，小于 1.0 可减小间距。

（9）"宽度因子"调整框 **〇**：扩展或收缩选定字符。设为 1.0 代表此字体中的字母是常规宽度，可以增大该宽度或减小该宽度。

3．"段落"面板

（1）"对正"按钮 **A**：单击该按钮将显示多行文字的"对正"下拉列表，并且有 9 个对齐选项可用，如图 7-15 所示。

（2）"段落"面板按钮 **↘**：单击该按钮将显示"段落"对话框，可设置段落格式，如图 7-16 所示。

图 7-15　"对正"下拉列表

图 7-16　"段落"对话框

（3）"默认"按钮、"左对齐"按钮、"居中"按钮、"右对齐"按钮、"对正"按钮和"分散对齐"按钮：设置当前段落或选定段落的左、中或右文字边界的对正和对齐方式。设置对齐方式时，设置对象将包含一行末尾输入的空格，并且这些空格会影响行的对正。

（4）"行距"按钮 **⋮≡**：单击该按钮将显示"行距"下拉列表，其中显示了建议的行距选项，如图 7-17 所示。其中，1.0x 即表示 1.0 倍行距；如选择"更多"选项，则弹出"段落"对话框，如图 7-16 所示。可在当前段落或选定段落中设置行距。行距是多行段落中文字的上一行底部和下一行顶部之间的距离。

（5）"项目符号和编号"按钮 **⋮⋮**：单击该按钮将显示"项目符号和编号"下拉列表，如图 7-18 所示，用于创建项目符号或列表。在该下拉列表中，可以选择"以数字标记"、"以字母标记"或"以项目符号标记"选项。

图 7-17 "行距"下拉列表　　　　图 7-18 "项目符号和编号"下拉列表

4."插入"面板

（1）"列"按钮：单击该按钮将显示"列"下拉列表，如图 7-19 所示。该下拉列表提供了 3 个栏选项："不分栏"、"动态栏"和"静态栏"。

（2）"符号"按钮@：单击该按钮将显示"符号"下拉列表，如图 7-20 所示。在该下拉列表中，可以选择插入制图过程中需要的特殊符号。

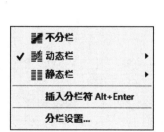

图 7-19 "列"下拉列表　　　　图 7-20 "符号"下拉列表

（3）"字段"按钮：单击该按钮将弹出"字段"对话框，如图 7-21 所示，从中可以选择要插入文字中的特殊字段，如创建日期、打印比例等。

5."选项"面板

（1）"放弃"按钮与"重做"按钮：分别用于放弃和重做在多行文字编辑器中的操作，包括对文字内容和文字格式所做的修改，也可以使用对应的 Ctrl+Z 和 Ctrl+Y 组合键。

（2）"标尺"按钮 ：用于控制文本输入区上方标尺的显示与隐藏。

（3）"更多"按钮：用于显示其他文字选项。单击该按钮，弹出如图 7-22 所示的下拉列表，在此可以选择字符集和设置编辑器等。

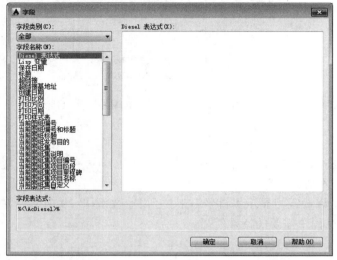

图 7-21   "字段"对话框

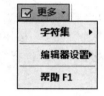

图 7-22   "更多"下拉列表

6．"关闭"面板

该面板只有一个"关闭文字编辑器"按钮。单击该按钮，将关闭文字编辑器并保存所有更改。

> 📖 提示：文字编辑操作也可以通过菜单栏"修改"→"对象"→"文字"→"编辑"或运行命令 DDEDIT 来完成。

7.4 创建表格样式

表格是由包含注释（以文字为主）的单元构成的对象。在工程上大量使用到表格，例如标题栏和明细表都属于表格的应用。

在创建表格之前，应先定义表格的样式，包括表格的字体、颜色和填充等。AutoCAD 2015 默认的表格样式为 Standard 样式。通过"表格样式"对话框（图 7-23），用户可以定义所需的表格样式。

在 AutoCAD 2015 中，打开"表格样式"对话框的方法有以下 4 种。

（1）选择菜单栏"格式"→"表格样式"命令。

（2）单击功能区"默认"选项卡→"注释"面板→"表格样式"按钮。

（3）单击功能区"注释"选项卡→"表格"面板→"表格样式"按钮。

（4）在命令行中输入 TABLESTYLE（或 TS），并按 Enter 键。

如图 7-23 所示，"表格样式"对话框的"样式"列表框中列出了所有的表格样式，包括系统默认的 Standard 样式以及用户自定义的样式。在"预览"窗口，可对所选择的表格样式进行预览。单击 置为当前(U) 按钮，可将所选择的表格样式置为当前；单击 新建(N)... 按钮，可新建表格样式，新建的表格样式将显示在"样式"列表框内；单击 修改(M)... 按钮，可修改所选表格样式； 删除(D) 按钮用于删除表格样式，但不能删除 Standard 表格样式、当前表格样式及已经使用的表格样式。

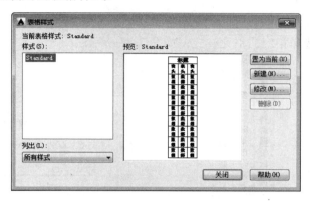

图 7-23　"表格样式"对话框

要创建新的表格样式，可单击 新建(N)... 按钮，在弹出的"创建新的表格样式"对话框的"新样式名"文本框中输入样式名称（如明细表），并选择基础样式，如图 7-24 所示。单击 继续 按钮，弹出"新建表格样式"对话框，可对新建的表格样式的各个属性进行设置，如图 7-25 所示。

图 7-24　"创建新的表格样式"对话框

图 7-25　"新建表格样式"对话框

"新建表格样式"对话框包括"起始表格"、"常规"、"单元样式"3 个选项组和两个预览窗口，分别是表格样式预览窗口、单元样式预览窗口。

"起始表格"选项组用户可以在图形中指定一个表格用作样例来设置此表格样式的格式。选择表格后，可以指定要从该表格复制到表格样式的结构和内容。使用"删除表格"图标，可以将表格从当前指定的表格样式中删除。

在"常规"选项组中，可通过"表格方向"下拉列表框选择表格的方向。"向下"表示创建的表格由上而下排列"标题"、"表头"和"数据";"向上"则相反,如图 7-26 所示。"标题"和"表头"为标签类型单元,"数据"单元存放具体数据。

"单元样式"选项组用来设置单元样式和单元特性。

1．设置单元样式

AutoCAD 2015 的表格单元样式包括标题、表头和数据 3 种类型。单击该选项组中的下拉列表框,从中选择相应的单元样式,如图 7-27 所示。

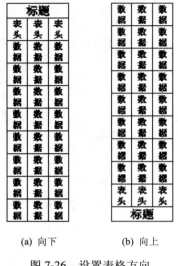

(a) 向下 (b) 向上

图 7-26 设置表格方向

图 7-27 选择单元样式

2．设置单元特性

AutoCAD 2015 表格单元特性的定义包括"常规"、"文字"和"边框"3 个选项卡,如图 7-28 所示。各选项卡说明如下。

(a)"常规"选项卡

(b)"文字"选项卡

(c)"边框"选项卡

图 7-28 设置单元特性

(1)在"常规"选项卡中,可设置单元的一些基本特性,如颜色、格式等。各项设置说明如下。

"填充颜色"下拉列表框:用于指定单元的背景色,默认值为"无"。可在下拉列表中选取颜色,也可选择"选择颜色"选项,以显示"选择颜色"对话框来指定。

"对齐"下拉列表框：用于设置表格单元中文字的对正和对齐方式。文字可相对于单元的顶部边框和底部边框进行居中对齐、上对齐或下对齐，也可相对于单元的左边框和右边框进行居中对正、左对正或右对正。

"格式"按钮 [...]：为表格中的"标题"、"表头"或"数据"设置数据类型和格式。单击该按钮，将显示"表格单元格式"对话框，从中可以进一步定义格式选项，如图 7-29 所示。

"类型"下拉列表框：选择单元的类型，可选择为标签或数据。

"水平"文本框：设置单元中的文字或块与左右单元边界之间的距离。

"垂直"文本框：设置单元中的文字或块与上下单元边界之间的距离。

"创建行/列时合并单元"复选框：将使用当前单元样式创建的所有新行或新列合并为一个单元。该选项一般用于在表格中创建标题行。

（2）在"文字"选项卡中，可设置单元内文字的特性，如样式、颜色、高度等。各项设置说明如下。

"文字样式"下拉列表框：列出图形中的所有文字样式。单击其后的 [...] 按钮，将显示"文字样式"对话框，从中可以创建新的文字样式。

"文字高度"文本框：设置文字高度。数据和列标题单元的默认文字高度为 0.1800，表格标题的默认文字高度为 0.2500。

"文字颜色"下拉列表框：指定文字颜色。选择该下拉列表框中的"选择颜色"选项，可显示"选择颜色"对话框。

"文字角度"文本框：设置文字旋转角度。默认设置为 0。

（3）在"边框"选项卡中，可设置表格边框的格式。各项说明如下。

"线宽"、"线型"和"颜色"下拉列表框：分别用来设置表格边框的线宽、线型和颜色。

"双线"复选框：选择该复选框，可将表格边界显示为双线。通过"间距"文本框，可设置双线边界的间距。

边框按钮：用于控制单元边框的外观。单击其中的某一按钮，表示将在"边框"选项卡中定义的线宽、线型等特性应用到表格中对应的边框，如图 7-30 所示。

图 7-29　"表格单元格式"对话框

图 7-30　边框按钮

7.5 插入表格

在 AutoCAD 2015 中，可以通过以下 4 种方法插入表格。

（1）单击功能区"默认"选项卡→"注释"面板→"表格"按钮。

（2）单击功能区"注释"选项卡→"表格"面板→"表格"按钮。

（3）选择菜单栏"绘图"→"表格"命令。

（4）在命令行中输入 TABLE（或 TB），并按 Enter 键。

执行"表格"命令后，将弹出"插入表格"对话框，如图 7-31 所示。表格的插入操作一般包括两个操作步骤：第一步设置表格的插入格式，即设置"插入表格"对话框；第二步选择插入点及输入表格数据。

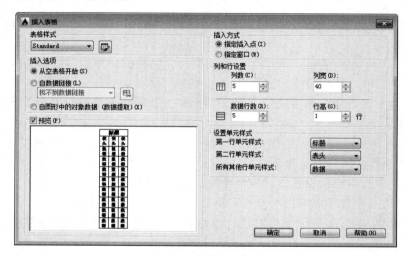

图 7-31 "插入表格"对话框

7.5.1 设置表格的插入格式

"插入表格"对话框主要包括"表格样式"、"插入选项"、"插入方式"等选项组，还包含一个预览窗口。

（1）在"表格样式"选项组中，可选择插入表格要应用的样式。其下拉列表框内显示当前文件中所有的表格样式。单击按钮，还可以打开"表格样式"对话框以定义新的表格样式。

（2）在"插入选项"选项组，可指定插入表格的方式。各按钮说明如下。

"从空表格开始"单选按钮：选择该项，表示创建空表格，然后手动输入数据。

"自数据链接"单选按钮：选择该项，可以从外部电子表格（如 Microsoft Office Excel）中的数据创建表格。

"自图形中的对象数据（数据提取）"单选按钮：选择该项，然后单击 确定 按钮，将启动"数据提取"向导。

（3）"插入方式"选项组，可指定表格插入的方式为"指定插入点"还是"指定窗口"。各按钮说明如下。

"指定插入点"单选按钮：该选项表示通过指定表格左上角的位置插入表格。

"指定窗口"单选按钮：该选项表示通过指定表格的大小和位置插入表格。选定此选项时，行数、列数、列宽和行高取决于窗口的大小以及"列和行设置"。

（4）在"列和行设置"选项组中，可以设置列和行的数目和大小。各选项说明如下。

"列数"调整框：用于指定列数。

"列宽"调整框：用于指定列的宽度。

"数据行数"调整框：指定行数。注意这里设置的是"数据行"的数目，不包括"标题"和"表头"。

"行高"调整框：按照行数指定行高。文字行高基于文字高度和单元边距，这两项均在"表格样式"中设置。

（5）在"设置单元样式"选项组中，可选择标题、表头和数据行的相对位置。各下拉列表框说明如下。

"第一行单元样式"下拉列表框：用于指定表格中第一行的单元样式。默认情况下，使用"标题"单元样式。

"第二行单元样式"下拉列表框：用于指定表格中第二行的单元样式。默认情况下，使用"表头"单元样式。

"所有其他行单元样式"下拉列表框：用于指定表格中其他行的单元样式。默认情况下，使用"数据"单元样式。

7.5.2　选择插入点及输入表格数据

1．选择插入点

（1）如果在"插入表格"对话框的"插入方式"选项组中选择"指定插入点"，那么命令行将提示：

> ⊞ ▾ TABLE 指定插入点：

这时会在光标处动态显示表格，此时只需要在绘图区指定一个插入点，即可完成空表格的插入。

（2）如果在"插入表格"对话框的"插入方式"选项组中选择"指定窗口"，则命令行提示：

> ⊞ ▾ TABLE 指定第一个角点：

此时指定第一个角点。命令行继续提示：

> ⊞ ▾ TABLE 指定第二角点：

此时指定第二个角点，如同绘制矩形，系统将自动根据"插入表格"对话框的设置配置行和列。

2．输入表格数据

表格插入后，将自动打开多行文字编辑器，编辑器的文字输入区默认为表格的标题。此时可使用多行文字编辑器输入并设置文字样式，按 Tab 键可切换文字的输入点。

7.6 编辑表格

7.6.1 修改整个表格

在任意表格线上单击，然后随意指定框选的对角点可选中表格，表格上的夹点会同时显示出来。可以使用夹点编辑表格，各个夹点的作用如图 7-32 所示。

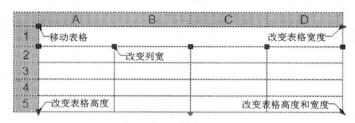

图 7-32 各个夹点的作用

7.6.2 修改表格单元

在表格任意单元格上单击，通过指定框选对角点可选中一个或几个单元或者在选中表格后，可单击选中任意一个单元格。选中的单元格周围会出现夹点，通过夹点可以修改单元格的行高和列宽。

与此同时，功能区将会出现"表格单元"选项卡，用户可利用此选项卡来编辑表格，如图 7-33 所示。

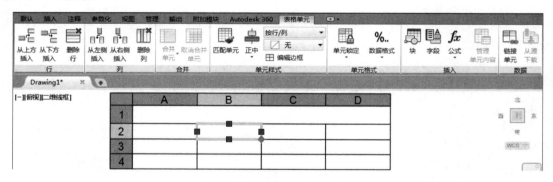

图 7-33 "表格单元"选项卡

通过"表格单元"选项卡，可添加或删除行或列等。各选项说明如下。

（1）⬚和⬚按钮：这两个按钮分别用于在所选单元格的上方、下方添加行。

（2）⬚按钮：单击该按钮，可删除所选单元格所在的行。

（3）⬚和⬚按钮：这两个按钮分别用于在所选单元格的左边、右边添加列。

（4）⬚按钮：单击该按钮，可删除所选单元格所在的列。

（5）⬚和⬚按钮：这两个按钮分别用于合并单元格和取消单元格的合并。合并单元格按钮在选择多个单元格时才可用。按住 Shift 键单击可选择多个单元格。

（6）▦按钮：用于单元格的格式匹配。

（7）▤按钮：用于设置单元格的对齐方式。单击该按钮可弹出如图 7-34 所示的下拉列表。

（8）⊞按钮：单击该按钮，弹出"单元边框特性"对话框，可设置单元格的边框，如图 7-35 所示。

图 7-34　设置对齐方式　　　　　　　图 7-35　"单元边框特性"对话框

（9）▦按钮：用于锁定单元格的内容或格式。如图 7-36 所示，通过其下拉列表，可选择锁定单元格的内容或格式，或者两者均锁定。锁定内容后，则单元格的内容不能更改。

（10）%..按钮：用于设置单元格数据格式，其下拉列表如图 7-37 所示。

（11）▦按钮：用于在单元格内插入块。

（12）▤按钮：用于插入字段，如创建日期、保存日期等。

（13）ƒx按钮：用于使用公式计算单元格数据，包括求和、求平均值等，其下拉列表如图 7-38 所示。

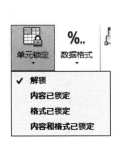

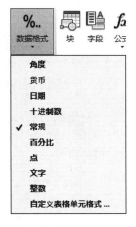

图 7-36　设置单元锁定　　图 7-37　设置单元格数据格式　　图 7-38　使用公式

📖 提示：表格编辑也可以在选中表格或单元格后单击鼠标右键，通过快捷菜单相应的选项来实现。

7.7 创建注释性对象

注释性是注释对象的一种特性。当使用注释性对象时，缩放注释对象的过程是自动的。

创建注释性对象后，系统根据当前注释性比例设置对对象进行缩放并自动正确显示大小。如果对象的注释性特性处于启动状态（设置为"是"），则其称为注释性对象。

文字、标注、图案填充、形位公差、多重引线、块和属性都可以成为注释性对象。

在 AutoCAD 2015 中，可以通过以下步骤创建注释性对象。

（1）创建注释性样式。在创建对象样式的时候，勾选"注释性"复选框，即表示创建了注释性对象样式。例如，在创建文字样式时，勾选"注释性"复选框后，在其样式名称前将显示注释性图标🔺，如图 7-39 所示。

（2）在模型空间中，通过状态栏"注释可见性"按钮🔺，将注释比例设置为打印或显示注释的比例。设置注释比例可通过单击状态栏右下侧的🔺 1:1▾，弹出注释比例列表，通过该列表可选择打印或显示注释的比例，如图 7-40 所示。

图 7-39　设置注释性文字样式

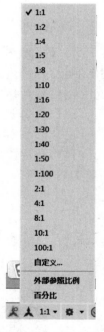

图 7-40　注释比例列表

（3）使用注释性样式创建注释性对象。将创建的注释性样式置为当前，那么创建出来的对象即为注释性对象。

通过功能区"文字编辑器"选项卡→"样式"面板→"注释性"按钮🔺，也可开启或关闭多行文字对象的注释性。

7.8 综合实例

7.8.1 实例 – 设置文字样式

【例 7-1】创建一种文字样式，并使用多行文字编辑器创建图 7-41 所示的文字。

操作步骤

1. 创建文字样式

[1] 单击"默认"选项卡→"注释"面板→"文字样式"按钮 A，系统弹出如图 7-42 所示的"文字样式"对话框。

[2] 单击 新建(N)... 按钮，系统弹出如图 7-43 所示的"新建文字样式"对话框。

[3] 在"样式名"文本框中输入"工程字"，单击 确定 按钮，返回"文字样式"对话框。

技术要求

1. 未注圆角为 R2
2. 不加工表面涂面漆
3. 锐边倒角

图 7-41 多行文字实例

图 7-42 "文字样式"对话框

图 7-43 "新建文字样式"对话框

[4] 在"字体"选项组→"字体名"下拉列表框中选择"gbenor.shx"字体；勾选"使用大字体"复选框，在"大字体"下拉列表框中选择"gbcbigr.shx"字体。在"大小"选项组→"高度"文本框中输入"5"。

[5] 单击 应用(A) 按钮，完成文字样式的创建。

[6] 单击 置为当前(C) 按钮，将创建好的文字样式设置为当前样式，再单击 关闭(C) 按钮。

2. 创建多行文字

[1] 在命令行中输入 T，并按 Enter 键。命令行提示：

当前文字样式："工程字" 文字高度： 5 注释性： 否

A ▾ MTEXT 指定第一角点：

此时指定多行文字的第一角点。命令行继续提示：

A ▾ MTEXT 指定对角点或 [高度(H) 对正(J) 行距(L) 旋转(R) 样式(S) 宽度(W) 栏(C)]：

此时指定多行文字的第二个角点。

[2] 在文本输入区输入图 7-41 所示的 4 行文本，按 Enter 键换行，如图 7-44 所示。

[3] 选择第一行文本，单击“文字编辑器”选项卡→“段落”面板→“居中”按钮，如图 7-45 所示。

[4] 选中后 3 行文本，单击“文字编辑器”选项卡→“段落”面板→“项目符号和编号”按钮→“以数字标记”选项，效果如图 7-46 所示。

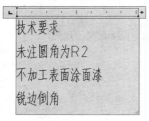

技术要求
未注圆角为R2
不加工表面涂面漆
锐边倒角

图 7-44　输入文本

技术要求
未注圆角为R2
不加工表面涂面漆
锐边倒角

图 7-45　设置居中格式

技术要求
1. 未注圆角为R2
2. 不加工表面涂面漆
3. 锐边倒角

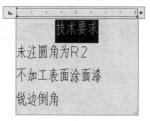

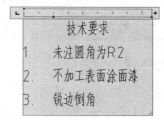

图 7-46　最终效果

[5] 单击“关闭”面板→“关闭文字编辑器”按钮，关闭编辑器并保存所做的操作。

7.8.2　实例－创建表格

【例 7-2】在标题栏的上方创建如图 7-47 所示的明细表。其中明细表的外边框的线宽为 0.50mm；每一列列宽为 28；单元格高度为 10；中文文字采用“中文长仿宋体工程字”，英文采用“国标英文正体”，字高为 5。

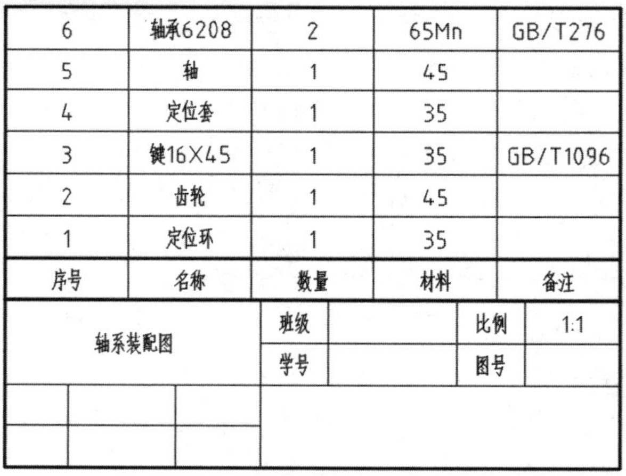

6
轴承6208
2
65Mn
GB/T276
5
轴
1
45
4
定位套
1
35
3
键16X45
1
35
GB/T1096
2
齿轮
1
45
1
定位环
1
35
序号
名称
数量
材料
备注
轴系装配图
班级
比例
1:1
学号
图号

图 7-47　创建明细表

操作步骤

[1] 在命令行中输入 TS，并按 Enter 键。

[2] 在弹出的“表格样式”对话框（图 7-48）中，单击 新建(N)... 按钮。

[3] 在弹出的“创建新的表格样式”对话框的“新样式名”文本框中输入样式名称“明细表”，选择基础样式为 Standard，如图 7-49 所示，单击 继续 按钮。

[4] 在弹出的“新建表格样式：明细表”对话框的“常规”选项组中选择“表格方向”为“向上”。

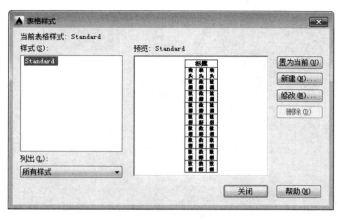

图 7-48 "表格样式"对话框   图 7-49 "创建新的表格样式"对话框

[5] 选择单元样式为"表头",切换到"文字"选项卡,单击"文字样式"下拉列表框后的 ... 按钮。在弹出的"文字样式"对话框中选择"使用大字体"复选框,选择 SHX 字体为"gbenor.shx",选择大字体为"gbcbig.shx";字高设置为"5",其余选项为默认,如图 7-50 所示,单击 应用(A) 按钮,再单击 置为当前(C) 按钮,然后单击 关闭(C) 按钮。

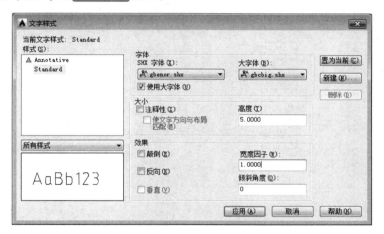

图 7-50 设置表头文字样式

[6] 在"新建表格样式:明细表"对话框中单击"边框"选项卡,将"线宽"设置为"0.50mm",单击"外边框"按钮 ⊡,设置"线宽"为"0.25mm",单击"内边框"按钮 ⊞,如图 7-51 所示。

[7] 选择单元样式为"数据",切换到"常规"选项卡,设置"对齐"为"正中";切换到"边框"选项卡,设置"线宽"为"0.50mm",单击"外边框"按钮 ⊡;设置"线宽"为"0.25mm",单击"内边框"按钮 ⊞,如图 7-52 所示。

[8] 单击 确定 按钮完成设置,回到"表格样式"对话框,选择"明细表"样式,单击 置为当前(U) 按钮,然后单击 关闭 按钮。

[9] 在命令行中输入 TB,并按 Enter 键。

图 7-51　设置表头

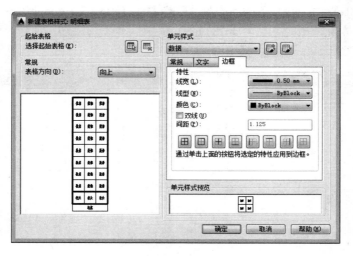

图 7-52　设置数据

[10] 在弹出的"插入表格"对话框的"插入选项"中选择"从空表格开始";选择"插入方式"为"指定插入点";将列数设置为"5",列宽设置为"28";将"数据行数"设置为"5","行高"为"1";设置"第一行单元样式"为"表头","第二行单元样式"为"数据","所有其他行单元样式"为"数据",如图 7-53 所示,单击 确定 按钮。

[11] 命令行提示:

▦▾ TABLE 指定插入点:

此时单击图 7-47 中标题栏的左上角点,弹出"多行文字编辑器"。

[12] 在弹出的"多行文字编辑器"中,文本输入点默认在左下侧第一个单元格内,此时输入"序号",如图 7-54 所示,然后按 Tab 键切换输入点,依次输入图 7-47 中的文本。输入后的表格文本如图 7-55 所示。

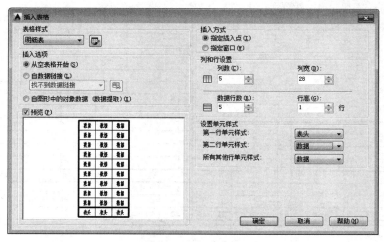

图 7-53　设置"插入表格"对话框

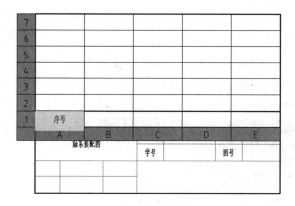

图 7-54　输入表格文本

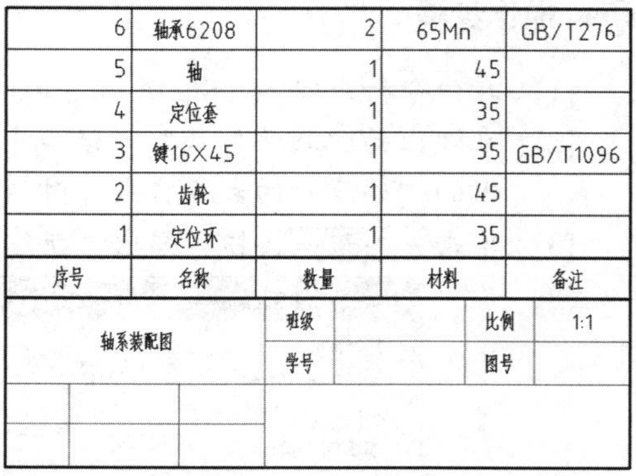

6	轴系6208	2	65Mn	GB/T276
5	轴	1	45	
4	定位套	1	35	
3	键16×45	1	35	GB/T1096
2	齿轮	1	45	
1	定位环	1	35	
序号	名称	数量	材料	备注

图 7-55　输入后的表格文本

[13] 选中表格并右击，从快捷菜单中选择"特性"，然后选中"序号"列，更改"特性"选项板中的"对齐"方式为"正中"，"单元高度"设置为10。

[14] 参照步骤 13 设置"数量"列和"材料"列的对齐为"正中"。至此表格创建完成，完成后的效果如图 7-47 所示。

【例 7-3】利用图 7-56 中已有的明细表，在标题栏的上方创建如图 7-57 所示的明细表。

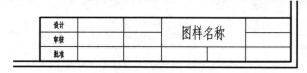

图 7-56　原对象

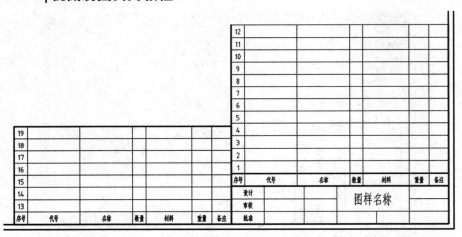

图 7-57　新明细表

操作步骤

[1]　在命令行中输入 TS，并按 Enter 键。

[2]　在弹出的"表格样式"对话框中选择"明细表"样式，单击 新建(N)... 按钮，在弹出的"创建新的表格样式"对话框中输入新样式名"明细表 2"。

[3]　单击 继续 按钮，弹出"新建表格样式：明细表 2"对话框，如图 7-58 所示。

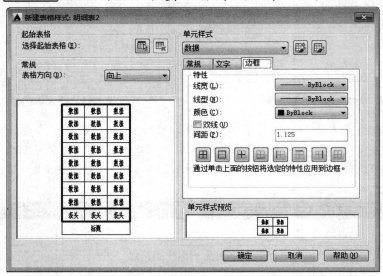

图 7-58　"新建表格样式：明细表 2"对话框

[4]　单击"起始表格"选项组中的"选择一个表格用作此表格样式的起始表格"按钮 ，命令行提示：

TABLESTYLE 选择表格：

此时选择图 7-56 中的明细表。

[5]　返回到"新建表格样式：明细表 2"对话框，单击 确定 按钮，返回到"表格

样式"对话框，此时该对话框中已经增加了名为"明细表 2"的样式，选中"明细表 2"样式，单击 置为当前(U) 按钮，然后再单击 关闭 按钮结束表格样式创建。

[6] 在命令行中输入 TB，并按 Enter 键。

[7] 在弹出的"插入表格"对话框中设置"其他行"为"15"，"表格选项"中选中"标签单元文字"、"数据单元文字"和"保留单元样式替代"，如图 7-59 所示。

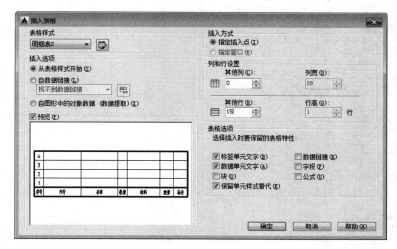

图 7-59 设置"插入表格"对话框

[8] 单击 确定 按钮，命令行提示：

TABLE 指定插入点：

此时单击标题栏的左上角点，插入后的表格如图 7-60 所示。

[9] 选中表格"序号"列中的"4"单元格，拖动其右上侧的菱形标记完成序号的自动填入，如图 7-61 所示。

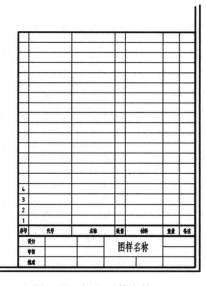

图 7-60 插入后的表格

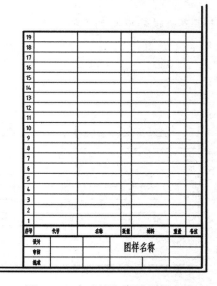

图 7-61 自动填入序号后的表格

[10] 选中刚创建的表格并右击，选择"特性"命令。

[11] 在弹出的"特性"选项板中的"表格打断"选项组的"启用"下拉列表中选择"是"选项，"方向"改为"左"，"重复上部标签"、"重复底部标签"、"手动位置"、"手动高度"改为"是"，"间距"改为"0"，如图7-62所示。

[12] 关闭"特性"选项板，回到绘图区域，此时表格顶部的夹点如图7-63所示。

图 7-62　设置"表格打断"选项组 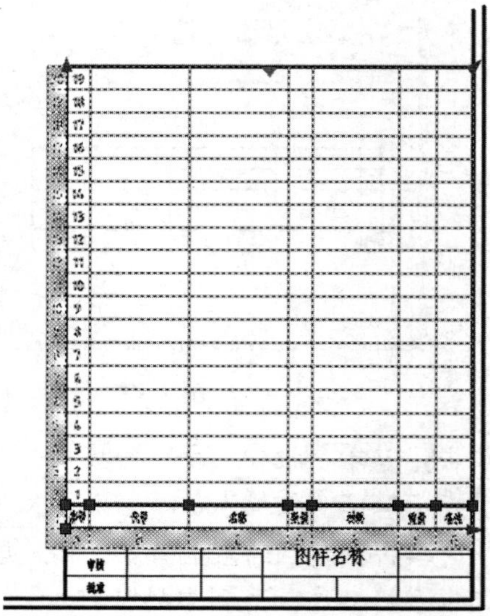   图 7-63　表格顶部的夹点

[13] 单击顶部中间朝下的夹点，向下拉动该夹点，调整后的表格如图7-64所示。

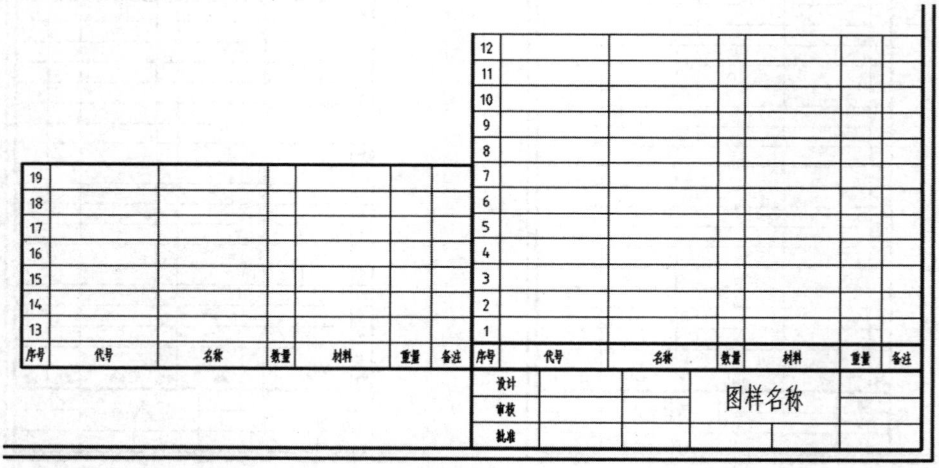

图 7-64　调整后的表格

[14] 向下拉动表格左下角的夹点，把左边分栏的起始点调整到与图框底边对齐，结果
如图 7-65 所示。

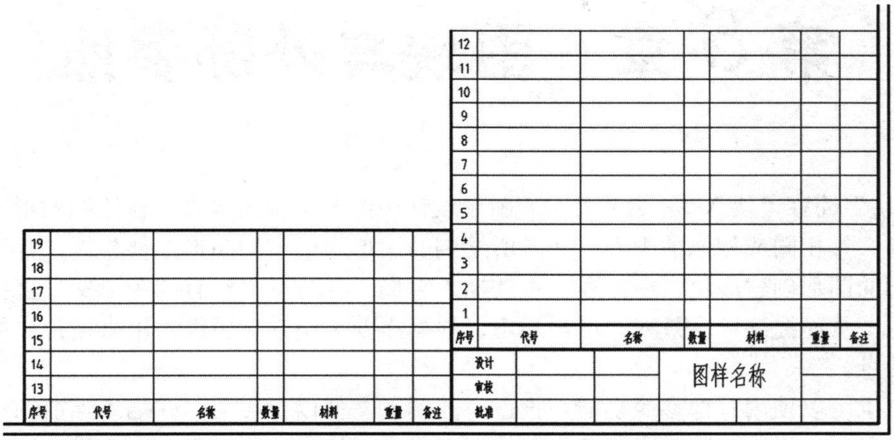

序号	代号	名称	数量	材料	重量	备注

图 7-65　新明细表

第8章 图块与外部参照

"图块"简称"块"，是 AutoCAD 图形设计中的一个重要概念。在绘制图形时，如果图形中有大量相同或相似的内容，或者所绘制的图形与已有的图形文件相同，则可以把要重复绘制的图形创建成块，在需要时直接插入它们；也可以将已有的图形文件直接插入当前图形中，从而提高绘图效率。用户还可以根据需要为块创建属性，用来指定块的名称、用途等信息。

用户也可以使用外部参照功能，把已有的图形文件以参照的形式插入当前图形中。在绘制图形时，如果一个图形需要参照其他图形或者图像来绘图，而又不希望占用太多的存储空间，这时就可以使用 AutoCAD 的外部参照功能。

【学习目标】

（1）了解块的概念和特点。
（2）学会创建、插入和编辑块。
（3）学会插入外部参照。
（4）了解设计中心的应用。

8.1 块的特点

1．提高绘图速度

用 AutoCAD 绘制机械图样时，经常遇到一些重复出现的图样，如粗糙度符号、基准符号、标准件等。可以把经常使用的图形定义为块，需要时通过执行插入块命令，将创建好的"块"以不同的比例因子和旋转角度插入图形中的指定位置，从而提高绘图效率。

在块中，每个图形要素有其独立的图层、线型和颜色特征，但系统把块中所有要素实体作为一个整体进行处理。

2．节省存储空间

AutoCAD 系统只记录定义"块"时的初始图形数据，对于插入图形中的"块"，系统只记录插入点、比例因子和旋转角度等数据。因此"块"的内容越复杂、插入的次数越多，与普通绘制方法相比越节省存储空间。

3．便于修改

块的每次插入都称为块参照，它不仅仅是从块定义复制到绘图区域，更重要的是，它建立了块参照与块定义间的链接。因此，如果修改了块定义，所有的块参照也将自动更新。

4．加入属性

像粗糙度符号一样，每一个粗糙度符号可能有不同参数值，如果对不同参数值的粗糙度符号都单独制作为块是很不方便的，也是不必要的。AutoCAD 允许用户为块创建某些文字属性，这个属性是一个变量，用户可以根据需要输入内容，这就大大丰富了块的内涵，使块更加实用。

5．交流方便

用户可以把常用的块保存好，与别的用户交流使用。

8.2 创建与插入块

8.2.1 创建块

AutoCAD 2015 只能将已经绘制好的对象创建为块。创建块需要打开"块定义"对话框，在其中完成设置。用户可以通过以下 4 种方法来打开该对话框。

（1）单击功能区"默认"选项卡→"块"面板→"创建"按钮 ▣。

（2）单击功能区"插入"选项卡→"块定义"面板→"创建块"按钮 ▣。

（3）选择菜单栏"绘图"→"块"→"创建"命令。

（4）在命令行中输入命令：BLOCK（或 B），并按 Enter 键。

执行上述操作后，打开如图 8-1 所示的"块定义"对话框。通过该对话框可以定义块的名称、块的插入基点、块包含的对象等。

图 8-1 "块定义"对话框

"块定义"对话框各部分的功能如下。

（1）"名称"下拉列表框：输入欲创建的块名称，或在列表中选择已创建的块名称对其进行重新定义。

（2）"基点"选项组：用于指定块的插入基点。基点的用途在于：插入块时会将基点作为放置块的参照，此时块基点与指定的插入点对齐。基点的默认坐标为（0,0,0），可通过"拾取点"按钮指定基点；也可通过 X、Y 和 Z 三个文本框来输入坐标值；如选中"在屏幕上指定"复选框，那么在关闭对话框后，命令行将提示用户指定基点。其中，通过"拾取点"按钮指定基点的方法最常用。

> 📖 提示：原则上，块基点可以定义在任何位置，但该点是插入图块时的定位点，所以在拾取基点时，应选择一个在插入图块时能把图块的位置准确定位的特殊点。

（3）"对象"选项组：用于指定组成块的对象，以及创建块之后如何处理这些对象，是保留，还是删除，或者是转换为块。

①"在屏幕上指定"复选框：选择该复选框后，在关闭对话框时将提示用户指定对象。

②"选择对象"按钮：单击该按钮将回到绘图区，此时可用选择对象的方法选择组成块的对象。完成选择对象后，单击鼠标右键或按 Enter 键返回。此方法最常用。

③"快速选择"按钮：单击该按钮将弹出"快速选择"对话框，可根据条件选择对象。

④"保留"单选按钮：创建块以后，所选对象依然保留在图形中。

⑤"转换为块"单选按钮：创建块以后，将所选对象转换成块实例，同时保留在图形中。

⑥"删除"单选按钮：创建块以后，所选对象从图形中删除。

（4）"方式"选项组：用于指定块的定义方式，一般选择默认设置。

①"注释性"复选框：选择该项表示将块定义为注释性对象，可自动根据注释比例调整插入的块参照的大小。

②"使块方向与布局匹配"复选框：选择该项表示使布局空间视口中的块参照方向与布局的方向匹配。如果未选择"注释性"复选框，则此项不可用。

③"按统一比例缩放"复选框：选择该项表示块对象按统一的比例进行缩放。

④"允许分解"复选框：选择该项表示块对象允许被分解。插入块后，可用 EXPLODE 命令将块分解为组成块的单个对象。

（5）"设置"选项组：用于设置块的其他设置。

①"块单位"下拉列表框：用于指定块参照的插入单位。

②"超链接"按钮 [超链接(L)...]：单击可打开"插入超链接"对话框，使用该对话框可将某个超链接与块定义相关联。

（6）"说明"文本框：可在文本框中填写与块相关联的说明文字。

8.2.2 插入块

在块创建完成后，就可以使用插入块命令将创建的块插入多个位置。

在 AutoCAD 2015 中，用户可以通过以下 4 种方法插入块。

（1）单击功能区"默认"选项卡→"块"面板→"插入"按钮。

（2）单击功能区"插入"选项卡→"块"面板→"插入"按钮。

（3）选择菜单栏"插入"→"块"命令。

（4）在命令行中输入命令：INSERT（或 I），并按 Enter 键。

执行插入块命令后，将弹出"插入"对话框，如图 8-2 所示。

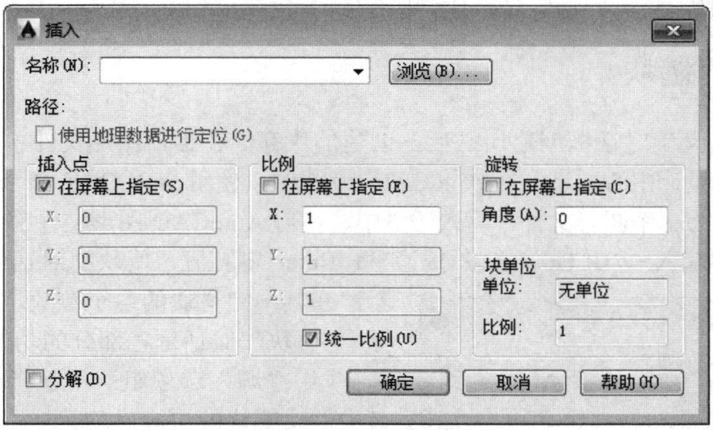

图 8-2　"插入"对话框

通过"插入"对话框，可以对插入块的位置、比例及旋转等特性进行设置。

"插入"对话框各部分的功能如下。

（1）"名称"下拉列表框：用于指定要插入块的名称或要作为块插入的文件的名称。在"块定义"对话框中创建的块的名称将显示在该下拉列表框内。也可以单击 浏览(B)... 按钮通过指定路径选择图形文件。如果选择图形文件，在"路径"标签后将显示其路径。

> 提示：利用"插入"对话框可以插入外部文件，插入的基点是原点（如果没有指定基点），用户可以在外部文件中利用"Base"命令设置插入基点，然后保存文件。这样可以改变插入外部文件的基点。

（2）"插入点"选项组：用于指定块参照在图形中的插入位置。该点的位置与创建块时所定义的基点对齐。

① "在屏幕上指定"复选框：若选择该项，在单击 确定 按钮关闭"插入"对话框时，命令行将提示指定插入点，可用鼠标拾取或使用键盘输入插入点的坐标。这是最常用的方法。

② 若没有选择"在屏幕上指定"复选框，那么 X、Y 和 Z 文本框将变为可用，可在其中输入插入点的坐标值。

（3）"比例"选项组：用于指定块参照在图形中的缩放比例。同样，该区域也包含一个"在屏幕上指定"复选框，功能同前。

"X"、"Y"、"Z"文本框：可分别指定三个坐标方向的缩放比例因子。若指定负的 X、Y 和 Z 缩放比例因子，则插入块的镜像图像。当三个方向的缩放比例相同时，选择"统一比例"复选框，此时仅"X"文本框可用，可在其中定义缩放比例。这是常用的定义方式，一般情况下，缩放比例为 1。

（4）"旋转"选项组：用于指定插入块时生成的块参照的旋转角度。同样，该区域也包含一个"在屏幕上指定"复选框，功能同前。

"角度"文本框：用于指定插入块的旋转角度。

（5）"分解"复选框：选择该项，表示插入块后，块将分解为各个组成对象。选择"分解"复选框时，只可以指定统一比例因子。

8.2.3　存储块

使用"块定义"对话框创建块之后，创建的块存储在当前图形文件中，只能在本图形文件调用或使用设计中心共享。在 AutoCAD 2015 中，使用 WBLOCK 命令既可以创建块，又能够将块保存为一个图形文件，写入磁盘中，任何 AutoCAD 图形文件都可以调用。

在命令行中输入 WBLOCK（或 W），按 Enter 键打开"写块"对话框，如图 8-3 所示，在其中定义块的各个参数。

图 8-3　"写块"对话框

"写块"对话框各部分的功能如下。

（1）"源"选项组：用于指定需要保存到磁盘中的块或块的组成对象。

①"块"单选按钮：将现有块保存为图形文件。若图形中已定义过块，则该项可用，从下拉列表框中选择已定义的块。

②"整个图形"单选按钮：绘图区域的所有图形都将作为块保存起来。

③"对象"单选按钮：用户可以选择对象来定义成外部块。通过"基点"和"对象"选项组设置块的插入基点和块所包含的对象。操作方法与"块定义"对话框中的相同。

（2）"目标"选项组："文件名和路径"下拉列表框用于指定外部块的保存路径和名称。可以使用系统自动给出的保存路径和文件名，也可以单击列表框后面的按钮，在弹出的"浏览图形文件"对话框中指定文件名和保存路径。

8.3　带属性的块

图块属性是附属于图块的特殊文本信息，主要作用在于为图块增加必要的文字说明内容。在插入图块的过程中，这些属性的值可以改变，因而增强图块的通用性。对那些经常用到的、带可变文字的图形而言，利用属性尤为重要，如粗糙度、基准等。

创建带属性的块前，首先定义块属性，然后包含属性创建块。

8.3.1　定义块属性

属性是与块相关联的文字信息。属性定义包括属性文字的特性及插入块时系统的提示信息。属性的定义通过"属性定义"对话框实现，有以下 4 种方法打开该对话框。

（1）单击功能区"默认"选项卡→"块"面板→"定义属性"按钮。

（2）单击功能区"插入"选项卡→"块定义"面板→"定义属性"按钮。

（3）选择菜单栏"绘图"→"块"→"定义属性"命令。

（4）在命令行中输入命令：ATTDEF（或 ATT），并按 Enter 键。

执行上述操作后，将弹出"属性定义"对话框，如图 8-4 所示。

该对话框包括"模式"、"属性"、"插入点"、"文字设置" 4 个选项组，各个选项组的功能如下。

（1）"模式"选项组：用于设置与块关联的属性值选项。该选项组的设置决定了属性定义的基本特性，且将影响到其他区域的设置情况。

①"不可见"复选框：指定插入块时不显示或不打印属性值。选择该选项后，当插入该属性块时，将不显示属性值，也不会打印属性值。

②"固定"复选框：在插入块时赋予属性固定值。选择该选项并创建块定义

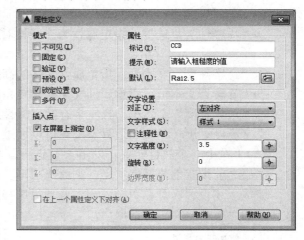

图 8-4　"属性定义"对话框

后，插入块时将不提示指定属性值，而是使用属性定义时在"默认"文本框里所输入的值，并且该值在定义后不能被编辑。

③"验证"复选框：插入块时提示验证属性值是否正确。

④"预设"复选框：插入包含预置属性值的块时，将属性设置为默认值。

⑤"锁定位置"复选框：用于锁定块参照中属性的相对位置。解锁后，属性可以相对于使用夹点编辑的块的其他部分移动，并且可以调整多行属性的大小。

⑥"多行"复选框：指定属性值可以包含多行文字。选定此选项后，可以指定属性的边界宽度。

通常不勾选这些选项。

（2）"属性"选项组：用于设置属性数据。

①"标记"文本框：标记图形中每次出现的属性，可使用任何字符组合（空格除外）作为属性标记，小写字母会自动转换为大写字母，此项必须设置。

②"提示"文本框：指定在插入包含该属性定义的块时显示的提示。如果不输入提示，属性标记将用做提示。如果在"模式"选项组中选择"固定"复选框，"提示"选项将不可用。

③"默认"文本框：指定默认属性值。

④"插入字段"按钮[图标]：显示"字段"对话框，可以插入一个字段作为属性的全部或部分值。

例如，图 8-4 所示的"属性定义"对话框的"属性"选项组中定义了粗糙度块的属性数据。

（3）"插入点"选项组：用于指定属性的位置。

（4）"文字设置"选项组：用于设置属性文字的对正方式、文字样式、文字高度和旋转角度等。

①"对正"下拉列表框：指定属性文字的对正方式，是指属性文字相对插入点的对正。

②"文字样式"下拉列表框：指定属性文字的预定义样式，默认为当前加载的文字样式。

③"注释性"复选框：指定属性为注释性对象，控制属性是否根据注释比例自动调整大小。

④"文字高度"文本框：指定属性文字的高度。

⑤"旋转"文本框：指定属性文字的旋转角度。

⑥"边界宽度"文本框：指定多行文字属性中一行文字的最大长度。

文字高度、旋转角度和边界宽度也可以通过对应文本框后的拾取按钮在绘图区拾取。

（5）"在上一个属性定义下对齐"复选框：将属性标记直接置于定义的上一个属性下面。如果之前没有创建属性定义，则此选项不可用。

完成上述设置，且在"插入点"选项组选择"在屏幕上指定"复选框，单击 **确定** 按钮关闭"属性定义"对话框后，命令行提示：

ATTDEF 指定起点：

此时指定属性的插入点。指定后，属性显示为定义的属性标记，如图 8-5 所示。此时即完成属性定义。

图 8-5　粗糙度块的属性标记

8.3.2　创建属性块

创建带属性的块，先要绘制好要创建成块的图形并且定义好块属性，通过指定属性的插入点确定图形和属性的相对位置。如图 8-6 所示为创建的粗糙度块的图形和属性标记。

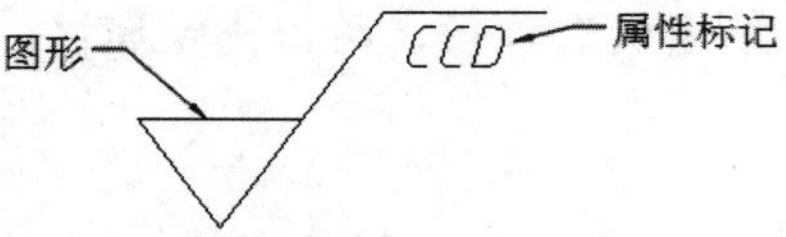

图 8-6　粗糙度块的图形和属性标记

然后通过"块定义"对话框或"写块"对话框创建属性块。通过"块定义"对话框创建的块存储在当前图形文件中，通过"写块"对话框创建的块保存在磁盘中。

需要注意的是，定义属性块过程中，选择对象时必须将所定义的属性标记选中，否则块中将不会包含属性，在插入块时，也不会出现属性值。

带有属性的块创建完成后，就可以使用插入块命令（参见 8.2.2 节）在图形中插入该块了。

执行插入块命令，选择要插入的属性块的名称后，命令行提示：

-INSERT 指定插入点或 [基点(B) 比例(S) X Y Z 旋转(R)]：

此时指定块的插入点，可以用鼠标拾取或使用键盘输入点的坐标值；还可以选择中括号里的选项，设置块的插入基点、插入比例及旋转角度等。

指定块的插入点后，弹出"编辑属性"对话框，如图 8-7 所示。该对话框中包含之前在"属性定义"对话框中设置的"提示"和"默认值"。"提示"为"请输入粗糙度的值"；"默认值"为"Ra12.5"，在此可设置插入块的新属性值。

图 8-7　"编辑属性"对话框

8.3.3　编辑块属性

属性定义可以在创建块之前修改，也可以在创建块之后修改。

1．块创建前的属性定义修改

创建属性后，可对其进行移动、复制、旋转、阵列等操作，也可以对使用这些操作创建的新属性的标记、提示及默认值进行修改，还可对不满意的属性进行编辑使其满足设计要求。

在将属性定义成块之前，可通过以下 3 种方式编辑属性定义。

（1）无命令状态下，双击属性标记。

（2）选择菜单栏"修改"→"对象"→"文字"→"编辑"命令。

（3）无命令状态下，在命令行中输入命令：TXETEDET，并按 Enter 键。

执行编辑属性定义命令后，弹出"编辑属性定义"对话框，如图 8-8 所示。在该对话框中可以修改属性的标记、提示文字和默认值。完成编辑后单击 确定 按钮退出对话框。

2．块创建后使用"增强属性编辑器"编辑属性

创建并插入属性块后，用户可通过以下 5 种方法更改属性文字的特性和数值。

（1）无命令状态下，双击要修改的属性块。

（2）单击功能区"默认"选项卡→"块"面板→"单个"按钮。

（3）单击功能区"插入"选项卡→"块"面板→"单个"按钮。

（4）选择菜单栏"修改"→"对象"→"属性"→"单个"命令。

（5）在命令行中输入命令：EATTEDIT，并按 Enter 键。

执行上述操作后，将弹出"增强属性编辑器"对话框，如图 8-9 所示。

"增强属性编辑器"包括"属性"、"文字选项"、"特性"三个选项卡，如图 8-9 和图 8-10 所示，可以对属性的值、文字格式、特性等进行编辑，但是不能对其模式、标记、提示进行修改（使用"块属性管理器"可以修改模式、标记、提示）。

图 8-8 "编辑属性定义"对话框

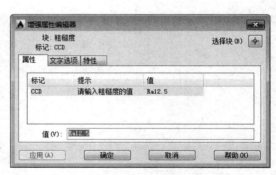

图 8-9 "增强属性编辑器"对话框

图 8-10 "文字选项"与"特性"选项卡

"选择块"按钮 ：可以在不退出对话框的状态下选取并编辑其他块属性。

3．块创建后使用"块属性管理器"编辑属性

"块属性管理器"是一个功能非常强的工具，它可以对整个图形中任意一个块中的属性标记、提示、值、模式（除"固定"之外）、文字选项、特性进行编辑，还可以调整插入块时提示属性的顺序。为了说明"块属性管理器"的用法，再建立一个带多个属性的块，如图 8-11 所示，该块的名字为"粗糙度 1"。

在 AutoCAD 2015 中，可以通过以下 3 种方法打开"块属性管理器"对话框。

（1）单击功能区"默认"选项卡→"块"面板→"块属性管理器"按钮 。

（2）单击功能区"插入"选项卡→"块定义"面板→"块属性管理器"按钮 。

（3）选择菜单栏"修改"→"对象"→"属性"→"块属性管理器"命令。

执行上述命令后，即可弹出"块属性管理器"对话框，如图 8-12 所示。

图 8-11 带多个属性的块

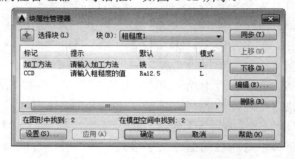

图 8-12 "块属性管理器"对话框

"块"下拉列表框中显示图中所有带属性的图块名称，在下拉列表中选取某个图块名称，或者单击选择块按钮 ⊕ 在屏幕上选取某个图块，该图块的所有属性的参数显示在中部的列表中；选中某个属性，单击 上移(U) 或着 下移(D) 按钮可以调整属性的位置，从而调整在插入该块时属性提示顺序；选中需要编辑的属性，然后单击 编辑(E)... 按钮，出现"编辑属性"对话框，如图 8-13 所示。可以在"属性"选项卡中修改属性的模式、名称、提示信息和默认值等，在"文字选项"选项卡中修改属性文字的格式，在"特性"选项卡中修改图层特性；选中某个属性，然后单击 删除(R) 按钮，就可以删除该属性项；在"块属性管理器"对话框中

图 8-13　"编辑属性"对话框

对属性定义进行修改以后，单击 应用(A) 按钮使所做的属性更改应用到要修改的块定义中，同时"块属性管理器"对话框保持为打开状态。

8.4　使用块编辑器

块在插入图形之后，表现为一个整体，可以对其进行删除、复制、旋转等操作，但是不能直接对组成块的对象进行操作。若在不分解块的情况下修改组成块的某个对象，可以使用块编辑器。

8.4.1　打开块编辑器

在 AutoCAD 2015 中，有以下 5 种方法打开块编辑器。

（1）单击功能区"默认"选项卡→"块"面板→"块编辑器"按钮。

（2）单击功能区"插入"选项卡→"块定义"面板→"块编辑器"按钮。

（3）选择菜单栏"工具"→"块编辑器"命令。

（4）在命令行中输入命令：BEDIT，并按 Enter 键。

（5）选中已创建的"块"并右击，选择"块编辑器"命令。

执行以上方法中的任何一种后，将弹出"编辑块定义"对话框，在该对话框的列表中列出了图形中所定义的所有块，如图 8-14 所示。选择要编辑的块后单击 确定 按钮，将进入块编辑器，如图 8-15 所示。

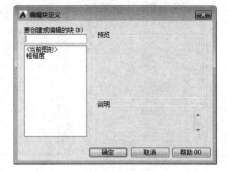

图 8-14　"编辑块定义"对话框

块编辑器主要包括绘图区、坐标系、功能区及选项板 4 个部分。

绘图区中是所编辑的块，此时显示为各个组成块的单独对象，可以像编辑图形那样编辑块中的组成对象；块编辑器中的坐标原点为块的基点；通过功能区上的按钮，可以新建块或者保存块，单击"关闭块编辑器"按钮 ✕ 可退出块编辑器。

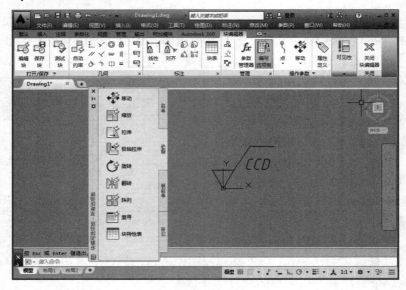

图 8-15　块编辑器

　　块编辑器的选项板专门用于创建动态块，包括"参数"、"动作"、"参数集"和"约束"4 个选项板，如图 8-16 所示。

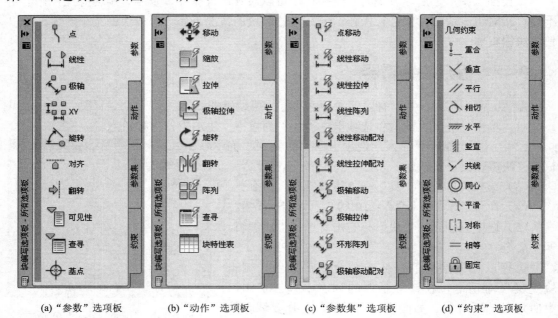

(a) "参数"选项板　　(b) "动作"选项板　　(c) "参数集"选项板　　(d) "约束"选项板

图 8-16　块编辑器中的选项板

8.4.2　创建动态块

　　动态块是一种特殊的块，具有灵活性和智能性。动态块由几何图形、一个或多个参数和动作组成。用户在操作时可以轻松地更改图形中的动态块参照，通过自定义夹点或自定义特性来操作动态块参照中的几何图形，这使得用户可以根据需要在位调整块参照，而不用搜索另一个块以插入或重新定义现有的块。

动态块包括两个基本特性——参数和动作。参数是指通过指定块中几何图形的位置、距离和角度来定义动态块的自定义特性；动作是指在图形中操作动态块参照时，定义该块参照中的几何图形将如何移动或修改。向动态块定义中添加动作后，必须将这些动作与对应的参数相关联。当然，动态块的定义也是通过动态块的参数和动作实现的，只能通过"块编辑器"实现。

定义动态块的一般步骤如下。

（1）使用块定义（创建块）的方法定义一个普通的块。

（2）使用块编辑器在普通块中添加参数。

（3）使用块编辑器在普通块中添加动作。

在 8.7.2 节中将以一具体实例讲解如何创建动态块。

8.4.3　动态块的参数和动作

定义动态块时须定义其参数和动作，每个参数都有其所支持的动作，参数和动作须联合定义。表 8-1 为动态块的参数和动作。

表 8-1　动态块的参数和动作

参数类型	说　　明	支持的动作
点	在图形中定义一个 X 和 Y 位置。在块编辑器中，外观类似于坐标标注	移动、拉伸
线性	可显示出两个固定点之间的距离，约束夹点沿预置角度移动。在块编辑器中，外观类似于对齐标注	移动、缩放、拉伸和阵列
极轴	可显示出两个固定点之间的距离并显示角度值。可以使用夹点和"特性"选项板来共同更改距离值和角度值。在块编辑器中，外观类似于对齐标注	移动、缩放、拉伸、极轴拉伸等
XY	可显示出距参数基点的 X 距离和 Y 距离。在块编辑器中，显示为一对标注（水平标注和垂直标注）	移动、缩放、拉伸和阵列
旋转	用于定义角度。在块编辑器中，显示为一个圆	旋转
翻转	可用于翻转对象。在块编辑器中，显示一条投影线和一个值，可以围绕这条投影线翻转对象，而值表示块参照是否已被翻转	翻转
对齐	可定义 X 和 Y 位置及一个角度。对齐参数总是应用于整个块，并且无须与任何动作相关联。对齐参数允许块参照自动围绕一个点旋转，以便与图形中的另一对象对齐。对齐参数会影响块参照的旋转特性。在块编辑器中，外观类似于对齐线	无（此动作隐含在参数中）
可见性	可控制对象在块中的可见性。可见性参数总是应用于整个块，并且无须与任何动作相关联。在图形中单击夹点，可以显示块参照中所有可见性状态的列表。在块编辑器中，显示为带有关联夹点的文字	无（此动作是隐含的，并受可见性状态的控制）
查询	定义一个可以指定或设置为计算用户定义的列表或表中值的自定义特性。该参数可以与单个查询夹点相关联。在块参照中单击该夹点可以显示可用值的列表。在块编辑器中，显示为带有关联夹点的文字	查询
基点	在动态块参照中相对于该块中的几何图形定义一个基点。无法与任何动作相关联，但可以归属于某个动作的选择集。在块编辑器中，显示为带有十字光标的圆	无

8.5 外部参照

外部参照就是把已有的其他图形文件链接到当前图形文件中，但外部参照不同于块，也不同于插入文件。块与外部参照的主要区别是：一旦插入了某块，此块就成为当前图形的一部分，可在当前图形中进行编辑，而且将原块修改后对当前图形不会产生影响。而以外部参照方式将图形文件插入某一图形文件（此文件称为主图形文件）后，被插入图形文件的信息并不直接加入主图形文件，主图形文件中只记录参照图形位置等链接信息，并不插入该参照图形的图形数据。当打开有外部参照的图形文件时，系统会自动地把各外部参照图形文件重新调入内存并在当前图形中显示出来，且该文件保持最新的版本。

外部参照功能不但使用户可以利用一组子图形构造复杂的主图形，而且还允许单独对这些子图形做各种修改。作为外部参照的子图形发生变化时，重新打开主图形文件后，主图形内的子图形也会发生相应的变化。

8.5.1 附着外部参照

附着外部参照又称插入外部参照，是将参照图形附着到当前图形中。AutoCAD 2015通过"外部参照"选项板管理外部参照，如图 8-17 所示。要打开"外部参照"选项板，可通过以下 5 种方法。

（1）单击功能区"插入"选项卡→"参照"面板→"外部参照"按钮 。

（2）单击功能区"视图"选项卡→"选项板"面板→"外部参照选项板"按钮 。

（3）选择菜单栏"插入"→"外部参照"命令。

（4）选择菜单栏"工具"→"选项板"→"外部参照"命令。

（5）在命令行中输入命令：EXTERNALREFERENCES，并按 Enter 键。

单击"外部参照"选项板左上角的"附着"按钮右侧的箭头符号 ，可附着 DWG、图像、DWF、DGN、PDF 和点云 6 种格式的外部参照，如图 8-17 所示。单击其中一种格式后，将弹出"选择参照文件"对话框，选中要附着的参照文件，单击 打开(O) 按钮，将弹出"附着外部参照"对话框，如图 8-18 所示。

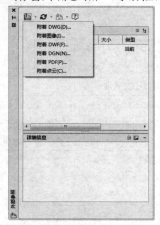

图 8-17　"外部参照"选项板

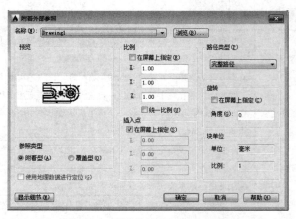

图 8-18　"附着外部参照"对话框

"附着外部参照"对话框与插入块时使用的"插入"对话框相似，其插入的方法也相似。"比例"、"插入点"、"旋转"选项组分别用于设置插入外部参照的比例、位置、旋转角度。其他各个选项的功能如下。

"名称"下拉列表框：附着了一个外部参照后，该外部参照的名称将出现在下拉列表框里。

浏览(B)... 按钮：单击可重新打开"选择参照文件"对话框。

"附着型"和"覆盖型"单选按钮：用于指定外部参照为附着型还是覆盖型。与附着型的外部参照不同，覆盖型外部参照的图形若作为外部参照附着到另一图形时，将忽略该覆盖型外部参照。

"路径类型"下拉列表框：用于指定外部参照的保存路径是"完整路径"、"相对路径"或"无路径"。将"路径类型"设置为"相对路径"之前，必须保存当前图形。对于嵌套的外部参照，"相对路径"始终参照其主机的位置，并不一定参照当前打开的图形。

8.5.2　剪裁外部参照

附着的外部参照可以根据需要对其范围进行剪裁，也可以通过系统变量来控制是否显示剪裁边界的边框。

在 AutoCAD 2015 中，可以通过以下两种方法剪裁外部参照。

（1）单击功能区"插入"选项卡→"参照"面板→"剪裁"按钮 。

（2）在命令行中输入命令：XCLIP，并按 Enter 键。

执行剪裁外部参照命令后，命令行会提示选择对象或要剪裁的对象，此时选中要剪裁的外部参照并按 Enter 键或鼠标右键结束对象选择。命令行继续提示：

输入剪裁选项
XCLIP [开(ON) 关(OFF) 剪裁深度(C) 删除(D) 生成多段线(P) 新建边界(N)] <新建边界>：

此时可选择剪裁的选项。各选项的含义如下。

（1）"开（ON）"和"关（OFF）"选项：用于选择在当前图形中显示或隐藏的外部参照或块的被剪裁部分。

（2）"剪裁深度（C）"选项：用于在外部参照或块上设置前剪裁平面和后剪裁平面，系统将不显示由边界和指定深度所定义的区域外的对象。

（3）"删除（D）"选项：用于删除前剪裁平面和后剪裁平面。

（4）"生成多段线（P）"选项：用于自动绘制一条与剪裁边界重合的多段线。

（5）"新建边界（N）"选项：用于新建剪裁边界。

"剪裁深度（C）"、"删除（D）"和"生成多段线（P）"选项均只能用于已存在剪裁边界的情况下，因此第一次剪裁时一般选择"新建边界（N）"选项新建剪裁边界。选择"新建边界（N）"选项后，命令行提示：

指定剪裁边界或选择反向选项
XCLIP [选择多段线(S) 多边形(P) 矩形(R) 反向剪裁(I)] <矩形>：

此时可选择剪裁外部边界的定义方法。

（1）"选择多段线（S）"选项：以选定的多段线定义边界。

（2）"多边形（P）"选项：指定多边形顶点，定义多边形边界。

（3）"矩形（R）"选项：使用指定的对角点定义矩形边界。

（4）"反向剪裁（I）"选项：剪裁命令默认为隐藏边界外的对象，而"反向剪裁（I）"选项用于反转剪裁边界的模式，即隐藏边界外（默认）或边界内的对象。

例如，将图 8-19 中的对象以矩形的两个角点 A 点和 B 点为剪裁点分别剪裁成图 8-20 和图 8-21 所示的对象。

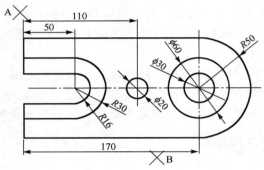

图 8-19　原对象

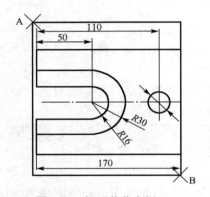

图 8-20　矩形剪裁实例 1

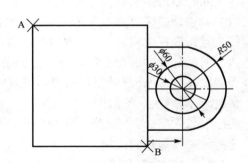

图 8-21　矩形剪裁实例 2

操作步骤如下。

（1）单击功能区"插入"选项卡→"参照"面板→"剪裁"按钮。命令行提示：

> CLIP _clip 选择要剪裁的对象：

此时选中图 8-19 中的图像。命令行继续提示：

> CLIP [开(ON) 关(OFF) 剪裁深度(C) 删除(D) 生成多段线(P) 新建边界(N)] <新建边界>：

此时在命令行中输入 N，并按 Enter 键。

（2）命令行继续提示：

> CLIP [选择多段线(S) 多边形(P) 矩形(R) 反向剪裁(I)] <矩形>：

此时在命令行中输入 R，并按 Enter 键。命令行继续提示：

> CLIP 指定第一个角点：

此时单击图 8-19 中的 A 点。命令行继续提示：

🗁▾ CLIP 指定第一个角点: 指定对角点:

此时单击图 8-19 中的 B 点。剪裁后的图形如图 8-20 所示。

（3）重复步骤 1，命令行提示：

🗁▾ CLIP [选择多段线(S) 多边形(P) 矩形(R) 反向剪裁(I)] <矩形>:

此时在命令行中输入 R，并按 Enter 键。

（4）重复步骤 2，剪裁后的图形如图 8-21 所示。

8.5.3 更新和绑定外部参照

当图形打开时，所有的外部参照将自动更新。如果确保图形中显示外部参照的最新版本，可以使用"外部参照"选项板中的"重载"选项更新外部参照，这时选择要重载的外部参照后右击，在弹出的快捷菜单中选择"重载"命令，如图 8-22 所示。

默认情况下，如果修改了参照文件，则应用程序窗口右下角（状态栏托盘）的"管理外部参照"图标旁将显示更新提示信息，如图 8-23 所示。单击其中的链接，可以重载所有修改过的外部参照。

图 8-22　"重载"外部参照　　　　　　　　图 8-23　外部参照更新提示

如附着的外部参照已是最终版本，也就是说，不希望外部参照的修改再反映到当前图形，可以将外部参照与当前图形进行绑定。外部参照绑定到图形后，可使外部参照成为图形中的固有部分，而不再是外部参照文件。

绑定外部参照可执行下面的操作：在"外部参照"选项板中，选择要绑定的参照名称，然后右击，在弹出的快捷菜单中选择"绑定"命令。

8.5.4 编辑外部参照

外部参照在插入后也是一个整体的独立的对象。如要对外部参照中的单个对象进行编辑，可使用"在位参照编辑器"。

AutoCAD 2015 中，可以通过以下两种方法编辑外部参照。

（1）单击功能区"插入"选项卡→"参照"面板→"编辑参照"按钮 。

（2）选中外部参照→单击"外部参照"选项卡中的"在位编辑参照"按钮 。

用第一种方法执行"在位编辑参照"命令后，命令行提示：

 ▪ **REFEDIT** 选择参照：

此时选择要编辑的参照，可打开如图 8-24 所示的"参照编辑"对话框，进入在位参照编辑器。第二种方法直接打开"参照编辑"对话框。此时，被编辑的外部参照不再显示为单独的对象，从而可以对它们进行编辑操作。

编辑完成后，单击"插入"选项卡→"编辑参照"面板→"保存修改"按钮 ，即可保存编辑结果。

图 8-24　"参照编辑"对话框

8.6　AutoCAD 设计中心

使用 AutoCAD 设计中心可以共享 AutoCAD 图形中的设计资源，方便相互调用。AutoCAD 的设计中心提供一种工具，使得用户可以对图形、块、图案填充和其他图形内容进行访问，可以将源图形中的任何内容拖动到当前图形中。若打开了多个图形，也可以通过设计中心在图形之间复制和粘贴其他内容（如图层、标注样式、文字样式）来简化绘图过程。

在 AutoCAD 2015 中，可以通过以下 3 种方法来访问设计中心。

（1）选择菜单栏"工具"→"选项板"→"设计中心"命令。

（2）单击功能区"视图"选项卡→"选项板"面板→"设计中心"按钮 。

（3）在命令行中输入命令：ADCENTER，并按 Enter 键。

执行设计中心命令后，将弹出"设计中心"窗口，如图 8-25 所示。

"设计中心"窗口由两部分组成，左侧方框为 AutoCAD 设计中心的资源管理器，右侧方框为 AutoCAD 设计中心的内容显示框。在树状图中可以浏览内容的源，而内容区会显示相应的内容。

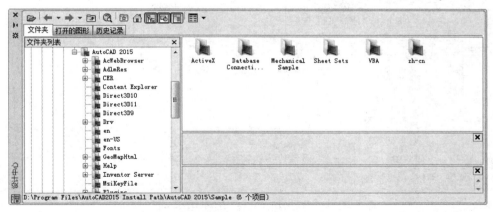

图 8-25 "设计中心"窗口

8.6.1 利用设计中心进行图形间数据交流

如图 8-25 所示，当在左侧的树状图中选择了一个.dwg 图形文件（该文件称为源文件）之后，在右侧的内容区里显示了该图形所包含的内容。这些内容均可以插入或应用到当前图形中，包括标注样式、表格样式、布局、块、外部参照、文字样式和线型等。

在内容区中双击某个内容图标或者在树状图中选择某个内容后，将在内容区显示该内容下所包含的元素。

下面以一实例来说明如何利用设计中心与其他文件交换数据。

例如，利用设计中心将"表格.dwg"文件中的标注样式中的标题栏应用到当前图形中。

操作步骤如下。

（1）选择菜单栏"工具"→"选项板"→"设计中心"命令，打开"设计中心"窗口。

（2）在"设计中心"左侧的树状图中找到并选中源图形"表格.dwg"，如图 8-26 所示。

图 8-26 "设计中心"窗口

（3）双击右侧内容区里的"表格样式"，选中其中的"标题栏"，如图 8-27 所示，将其拖动到当前图形的绘图区中，即可添加"标题栏"表格样式到当前图形文件中。

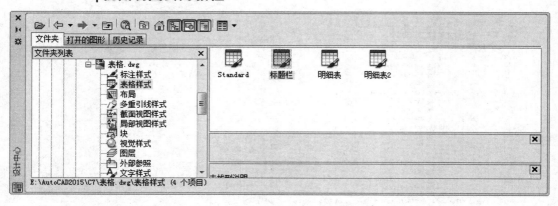

图 8-27　源图形中的"表格样式"中的"标题栏"

8.6.2　利用设计中心添加工具选项板

设计中心还有个重要的作用是可以将图形、块和图案填充添加到当前的工具选项板中，以便以后快速访问。

下面以一实例来说明如何利用设计中心添加工具选项板。

【例 8-1】利用设计中心将"尺寸标注.dwg"文件中的粗糙度块添加到工具选项板上，再将其应用到当前图形中。

操作步骤

[1]　选择菜单栏"工具"→"选项板"→"设计中心"命令，打开"设计中心"窗口。

[2]　在"设计中心"左侧的树状图中找到并选中源图形"尺寸标注.dwg"。

[3]　选择菜单栏"工具"→"选项板"→"工具选项板"命令，打开"工具选项板"。

[4]　双击"设计中心"窗口右侧内容区里的"块"，选中其中的"粗糙度"，如图 8-28所示，将其拖动到工具选项板中。添加粗糙度块后的工具选项板如图 8-29 所示。

[5]　将粗糙度块从工具选项板中拖动到当前图形的绘图区中。

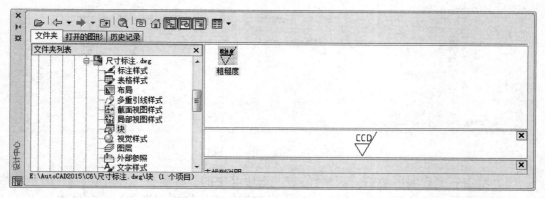

图 8-28　源图形中的"块"中的"粗糙度"

图 8-29　添加粗糙度块后的工具选项板

8.7　综合实例

8.7.1　实例－创建和插入属性块

【例 8-2】创建并插入如图 8-30 所示的粗糙度块。

操作步骤

[1]　先绘制如图 8-31 所示的粗糙度符号。

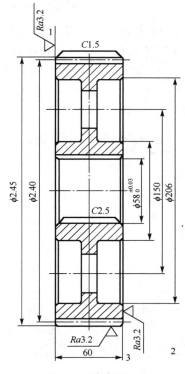

图 8-30　块实例

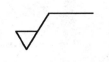

图 8-31　粗糙度符号

[2] 选择菜单栏"绘图"→"块"→"定义属性"命令，弹出"属性定义"对话框。选中"锁定位置"复选框，在"标记"文本框中输入属性的标记"粗糙度"，在"默认"文本框中输入"Ra3.2"，"文字样式"选择之前创建的"工程字"样式，设置"文字高度"为"5"，勾选"插入点"选项组中的"在屏幕上指定"复选框，其他选项默认，如图 8-32 所示。

[3] 单击 确定 按钮，命令行提示：

此时指定 C 点为属性的插入点，如图 8-33 所示。

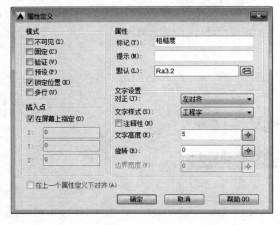

图 8-32　定义属性　　　　　　　　　　图 8-33　指定插入点

[4] 在命令行中输入 WBLOCK（或 W），按 Enter 键打开"写块"对话框。选中"源"选项组中的"对象"，在"对象"选项组中选中"转换为块"，单击"目标"选项组的"文件名和路径"后的 ，在弹出的"浏览图形文件"对话框中设置文件名为"粗糙度"，指定保存文件的类型及位置，如图 8-34 所示。单击 保存(S) 按钮，返回到"写块"对话框，如图 8-35 所示。

图 8-34　"浏览图形文件"对话框

[5] 单击"基点"选项组中的"拾取点"按钮，命令行提示：

WBLOCK WBLOCK 指定插入基点：

此时指定图 8-36 中的 D 点为基点。

图 8-35 设置好的"写块"对话框　　　　图 8-36 块定义时指定基点

[6] 单击"对象"选项组中的"选择对象"按钮，命令行提示：

WBLOCK 选择对象：

此时选中绘制的粗糙度符号和已经定义的粗糙度属性并按 Enter 键或右击，返回到"写块"对话框。

[7] 单击 确定 按钮，弹出"编辑属性"对话框，如图 8-37 所示，单击该对话框中的 确定 按钮。

图 8-37 "编辑属性"对话框

[8] 选择菜单栏"插入"→"块"命令。

[9] 在弹出的"插入"对话框中单击"名称"后的 浏览(B)... 按钮，选中刚保存的"粗糙度"块；在"插入点"选项组中勾选"在屏幕上指定"复选框；在"旋转"选项组中勾选"在屏幕上指定"复选框，如图8-38所示，单击 确定 按钮。

图8-38　设置"插入"对话框

[10] 此时命令行提示：

> **INSERT** 指定插入点或 [基点(B) 比例(S) 旋转(R)]:

此时参照图8-30单击块1粗糙度的对应位置，命令行继续提示：

> **INSERT** 指定旋转角度 <0>:

此时在命令行中输入"90"并按Enter键，在弹出的"编辑属性"对话框中单击 确定 按钮。至此完成块1插入。

[11] 重复步骤8、9。

[12] 命令行提示：

> **INSERT** 指定插入点或 [基点(B) 比例(S) 旋转(R)]:

此时参照图8-30单击块2粗糙度的对应位置，命令行继续提示：

> **INSERT** 指定旋转角度 <0>:

此时在命令行中输入"-90"并按Enter键，在弹出的"编辑属性"对话框中单击 确定 按钮。

[13] 双击刚插入的粗糙度块，弹出"增强属性编辑器"对话框，切换到"文字选项"选项卡，勾选"反向"和"倒置"复选框；在"对正"下拉列表框中选择"右上"，如图8-39所示，单击 确定 按钮，至此完成块2插入。

[14] 重复步骤8、9。

[15] 命令行提示：

> **INSERT** 指定插入点或 [基点(B) 比例(S) 旋转(R)]:

此时参照图8-30单击块3粗糙度的对应位置，命令行继续提示：

> **INSERT** 指定旋转角度 <0>:

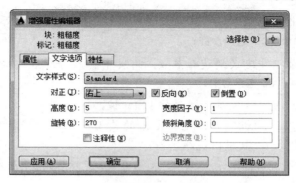

图 8-39　设置"增强属性编辑器"对话框

此时在命令行中输入"-180"并按 Enter 键，在弹出的"编辑属性"对话框中单击 确定 按钮。

[16] 双击刚插入的粗糙度块，弹出"增强属性编辑器"对话框，切换到"文字选项"选项卡，勾选"反向"和"倒置"复选框；在"对正"下拉列表框中选择"右上"，单击 确定 按钮，至此完成块 3 插入。

8.7.2　实例－创建动态块

【例 8-3】创建如图 8-40 所示的粗糙度符号的动态块。

注意：由于 8.7.1 节已经将粗糙度创建成普通块了，所以本节接 8.7.1 节的实例，将其创建为动态块。

操作步骤

[1] 选择菜单栏"工具"→"块编辑器"命令，在弹出的"编辑块定义"对话框中选中已创建的"粗糙度"块，单击 确定 按钮，进入块编辑器。

[2] 切换到"参数"选项卡，单击"旋转"按钮 ，命令行提示：

> BPARAMETER 指定基点或 [名称(N) 标签(L) 链(C) 说明(D) 选项板(P) 值集(V)]：

此时指定坐标原点 O 点为基点。命令行继续提示：

> BPARAMETER 指定参数半径：

此时单击 E 点指定 OE 为半径，如图 8-41 所示。命令行继续提示：

> BPARAMETER 指定默认旋转角度或 [基准角度(B)] <0>：

此时在命令行中输入"0"并按 Enter 键。添加完参数后的效果如图 8-42 所示。

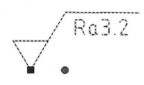

图 8-40　创建动态块实例

图 8-41　添加参数

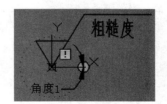

图 8-42　添加完参数后的动态块

[3] 切换到"动作"选项卡,单击"旋转"按钮 ，命令行提示:

> BACTIONTOOL 选择参数:

此时选择步骤 2 中定义的旋转参数"角度 1"。命令行继续提示:

> BACTIONTOOL 选择对象:

此时选择粗糙度符号及其属性并按 Enter 键。

[4] 单击"块编写选项板"对话框左上角的关闭按钮 ，将其关闭,然后单击"关闭块编辑器"按钮 退出块编辑器。

[5] 在弹出的如图 8-43 所示的"块-未保存更改"对话框中选择"将更改保存到粗糙度"。

[6] 创建的动态块如图 8-40 所示。选中该动态块后,其右下侧有个圆形的夹点,通过该夹点可完成旋转动作。例如,可拖动该夹点将块旋转 90°,如图 8-44 所示。

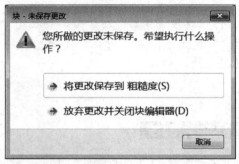

图 8-43 选择"将更改保存到粗糙度"   图 8-44 使用动态块完成旋转动作

由图 8-44 可知,动态块包含有特殊的夹点,不同于一般对象的夹点。不同类型动态块的夹点见表 8-2。

表 8-2 不同类型动态块的夹点

夹 点 类 型	夹 点 标 志	夹点在图形中的操作方式	关 联 参 数
标准	▢	平面内的任意方向	点、极轴和 XY
线性	▷	按规定方向或沿某一条轴往返移动	线性
旋转	⬭	围绕某一条轴旋转	旋转
翻转	⇨	单击以翻转动态块参照	翻转
对齐	⬠	平面内的任意方向;如果在某个对象上移动,则使块参照与该对象对齐	对齐
查询	▽	单击以显示项目列表	可见性、查询

第9章 规划和管理图层

图层是 AutoCAD 管理图形的一种非常有效的方法，用户可以利用图层将图形进行分组管理，例如将轮廓线、中心线、尺寸、文字、剖面线等机械制图常用的绘图元素放置在不同的图层中。用户可以把图层想象成没有厚度的透明片，各层之间完全对齐，一层上的某一基准点准确地对准于其他各层上的同一基准点。每一层根据实际需要或组织规定设置线型、颜色、线宽等特性。使用图层不仅使图形的各种信息清晰、有序、便于观察，而且也会给图形的编辑、修改、输出带来很大的方便。

【学习目标】

（1）学会使用图层特性管理器管理和规划图层。

（2）掌握图层的修改、转换方法。

（3）了解图层的匹配、漫游与隔离。

9.1 规划图层

图层是 AutoCAD 提供的强大功能之一，利用图层可以方便地对图形进行管理。通过创建图层，可以将类型相似的对象指定给同一图层以使其相关联。因此，对图层的规划非常重要。

9.1.1 "图层"面板

AutoCAD 2015 在"草图与注释"工作空间的"默认"选项卡中专门提供了"图层"面板，以便简单、快捷地操作，如图 9-1 所示。

图 9-1 "图层"面板

9.1.2 图层特性管理器

使用如图 9-2 所示的"图层特性管理器"对话框不仅可以创建新图层，设置图层特性，包括颜色、线型和线宽等，还可以对图层进行各种设置和管理。打开该对话框的方法有以下 3 种。

（1）单击功能区"默认"选项卡→"图层"面板→"图层特性"按钮⛶。

（2）选择菜单栏"格式"→"图层"命令。

（3）在命令行中输入命令：LAYER，并按 Enter 键。

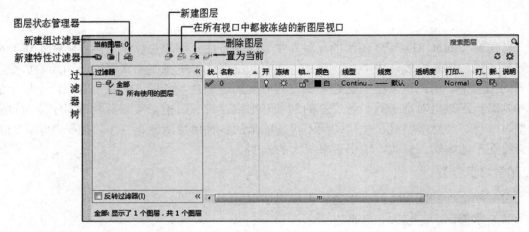

图 9-2　"图层特性管理器"对话框

9.1.3　创建图层与删除图层

开始绘制新图形时，AutoCAD 将自动创建一个名为 0 的特殊图层。默认情况下，图层 0 将被指定使用 7 号颜色（白色或黑色，由背景色决定）、Continuous 线型、"默认"线宽（默认设置是 0.01 英寸或 0.25 毫米）等。0 层是默认层，这个层不能删除或改名。在没有建立新层之前，所有的操作都是在此层上进行的。

绘图过程中，如果用户需要使用更多的图层来绘制图形，则需要创建新图层。单击"新建图层"按钮⛶，将在图层列表中自动生成一个新层，新层以临时名称"图层 1"显示在列表中，并采用默认设置的特性，如图 9-3 所示。此时"图层 1"反白显示，可以直接用键盘输入图层新名称，然后回车（或在空白处单击），完成新层建立。

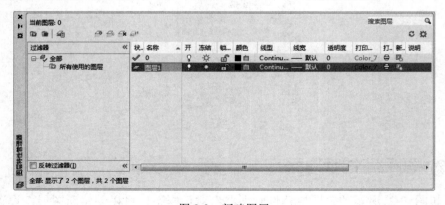

图 9-3　新建图层

如果图形进行了尺寸标注，图层列表中会出现一个"Defpoints"层，这个层只有在标注后才会自动出现，该层记录了定义尺寸的点，这些点是不显示的。"定义点"层是不能打印的，不要在此层上进行绘制。

为了节约系统资源，有些多余的图层，可以删除掉。删除的方法是：在"图层特性管理器"对话框中选择多余的层，单击"删除图层"按钮 ，即可删除。

图 9-4　警告信息

需要注意的是 0 层、Defpoints 层、当前层和含有图形对象的层不能被删除。当删除这几种图层时，系统会给出警告信息，如图 9-4 所示。

9.1.4　设置图层特性

新建图层后，应设置图层的各个特性，包括图层名称、线型、线宽和颜色等，以便和其他层区分，提高绘图效率。

1．修改图层名称

在该层名称上单击鼠标，使其所在行高亮显示，然后在名称处再次单击，进入文本输入状态，修改或重新输入名称即可。

> 📖　**注意：** 图层应根据图层定义的功能、用途等来命名，以便绘图时识别和使用。

2．设置图层颜色

要改变某层的颜色，直接单击该层"颜色"属性项，弹出"选择颜色"对话框，如图 9-5 所示，为图层选择一种颜色后，单击 确定 按钮退出"选择颜色"对话框。

3．设置图层线型

绘图时，要使用线型来区分图形元素，这就需要对线型进行设置。要改变某层线型，可单击该层"线型"属性项，弹出"选择线型"对话框，如图 9-6 所示。在"已加载的线型"列表框中选择一种线型，然后单击"确定"按钮。

图 9-5　"选择颜色"对话框

图 9-6　"选择线型"对话框

默认情况下，在"选择线型"对话框的"已加载的线型"列表框中只有"Continuous"一种线型，如果要使用其他线型，必须将其添加到"已加载的线型"列表框中。可单击 加载(L)... 按钮进入"加载或重载线型"对话框，如图 9-7 所示，从中选择需要的线型（例如选择了"HIDDEN"），单击 确定 按钮进行装载。

返回到"选择线型"对话框时，新线型在列表中出现，选择"HIDDEN"线型，如图 9-8 所示，单击 确定 按钮，该图层便具有了这种线型。

图 9-7 "加载或重载线型"对话框

图 9-8 加载线型

4. 设置图层线宽

要改变某层的线宽，直接单击该层"线宽"属性项，弹出"线宽"对话框，如图 9-9 所示，选择合适的线宽，单击 确定 按钮，线宽属性就赋给了该图层。

虽然上述操作设置了线宽，但在默认情况下 AutoCAD 系统是不显示线宽的，即所有的线条都是一样的宽度。想要显示线宽，单击状态栏的"显示/隐藏线宽"按钮 ，使其亮显即可。也可以在该按钮上右击或单击该按钮旁的 按钮，在快捷菜单上选择"线宽设置"命令，打开如图 9-10 所示的"线宽设置"对话框进行具体设置。

图 9-9 "线宽"对话框

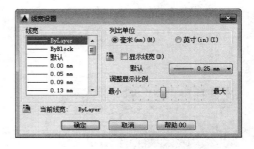

图 9-10 "线宽设置"对话框

其中，"显示线宽"复选框与状态栏"显示/隐藏线宽"按钮 作用相同；"默认"选项中的值即线宽的系统默认值，也就是"图层特性管理器"对话框中"线宽"项显示的"默认"；"调整显示比例"选项只有在绘图时显示线宽才起作用，用鼠标拖动指针来调整线宽的显示比例。

📖 提示：在设置图层特性时，个人或单位应该有个统一的规范，以方便交流。

9.1.5 设置图层状态特性

上一节针对"图层名称"、"图层颜色"、"图层线型"和"图层线宽"4 个基本图层特性对图层进行了设置。除了这些基本特性之外，一个图层还包括打开/关闭、冻结/解冻、锁定/解锁、透明度和打印样式等其他特性，它们控制着图层的各种状态。

1．开关状态

打开和关闭选定图层。如果灯泡图标 💡 显示为黄色，则表示图层已打开。当图层打开时，该层中的图形可见并且可以打印；当图层关闭时，该层中的图形不可见且不能打印，不论"打印"选项是否打开。

2．冻结/解冻

冻结/解冻所有视口中选定的图层，包括"模型"选项卡。如果图标显示为 ❄，则表示图层被冻结，被冻结的图层上的对象不能显示、打印、消隐、渲染或重生成，因此可以通过冻结图层来提高 ZOOM、PAN 和其他若干命令的运行速度，提高对象选择性能并减少复杂图形的重生成时间。

3．锁定/解锁

锁定和解锁选定图层。如果图标显示为 🔒，则表示图层被锁定。被锁定的图层上的对象不能被修改，但可以显示、打印和重生成。

4．透明度

控制所有对象在选定图层上的可见性。对单个对象应用透明度时，对象的透明度特性将替代图层的透明度设置。

5．打印样式

更改与选定图层关联的打印样式。

6．打印/不打印

控制是否打印选定图层。即使关闭图层的打印，仍将显示该图层上的对象。不管"打印"列表的设置如何，都不会打印已关闭或冻结的图层。

7．新视口冻结

在新布局视口中冻结选定图层。例如，在所有新视口中冻结 DIMENSIONS 图层，将在所有新创建的布局视口中限制该图层上的标注显示，但不会影响现有视口中的 DIMENSIONS 图层。如果以后创建了需要标注的视口，则可以通过更改当前视口设置来替代默认设置。

8．说明

用于描述图层或图层过滤器。

9.2 管理图层

图层相当于图纸绘图中使用的重叠图纸。一些复杂的图纸可以包括十几个图层，甚至上百个图层，因此对图层的管理也很重要。

9.2.1 设置当前层

1．切换当前层的方法

建立了若干图层后，要想在某一层上绘制图形，就需要把该层设置为当前层。切换当前层可以通过以下几种方法来实现。

（1）在"图层特性管理器"对话框的图层列表中选择某一图层，单击上方的"置为当前"按钮 。

（2）单击功能区"默认"选项卡→"图层"面板或"图层"工具栏上的"应用过滤器"下拉列表框 ，选择需要置为当前的图层。

（3）选择某一对象，单击"图层"面板或"图层"工具栏上的"将对象的图层置为当前"按钮 。

（4）在命令行中输入命令：CLAYER，并按 Enter 键，然后在命令行中输入图层名称并按 Enter 键即可。

2．改变对象所在层的方法

如果要把其他层的对象放到指定层，可以选择这些对象，然后单击"应用过滤器"下拉列表框 ，在下拉列表中单击指定图层即可。

9.2.2 图层过滤器

当图形中包含大量图层时，可以使用图层过滤器将相关的图层放到一起，方便图层的选取。AutoCAD 2015 中有两种图层过滤器，分别为图层特性过滤器和图层组过滤器。

1．图层特性过滤器

图层特性过滤器用于过滤名称或其他特性相同的图层，即一个图层特性过滤器中的所有图层必须具有某种共性。

单击"图层特性管理器"对话框中的"新建特性过滤器"按钮 ，打开"图层过滤器特性"对话框，如图 9-11 所示。

在"过滤器名称"文本框中命名图层过滤器。在"过滤器定义"列表框中选择需要过滤的特性，"过滤器预览"列表框即会显示过滤出的图层列表。如过滤被锁定的图层，如图 9-12 所示，选择完成后单击"确定"按钮。

2．图层组过滤器

这种过滤器不是基于图层的名称或其他特性，而是用户将指定的图层划入图层组过滤器，只须将选定图层拖动到图层组过滤器，就可以从图层列表中添加选定的图层。

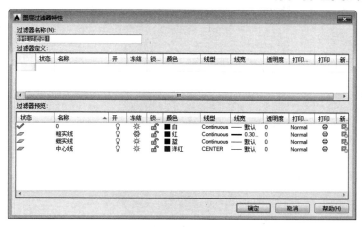

图 9-11 "图层过滤器特性"对话框

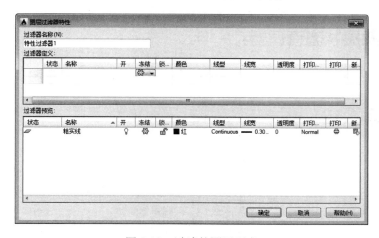

图 9-12 过滤的图层列表

单击"图层特性管理器"对话框中的"新建组过滤器"按钮，在对话框左侧过滤器树列表中将会添加一个"组过滤器 1"，可根据需要进行命名。在过滤器树列表中单击"所有使用的图层"或其他过滤器，显示对应的图层信息，然后将需要分组过滤的图层拖动到"组过滤器 1"中即可，如图 9-13 和图 9-14 所示。

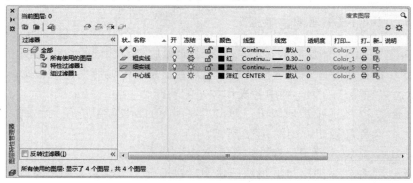

图 9-13 拖动图层到"组过滤器 1"

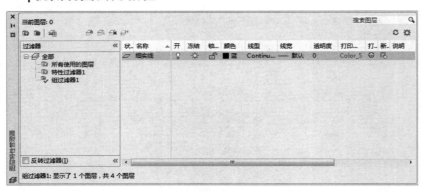

图 9-14 创建的"组过滤器 1"

创建好的过滤器将显示在"图层特性管理器"的左侧树状图内，单击过滤器将显示所有相关图层。

9.2.3 图层状态管理器

在 AutoCAD 2015 中，可通过如图 9-15 所示的"图层状态管理器"管理、保存和恢复图层设置，可以通过以下 4 种方法打开"图层状态管理器"对话框。

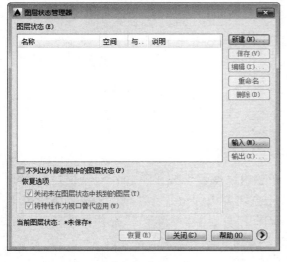

图 9-15 "图层状态管理器"对话框

（1）单击"图层特性管理器"对话框中的"图层状态管理器"按钮 🔳。

（2）单击功能区"默认"选项卡→"图层"面板→"图层状态"按钮 `未保存的图层状态 ▼`→"管理图层状态"命令。

（3）选择菜单栏"格式"→"图层状态管理器"命令。

（4）在命令行中输入命令：LAYERSTATE，并按 Enter 键。

"图层状态管理器"左侧的"图层状态"列表框中会列出已保存在图形中的命名图层状态、保存它们的空间（模型空间、布局或外部参照）、图层列表是否与图形中的图层列表相同及可选说明，下方的"不列出外部参照中的图层状态"复选框用于控制是否显示外部参照的图层状态。

"图层状态管理器"右侧一列中各操作按钮的功能如下。

（1）`新建(N)...`按钮：单击该按钮，弹出"要保存的新图层状态"对话框，可以输入新命名图层状态的名称和说明，如图 9-16 所示。

（2）`保存(V)`按钮：用于保存选定的命名图层状态。

（3）`编辑(I)...`按钮：弹出"编辑图层状态"对话框，可以修改选定的命名图层状态，如图 9-17 所示。

图 9-16 "要保存的新图层状态"对话框 图 9-17 "编辑图层状态"对话框

（4）**重命名**按钮：单击该按钮，修改图层状态名。

（5）**删除 (D)**按钮：删除选定的图层状态。

（6）**输入 (M)...**按钮：单击该按钮，将弹出"输入图层状态"对话框，可以将先前输出的图层状态（LAS）文件加载到当前图形，也可输入 DWG、DWS 或 DWT 文件格式中的图层状态。如果选定 DWG、DWS 或 DWT 文件，将显示"选择图层状态"对话框，从中可以选择要输入的图层状态。

（7）**输出 (X)...**按钮：单击该按钮，将弹出"输出图层状态"对话框，从中可以将选定的命名图层状态保存到图层状态（LAS）文件中。

单击"图层状态管理器"右下角的⊙按钮，将展开"要恢复的图层特性"选项组，如图 9-18 所示。其中一系列复选框对应图层的一系列特性。在命名图层状态中，可以选择要在以后恢复的图层状态和图层特性。

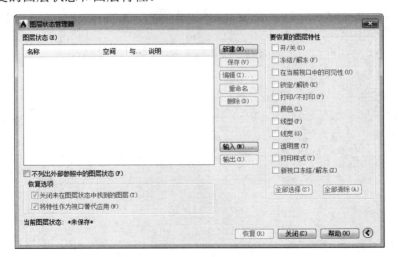

图 9-18 "图层状态管理器"对话框

单击**恢复 (R)**按钮可将图形中所有图层的状态和特性设置恢复为先前保存的设置，但仅恢复使用复选框指定的图层状态和特性设置。

单击**关闭 (C)**按钮，关闭图层状态管理器并保存更改。

9.2.4 修改图层设置

单击"图层特性管理器"对话框右上侧的"设置"按钮 ⚙，弹出如图 9-19 所示的"图层设置"对话框，可对图层的一些参数进行设置。

"图层设置"对话框包括以下 3 个选项组。

（1）"新图层通知"选项组：用于设置控制新图层的计算和通知。

（2）"隔离图层设置"选项组：用于控制未隔离图层的设置。

（3）"对话框设置"选项组：用于设置是否将图层过滤器应用于"图层"工具栏和视口替代背景颜色等。

用户可根据要求对图层相关参数进行设置。

9.2.5 转换图层

在使用 AutoCAD 2015 时，某些图形文件可能不符合用户定义的标准，比如，每个公司定义的图层标准可能不一样。在这种情况下，可以使用"图层转换器"将这些图纸的图层名称和特性转换为该公司的标准，实际上就是将当前图形中使用的图层映射到其他图层，然后使用这些映射转换当前图层；也可以将图层转换映射保存为"*.dwg"或"*.dws"格式的文件，以便以后在其他图形中使用。

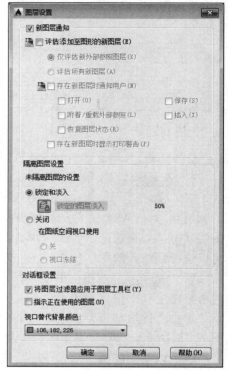

图 9-19　"图层设置"对话框

在 AutoCAD 2015 中，可以使用以下 3 种方法打开"图层转换器"对话框。

（1）选择菜单栏"工具"→"CAD 标准"→"图层转换器"命令。

（2）单击功能区"管理"选项卡→"CAD 标准"面板→"图层转换器"按钮 🔲。

（3）在命令行中输入 LAYTRANS，并按 Enter 键。

"图层转换器"对话框如图 9-20 所示，该对话框包括以下 6 部分。

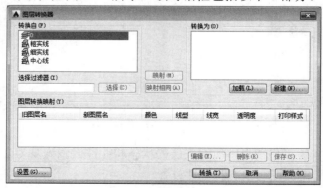

图 9-20　"图层转换器"对话框

（1）"转换自"列表框：列出当前图形中所包含的图层，在这里选择要转换的图层。也可以通过在下方的"选择过滤器"文本框中输入通配符来选择图层。

（2）"转换为"列表框：列出可以将当前图形的图层转换为哪些图层。单击 加载(L)... 按钮，可以加载图形文件、图形样板文件和图层标准文件中的图层至"转换为"列表框中。单击 新建(N)... 按钮可创建图层的转换格式。

（3） 映射(M) 按钮：用于将"转换自"列表框中选定的图层映射到"转换为"列表框中选定的图层，结果将显示在"图层转换映射"列表框内。

（4） 映射相同(A) 按钮：用于映射在两个列表框中具有相同名称的所有图层。

（5）"图层转换映射"列表框：列出要转换的所有图层以及图层转换后所具有的特性。单击下方的 编辑(E)... 按钮，弹出如图 9-21 所示的"编辑图层"对话框，可编辑转换后的图层特性，也可修改图层的线型、颜色和线宽。单击 删除(R) 按钮，将从"图层转换映射"列表框中删除选定的映射。单击 保存(S)... 按钮，可将当前图层保存为一个文件，以便以后使用。

（6） 设置(G)... 按钮：用于自定义图层转换的过程，单击它可打开如图 9-22 所示的"设置"对话框。

图 9-21　"编辑图层"对话框　　　　　图 9-22　"设置"对话框

单击 转换(T) 按钮，开始对已映射图层进行图层转换。

> 📖 注意：转换之前要先将"转换自"和"转换为"列表框内的图层映射好，即通知图层转换器要转换的图形文件中的图层将转换为什么样的目标图层。如果未保存当前图层转换映射，程序将在转换开始之前提示保存。

9.2.6　图层匹配

在 AutoCAD 2015 中，匹配图层操作用于将选定对象的图层更改为与目标图层相匹配。可以通过以下 3 种方法执行"图层匹配"操作。

（1）单击功能区"默认"选项卡→"图层"面板→"匹配图层"按钮 ☜ 匹配图层 。

（2）选择菜单栏"格式"→"图层工具"→"图层匹配"命令。

（3）在命令行中输入命令：LAYMCH，并按 Enter 键。

执行"匹配图层"命令后，命令行提示：

```
选择要更改的对象：
✍ ▼ LAYMCH 选择对象：
```

此时用鼠标拾取要更改的对象，选择完成后右击或按 Enter 键，命令行继续提示：

此时拾取一个目标图层上的对象，则要更改的对象被移动到目标对象所在的图层。

9.2.7　图层漫游和图层隔离

图层漫游用于动态显示在"图层"列表中选择的图层上的对象，若在"图层漫游"对话框中选择了需要显示的图层，此时其余的图层将被暂时隐藏，图层漫游操作结束后，被隐藏的图层将重新显示，即图层漫游是一种临时的操作。

图层隔离用于隐藏或锁定除选定对象所在的图层外的所有图层，图层隔离操作结束后，其余图层仍然处于锁定状态。

如图 9-23(a)所示，操作之前，矩形在"粗实线"图层上，圆在"细实线"图层上，三角形在"中心线"图层上。对"中心线"图层执行图层漫游操作时，其他的图层将被隐藏，如图 9-23(b)所示。对"中心线"图层执行图层隔离操作后，其他的两个图层将被锁定，如图 9-23(c)所示。

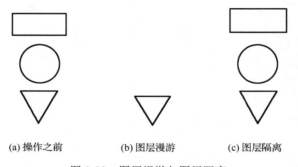

(a) 操作之前　　　(b) 图层漫游　　　(c) 图层隔离

图 9-23　图层漫游与图层隔离

在 AutoCAD 2015 中，可以使用以下 3 种方法执行"图层漫游"操作。

（1）单击功能区"默认"选项卡→"图层"面板→"图层漫游"按钮。

（2）选择菜单栏"格式"→"图层工具"→"图层漫游"命令。

（3）在命令行中输入命令：LAYWALK，并按 Enter 键。

图 9-24　"图层漫游"对话框

执行图层漫游操作后，弹出"图层漫游"对话框，如图 9-24 所示。该对话框列出了图形中所有的图层，选择其中的某些图层，可对它们进行漫游；若单击其中的"选择对象"按钮，也可对该对象所在图层进行漫游。单击关闭(C)按钮，可退出图层漫游。

在 AutoCAD 2015 中，有以下 3 种方法执行"图层隔离"操作。

（1）单击功能区"默认"选项卡→"图层"面板→"隔离"按钮。

（2）选择菜单栏"格式"→"图层工具"→"图层隔离"命令。

（3）在命令行中输入命令：LAYISO，并按 Enter 键。

执行图层隔离操作后，命令行将提示：

> 🔳 ▾ **LAYISO** 选择要隔离的图层上的对象或 [设置(S)]：

此时用鼠标拾取一个或多个对象后，按 Enter 键完成拾取。根据当前设置，除选定对象所在图层之外的所有图层均将关闭、在当前布局视口中冻结或锁定。输入"S"，选择"设置"选项对图层进行隔离设置，可控制是否关闭、是否在当前布局视口中冻结或锁定图层。

执行图层隔离操作后，若须对锁定的图层进行编辑操作，有以下 3 种方法取消图层隔离。

（1）单击功能区"默认"选项卡→"图层"面板→"取消隔离"按钮 🔳。

（2）选择菜单栏"格式"→"图层工具"→"取消图层隔离"命令。

（3）在命令行中输入命令：LAYUNISO，并按 Enter 键。

9.3 综合实例

9.3.1 实例 – 创建图层

【例 9-1】创建符合表 9-1 所示特性的图层。

表 9-1　图层特性

图层名称	颜色	线型	线宽
粗实线	白色	Continuous	0.50mm
细实线	白色	Continuous	0.25mm
中心线	红色	CENTER2	0.25mm
虚线	蓝色	HIDDEN2	0.25mm
标注线	绿色	Continuous	0.25mm
辅助线	洋红色	Continuous	0.25mm

创建图层步骤

[1] 单击功能区"默认"选项卡→"图层"面板→"图层特性"按钮，打开图 9-25 所示的"图层特性管理器"对话框。

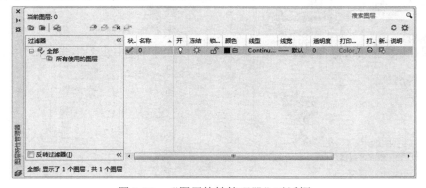

图 9-25　"图层特性管理器"对话框

[2] 单击"新建图层"按钮，在右侧窗格显示如图 9-26 所示的新建图层。

图 9-26　新建图层

[3] 新建图层默认名称为"图层 1"，此时输入新图层名称"粗实线"。

[4] 单击"线宽"列的图标————默认，弹出"线宽"对话框，拖动滑块选择"0.50mm"的线宽→单击 确定 按钮（图 9-27）。至此完成"粗实线"层设置。

[5] 单击"图层特性管理器"对话框中的"新建图层"按钮。

[6] 仿照步骤 3，输入新图层名称"细实线"。

[7] 单击"线宽"列的图标————默认，拖动滑块选择"0.25mm"的线宽→单击 确定 按钮，如图 9-28 所示。至此完成"细实线"层设置。

图 9-27　设置 0.50mm 线宽

图 9-28　设置 0.25mm 线宽

[8] 重复步骤 5。

[9] 仿照步骤 3，输入新图层名称"中心线"。

[10] 单击"颜色"列的图标■白，弹出"选择颜色"对话框，选择 9 个索引颜色中的"红"后单击 确定 按钮，如图 9-29 所示。

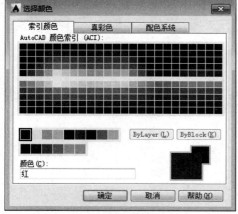

图 9-29　设置颜色

[11] 单击"线型"列的图标Continu...，弹出如图 9-30 所示的"选择线型"对话框，单击 加载(L)... 按钮，弹出"加载或重载线型"对话框，在"可用线型"列表框中拖动滑块选择"CENTER2"线型，单击 确定 按钮（图 9-31），回到"选择线型"对话框，选择"CENTER2"线型，单击 确定 按钮（图 9-32）。至此完成"中心线"层设置。

[12] 重复步骤 5。

[13] 仿照步骤 3，输入新图层名称"虚线"。

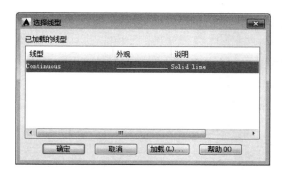

图9-30 "选择线型"对话框

图9-31 加载"CENTER2"线型

[14] 仿照步骤10,选择9个索引颜色中的"蓝"后单击 确定 按钮。

[15] 仿照步骤11加载"HIDDEN2"线型(图9-33),并在"选择线型"对话框中选择该线型,如图9-34所示。至此完成"虚线"层设置。

图9-32 在"选择线型"对话框中选择
加载的"CENTER2"线型

图9-33 加载"HIDDEN2"线型

[16] 重复步骤5。

[17] 仿照步骤3,输入新图层名称"标注线"。

[18] 仿照步骤10,选择9个索引颜色中的"绿"后单击 确定 按钮。

[19] 单击"线型"列的图标 Continu... ,在弹出的"选择线型"对话框中选择"Continuous"线型,单击 确定 按钮(图9-35)。至此完成"标注线"层设置。

图9-34 在"选择线型"对话框中选择
加载的"HIDDEN2"线型

图9-35 选择"标注线"层的线型

[20] 重复步骤 5。

[21] 仿照步骤 3，输入新图层名称"辅助线"。

[22] 仿照步骤 10，选择 9 个索引颜色中的"洋红"后单击 确定 按钮。至此完成 "辅助线"层设置。

[23] 设置好的 6 个图层，在"图层特性管理器"对话框中显示如图 9-36 所示，在 "图层"面板中显示如图 9-37 所示。

图 9-36　"图层特性管理器"对话框中设置好的 6 个图层

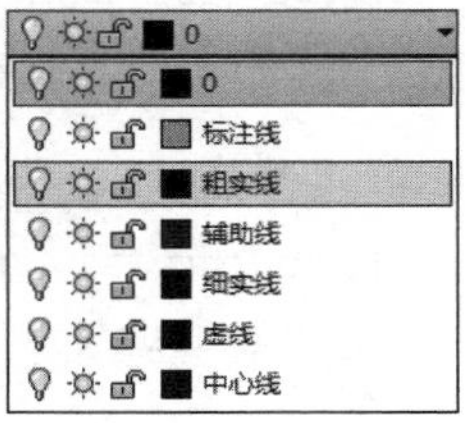

图 9-37　"图层"面板中设置好的 6 个图层

9.3.2　实例－转换图层

【例 9-2】使用"图层转换器"将文件中的"辅助线"图层的名称改为"Auxiliary Line"，颜色改为"青色"，线型改为"CENTER2"，线宽改为"0.50mm"。

图层转换的操作步骤

[1] 在命令行中输入 LAYTRANS 并按 Enter 键，打开"图层转换器"对话框，选中 "转换自"列表框中的"辅助线"，如图 9-38 所示。

[2] 单击 新建(N)... 按钮，弹出"新图层"对话框，输入图层名称"Auxiliary Line"，选中"CENTER2"线型，选择"0.50mm"线宽，选择颜色为"青"，如图 9-39 所示。

图 9-38　"图层转换器"对话框

图 9-39　"新图层"对话框

[3] 单击 确定 按钮，返回 "图层转换器" 对话框，选中 "转换为" 列表框中的 "Auxiliary Line"，单击 映射(M) 按钮，如图 9-40 所示。

[4] 由图 9-40 可看出，转换的信息在 "图层转换映射" 列表框中显示，此时单击 转换(T) 按钮，开始转换图层，弹出如图 9-41 所示的警告对话框，选择 "转换并保存映射信息"，保存映射信息后完成转换。

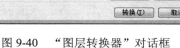

图 9-40　"图层转换器" 对话框

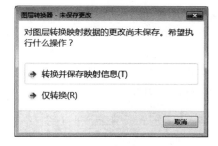

图 9-41　警告对话框

> 📖 注意：可将映射信息保存为*.dws 或*.dwg 格式的文件。

第 *10* 章 绘制三维图形

在前面的相关章节中我们已经学习了二维图形的绘制和编辑等知识，已基本上能够满足用户绘制平面图形的需要。实际上，AutoCAD 2015 在三维绘图领域的功能也非常强大。AutoCAD 为用户提供了比较完善的三维绘图功能，使用三维绘图功能可以创建出具有较强真实感效果的三维模型，也更有利于与计算机辅助工程、制造等系统相结合。本章将主要介绍三维设计空间以及如何在三维绘图空间内绘制各种图形，包括点、线、平面、实体图元和网格等。

【学习目标】

（1）学会查看三维模型的方法。
（2）了解 WCS 和 UCS 两种坐标系。
（3）掌握绘制各种三维实体图元的方法。
（4）学会网格的绘制方法。
（5）学会从直线和曲线创建实体和曲面。

10.1 三维建模基础

10.1.1 设置三维环境

AutoCAD 2015 专门设置了三维建模空间，需要使用时，只需要从工作空间的下拉列表中选择"三维建模"即可，如图 10-1 所示。

图 10-1 选择三维建模

AutoCAD 为用户提供的"三维建模"工作空间如图 10-2 所示，其中包括与三维操作相关的菜单、功能区、面板、选项卡等。"三维建模"工作空间功能区包括"常用"、"实体"、"曲面"、"网格"、"可视化"、"参数化"、"插入"、"注释"、"视图"、"管理"、"输出"、"附加模块"、"Autodesk 360"和"BIM360"14 个选项卡。

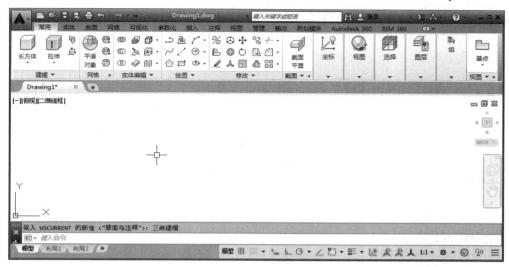

图 10-2   "三维建模"工作空间

10.1.2   了解三维模型

AutoCAD 2015 包括 3 种三维模型，分别为线框模型、网格模型和实体模型。例如，同样是一个长方体三维模型，线框模型、网格模型、实体模型分别如图 10-3 所示。线框模型是一种线的模型，网格模型是一种面的模型，而实体模型是一种三维实体的模型，它们所属的维数不同。

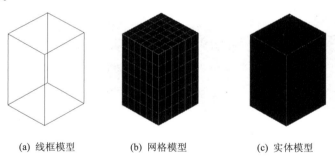

(a) 线框模型   (b) 网格模型   (c) 实体模型

图 10-3   三种模型

线框模型是使用直线和曲线的真实三维对象的边缘或骨架表示。它仅由描述对象的点、直线和曲线构成，不含描述表面的信息。我们可以将二维图形放置在三维空间的任意位置来生成线框模型，也可以使用 AutoCAD 提供的三维线框对象或三维坐标来创建三维模型。通常都是利用直线命令绘制，输入三维坐标点来创建三维线框模型。

网格模型比线框模型复杂得多，它不仅定义了三维对象的边，而且定义了三维对象的表面。网格模型由表面组成，表面不透明，且能挡住视线。AutoCAD 的网格模型使用多边形网格定义对象的棱面模型。由于网格表面是平面的，因此使用多边形网格只能近似地模拟曲面。

实体模型描述了对象所包含的整个空间，是信息最完整的一种三维模型。实体模型在构造和编辑上较线框和表面模型复杂。用户可以分析实体的质量、体积、重心等物理特性，可以为一些应用分析，如数控加工、有限元等提供数据。与网格模型类似，实体模型也以线框的形式显示，除非用户进行消隐、着色或渲染处理。

10.1.3　查看三维模型

1．设置视点

在 AutoCAD 绘图空间中可以在不同的位置上观察图形，这些位置称为视点。视点的设置主要有两种方式。

1）使用"视点"命令设置视点

"视点"命令用于直接输入观察点的坐标或角度来确定视点。选择菜单栏"视图"→"三维视图"→"视点"命令，或者在命令行中输入"-VPOINT"后按 Enter 键，激活"视点"命令，命令行出现如下提示：

绘图区显示如图 10-4 所示的指南针和三轴架。其中，三轴架代表 X、Y、Z 轴的方向，当用户相对于指南针移动十字线时，三轴架会自动进行调整，以显示 X、Y、Z 轴对应的方向。用户可在任意位置单击确定视点，也可在命令行输入观察点的坐标来确定视点。

2）通过"视点预设"设置视点

"视点预设"命令是通过对话框的形式进行视点设置的，如图 10-5 所示。用户可通过以下两种方法打开该对话框。

（1）选择菜单栏中"视图"→"三维视图"→"视点预设"命令。

（2）在命令行中输入命令：VPOINT（或 VP），并按 Enter 键。

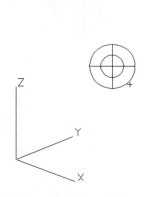

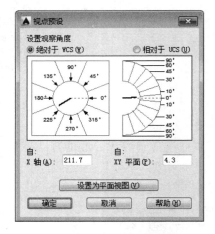

图 10-4　指南针和三轴架　　　　　图 10-5　"视点预设"对话框

执行"视点预设"命令后，打开"视点预设"对话框，在此对话框中可进行如下设置。

（1）设置观察角度。系统将默认的角度认为是相对于当前 WCS 的，如果选中了"相对于 UCS"单选按钮，设置的角度值就是相对于 UCS 的。

（2）设置视点、原点的连线在 XOY 面上的投影与 X 轴的夹角。具体操作是在图 10-5 左侧半圆图形上选择相应的点，或者直接在"X 轴"文本框内输入角度值。

（3）设置视点、原点的连线与 XY 平面的夹角。具体操作是在图 10-5 右侧半圆图形上选择相应的点，或者直接在"XY 平面"文本框内输入角度值。

（4）设置为平面视图。单击 设置为平面视图(V) 按钮，系统将重新设置为平面视图。平面视图的观察方向与 X 轴的夹角为 270°，与 XY 平面的夹角为 90°。

2．三维视图

AutoCAD 2015 预定义的视图包括正交视图和等轴测视图，使用功能区"可视化"选项卡的"视图"面板和"视图"菜单的"三维视图"子菜单，可以方便快速地切换到预定义视图，如图 10-6 和图 10-7 所示。

要查看三维图形每个部分的细节，就必须在不同的视图之间切换。预定义的 6 种正交视图为俯视、仰视、左视、右视、前视和后视。这 6 种正交视图显示的是三维图形在平面上（上、下、左、右、前和后 6 个面）的投影，也可以理解为从上、下、左、右、前和后 6 个方向观察三维图形所得的影像，如图 10-8 所示。

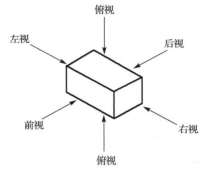

图 10-6　"视图"面板　　　　图 10-7　"三维视图"子菜单　　　　图 10-8　正交视图

等轴测视图显示的三维图形具有最少的隐藏部分。预定义的等轴测视图有西南等轴测、东南等轴测、东北等轴测和西北等轴测。可以这样理解等轴测视图的表现方式：想象正在俯视三维图形的顶部，如果朝图形的左下角移动，可以从西南等轴测视图观察图形，如图 10-9 所示；如果朝图形的右上角移动，可以从东北等轴测视图观察图形。

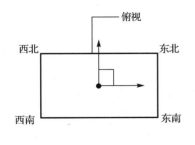
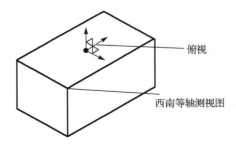

图 10-9　等轴测视图

3. 三维导航工具

在二维绘图过程中，只需平移和缩放即可查看图形的各部分。但是对三维图形，平移和缩放并不能查看图形的各部分，还需要借助其他的三维观察工具。图 10-10 所示为 AutoCAD 2015 中"视图"选项卡的"导航"面板。

图 10-10 "导航"面板

"导航"面板集成了 SteeringWheels 工具按钮、平移按钮、动态观察系列按钮及范围系列按钮。

（1）"平移"按钮 ✋："平移"是指在水平和垂直方向拖动视图。

（2）动态观察系列按钮：定义一个视点围绕目标移动、视点移动时，视图的目标保持静止。包括"受约束的动态观察"、"自由动态观察"和"连续动态观察"3 个三维动态观察工具。

① "受约束的动态观察"按钮 ⊕：只能沿 XY 平面或 Z 轴约束三维动态观察。

② "自由动态观察"按钮 ⊘：视点不受约束，可在任意方向上进行动态观察。

③ "连续动态观察"按钮 ⊘：连续地进行动态观察。在要连续动态观察移动的方向上单击并拖动，然后释放鼠标，轨道沿该方向继续移动。

（3）范围（ZOOM）系列按钮：可以通过放大和缩小操作更改视图的比例，类似于使用相机进行缩放。使用 ZOOM 不会更改图形中对象的绝对大小，它仅更改视图的比例。"缩放"是指模拟移动相机靠近或远离对象。

AutoCAD 2015 大大增强了图形的导航功能，ViewCube、SteeringWheels 均为图形导航工具，可快速地在各个图形视图间切换。

1）ViewCube

ViewCube 工具主要应用于三维模型导航，使用 ViewCube 工具，用户可以在正投影视图和等轴测视图之间进行切换。

在 AutoCAD 2015 中，有以下 3 种方法打开 ViewCube。

（1）选择菜单栏"视图"→"显示"→"ViewCube"→"开"命令。

（2）单击功能区"视图"选项卡→"视口工具"面板→"ViewCube"按钮。

（3）在命令行中输入命令：NAVVCUBE，并按 Enter 键，在命令行中输入 ON，并按 Enter 键。

ViewCube 是持续存在、可单击和可拖动的界面，它用于在标准视图和等轴测视图之间切换。ViewCube 可处于活动状态或不活动状态。在不活动状态时，ViewCube 显示为半透明，将光标移至 ViewCube 上方可将其转至活动状态。

如图 10-11 所示，ViewCube 显示为六面体形状，该六面体代表三维模型所处的六面体空间。单击六面体的顶点，可切换到对应的等轴测视图；单击六面体的面，可切换到对应的标准视图；单击六面体的边，可切换到对应的侧视图。

AutoCAD 2015 通过"ViewCube 设置"对话框对 ViewCube 进行设置，如果 ViewCube 处于活动状态，则在 ViewCube 上单击鼠标右键，然后选择"ViewCube 设置"选项；如果 ViewCube 处于不活动状态，则在"选项"对话框的"三维建模"选项卡中，在"三维导航"下单击"ViewCube"按钮。"ViewCube 设置"对话框如图 10-12 所示。

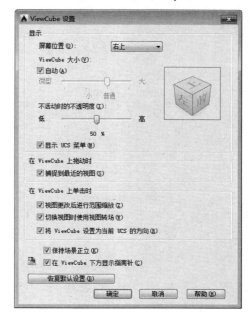

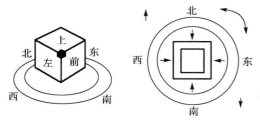

图 10-11　ViewCube 显示　　　　　图 10-12　"ViewCube 设置"对话框

　　"ViewCube 设置"对话框主要用于控制 ViewCube 的可见性和显示特性。

　　在"显示"选项组中,"屏幕位置"下拉列表框用来设置 ViewCube 显示在视口的哪个角,可选择为右上、右下、左上和左下;调整"ViewCube 大小"滑块,可控制 ViewCube 的显示尺寸;调整"不活动时的不透明度"滑块,可控制 ViewCube 处于不活动状态时的不透明度级别;如果选择"显示 UCS 菜单"复选框,那么在 ViewCube 下还将显示 UCS 的下拉菜单。

　　2)SteeringWheels

　　SteeringWheels(也称控制盘)是划分为不同部分的追踪菜单。控制盘上的每个按钮代表一种导航工具,可以以不同的方式平移、缩放或操作模型的当前视图。

　　在 AutoCAD 2015 中,有以下 5 种方法显示 SteeringWheels。

　　(1)选择菜单栏"视图"→"SteeringWheels"命令。

　　(2)单击功能区"视图"选项卡→"导航"面板→"SteeringWheels"按钮◎。

　　(3)单击导航栏的"SteeringWheels"按钮◎。

　　(4)在绘图区右击,选择"SteeringWheels"按钮。

　　(5)在命令行中输入命令:NAVSWHEEL,并按 Enter 键。

　　AutoCAD 2015 通过"SteeringWheels 设置"对话框对 SteeringWheels 进行设置,如图 10-13 所示。在 SteeringWheels 上右击,在弹出的快捷菜单中选择"SteeringWheels 设置"命令,可以打开"SteeringWheels 设置"对话框。

　　在"SteeringWheels 设置"对话框的"大控制盘"和"小控制盘"选项组中,可分别设置大控制盘和小控制盘的大小和不透明度。在"显示"选项组中,"显示工具消息"复选框用于控制当前工具的消息显示与否,"显示工具提示"复选框用于控制控制盘上的按钮工具显示与否。

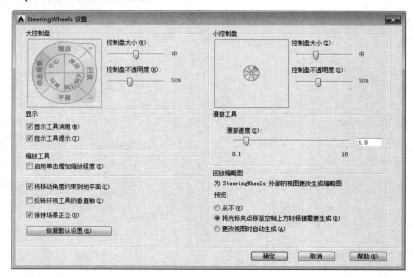

图 10-13 "SteeringWheels 设置"对话框

10.1.4 三维显示功能

1. 视觉样式

在 AutoCAD 2015 中，提供了几种控制模型外观显示的工具，巧妙地运用这些着色功能，能够快速地显示出三维物体的逼真形态，对三维模型的效果显示有很大的帮助。这些着色工具位于如图 10-14 所示的"视觉样式"面板上。

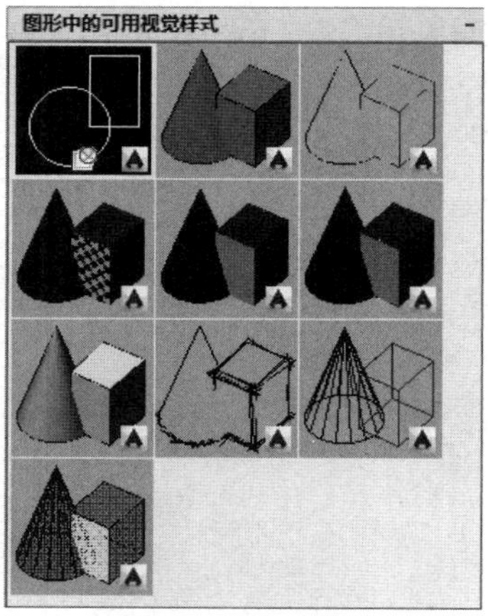

AutoCAD 可以根据不同的显示需求设置不同的视觉样式。在 AutoCAD 2015 中，视觉样式可通过以下 3 种方式切换。

（1）选择菜单栏"视图"→"视觉样式"子菜单。

（2）单击功能区"视图"选项卡→"选项板"面板→"视觉样式"按钮 ⊘。

（3）在命令行中输入命令：VSCURRENT，并按 Enter 键。

AutoCAD 2015 为用户提供以下 10 种预定义的视觉样式，分别为二维线框、概念、隐藏、真实、着色、带边缘着色、灰度、勾画、线框和 X 射线。

（1）二维线框：显示用直线和曲线表示边界的对象。光栅和 OLE 对象、线型和线宽都是可见的。

图 10-14 "视觉样式"面板

（2）概念：着色多边形平面间的对象，并使对象的边平滑。着色使用冷色和暖色之间的过渡，效果缺乏真实感，但是可以更方便地查看模型的细节。

（3）隐藏：显示用三维线框表示的对象并隐藏表示后向面的直线。

（4）真实：着色多边形平面间的对象，并使对象的边平滑，将显示已附着到对象的材质。

（5）着色：用于将对象进行平滑着色。

（6）带边缘着色：用于将对象进行带有可见边的平滑着色。

（7）灰度：用于将对象以单色面颜色模式着色，以产生灰度效果。

（8）勾画：用于对对象使用外伸和抖动方式产生手绘效果。

（9）线框：通过使用直线和曲线表示边界的方式显示对象，并显示 1 个已着色的三维 UCS 图标。

（10）X 射线：用于更改面的不透明度，以使整个场景变成部分透明。

如图 10-15 所示为一个沙发模型在这 10 种视觉样式下的显示效果图。

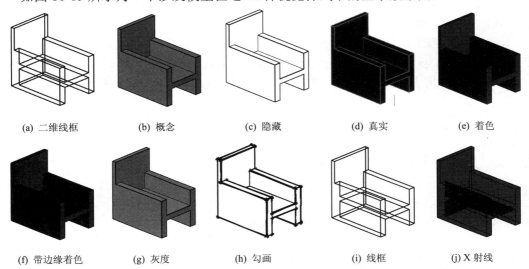

(a) 二维线框　　　(b) 概念　　　(c) 隐藏　　　(d) 真实　　　(e) 着色

(f) 带边缘着色　　　(g) 灰度　　　(h) 勾画　　　(i) 线框　　　(j) X 射线

图 10-15　十种视觉样式效果

2．管理视觉样式

"视觉样式管理器"对话框用于控制模型的外观显示效果、创建或更改视觉样式等，如图 10-16 所示。

打开"视觉样式管理器"对话框主要有以下几种方式。

（1）选择菜单栏"视图"→"视觉样式"→"视觉样式管理器"命令。

（2）单击功能区"视图"选项卡→"选项板"面板→"视觉样式"按钮 ⊗。

（3）在命令行中输入 VISUALSTYLES，并按 Enter 键。

其中，"面设置"选项用于控制面上颜色和着色的外观，"环境设置"用于打开、关闭阴影和背景，"边设置"指定显示哪些边要应用边修改器。

图 10-16　"视觉样式
管理器"对话框

10.1.5　WCS 与 UCS 坐标系

在默认设置下，AutoCAD 是以世界坐标系的 XY 平面作为绘图平面的。由于世界坐标系（WCS）是固定的，其应用范围有一定的局限性，为此，

AutoCAD 为用户提供了用户坐标系，简称 UCS。在三维环境中，UCS 对于输入坐标、建立绘图平面和设置视图非常有用。改变 UCS 并不改变视点，只会改变坐标系的方向和倾斜度。

1．三维坐标系

AutoCAD 2015 包括 3 种三维坐标系：笛卡儿坐标系、柱坐标系和球坐标系。

在 AutoCAD 的三维绘图过程中，经常使用的是笛卡儿坐标系，又称直角坐标系。它由 X、Y、Z 三个坐标轴组成，如图 10-17 所示。直角坐标系有两种类型：世界坐标系 WCS 和用户坐标系 UCS。用户可以根据自己的需要设定坐标系，即用户坐标系，合理地创建 UCS，可以方便地创建三维模型。

柱坐标通过点在 XY 平面中的投影与 UCS 原点之间的距离、点在 XY 平面中的投影与 X 轴的角度以及 Z 轴坐标值来描述精确的位置，如图 10-18 所示。柱坐标中的角度输入相当于三维空间中的二维极坐标输入，使用以下语法指定绝对柱坐标系中的点：X<angle,Z。

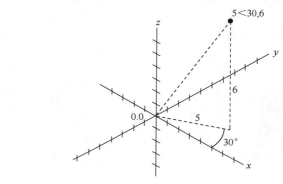

图 10-17　直角坐标系	图 10-18　柱坐标系

例如：在图 10-18 中，(5<30,6)表示在 XY 平面中的投影距 UCS 原点 5 个单位、与 X 轴成 30°角、沿 Z 轴 6 个单位的点。

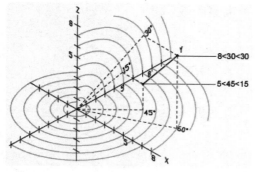

图 10-19　球坐标系

球坐标通过指定某个位置距当前 UCS 原点的距离、在 XY 平面中的投影与 X 轴所成的角度，以及与 XY 平面所成的角度来指定该位置，如图 10-19 所示。球坐标的角度输入与二维中的极坐标输入类似，每个角度前面加了一个 "<"，可使用以下语法指定绝对球坐标系下的点：X<[与 X 轴所成的角度]<[与 XY 平面所成的角度]。

例如，在图 10-19 中，(5<45<15)表示该点与 UCS 原点的距离为 5 个单位、在 XY 平面中的投影与 X 轴正方向成 45°角以及与 XY 平面成 15°角。

在上述 3 种三维坐标系中要输入相对坐标，均须使用@符号作为前缀。

2．定义 UCS 坐标系

为了更好地辅助绘图，AutoCAD 为用户提供了一种非常灵活的坐标系——用户坐标系（UCS）。此坐标系弥补了世界坐标系（WCS）的不足，用户可以随意定制符合作图需要的 UCS，应用范围比较广。

执行"UCS"命令主要有以下两种方式。

（1）选择菜单栏"工具"→"新建 UCS"级联菜单命令。

（2）在命令行中输入命令：UCS，并按 Enter 键。

执行"UCS"命令后，命令行提示：

```
命令：UCS
当前 UCS 名称：*世界*
 UCS 指定 UCS 的原点或 [面(F) 命名(NA) 对象(OB) 上一个(P) 视图(V) 世界(W) X Y Z Z 轴(ZA)] <世界>：
```

（1）指定 UCS 的原点：用于指定三点，以分别定位出新坐标系的原点、X 轴正方向和 Y 轴正方向。

（2）"面（F）"：用于选择一个实体的平面作为新坐标系的 XOY 面。用户必须使用点选法选择实体。

（3）"命名（NA）"：用于恢复其他坐标系为当前坐标系、为当前坐标系命名保存及删除不需要的坐标系。

（4）"对象（OB）"：表示通过选定的对象创建 UCS 坐标系。用户必须使用点选法选择对象。

（5）"上一个（P）"：用于将当前坐标系恢复到上一次所设置的坐标系位置，直到将坐标系恢复为 WCS 坐标系。

（6）"视图（V）"：表示将新建的用户坐标系的 X、Y 轴所在的面设置成与屏幕平行，其原点保持不变，Z 轴与 XY 面正交。

（7）"世界（W）"：用于选择世界坐标系为当前坐标系，用户可以从任何一种 UCS 坐标系下返回到世界坐标系。

（8）X/Y/Z 选项：原坐标系坐标平面分别绕 X、Y、Z 轴旋转而形成新的用户坐标系。

（9）"Z 轴（ZA）"：用于指定 Z 轴方向以确定新的 UCS 坐标系。

3. 管理 UCS 坐标系

"命名 UCS"命令用于对命名 UCS 及正交 UCS 进行管理和操作。执行"命名 UCS"命令主要有以下两种方式。

（1）选择菜单栏"工具"→"命名 UCS"命令。

（2）在命令行中输入命令：UCSMAN，并按 Enter 键。

执行"命名 UCS"命令后可打开如图 10-20 所示的"UCS"对话框。通过此对话框，可以很方便地对自己定义的坐标系统进行存储、删除和应用等操作。

1）"命名 UCS"选项卡

如图 10-20 所示的"命名 UCS"选项卡，用于显示当前文件中的所有坐标系，还可以设置当前坐标系。

（1）"当前 UCS"：显示当前的 UCS 名称。如果 UCS 设置没有保存和命名，那么当前 UCS 读取"未命名"。在"当前 UCS"下的空白栏中有 UCS 名称的列表，列出当前视图中已定义的坐标系。

（2）置为当前(C)按钮用于设置当前坐标系。

（3）单击详细信息(T)按钮，可以打开如图 10-21 所示的"UCS 详细信息"对话框，用来查看坐标系的详细信息。

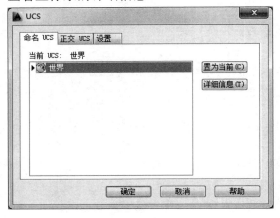

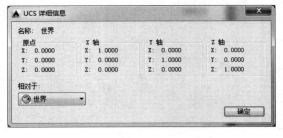

图 10-20　"UCS"对话框　　　　图 10-21　"UCS 详细信息"对话框

2）"正交 UCS"选项卡

在"UCS"对话框中切换至如图 10-22 所示的选项卡，此选项卡主要用于显示和设置 AutoCAD 的预设标准坐标系作为当前坐标系。如图 10-22 所示，列出了 6 个正交坐标系，可在"相对于"下拉列表框中设置正交 UCS 的基准坐标系。

置为当前(C)按钮用于设置当前的正交坐标系。用户可以在列表中双击某个选项，将其设为当前；也可以选择需要设为当前的选项后单击鼠标右键，从弹出的快捷菜单中选择置为当前的选项。

3）"设置"选项卡

在"UCS"对话框中切换至如图 10-23 所示的选项卡，此选项卡主要用于设置 UCS 坐标的显示及其他的一些操作。

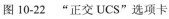

图 10-22　"正交 UCS"选项卡　　　　图 10-23　"设置"选项卡

（1）"开"复选框用于显示当前视口中的 UCS 坐标。

（2）"显示于 UCS 原点"复选框用于在当前视口中当前坐标系的原点显示 UCS 图标。

（3）"应用到所有活动视口"复选框用于将当前 UCS 图标设置应用到当前图形中的所有活动视口。

（4）"UCS 与视口一起保存"复选框用于将坐标系设置与视口一起保存。如果不勾选此项，视口将反映当前视口的 UCS。

（5）"修改 UCS 时更新平面视图"复选框用于修改视口中的坐标系时恢复平面视图。当对话框关闭时，平面视图和选定的 UCS 设置被恢复。

10.2 绘制三维点线面

10.2.1 三维空间的点

三维空间中点的绘制方法和二维绘图一样，也是使用"绘图"菜单的"点"子菜单。但是，三维空间中点的绘制比二维空间要复杂，因为三维空间更加难于定位。要精确地在三维空间某个位置上绘制点，有以下 3 种方法。

（1）输入该点的绝对或相对坐标值，可以使用笛卡儿坐标、柱坐标或球坐标。

（2）切换到二维视图，在二维空间内绘制将简单得多。

（3）在要绘制三维点的平面上建立用户坐标系 UCS 原点，然后用在二维图形中绘制点的方法绘制三维点。

下面通过一个简单的实例操作来具体介绍点的绘制方法。

【例 10-1】如图 10-24(a)所示的一个圆柱体，要求在其上表面的中心点上绘制一个点。

 操作步骤

[1] 设置点样式。选择菜单栏"格式"→"点样式"命令，在弹出的"点样式"对话框中选择"⊙"。

[2] 将视图转换到上平面。选择菜单栏"视图"→"三维视图"→"俯视"命令，显示俯视的正交视图。如图 10-24(b)所示，俯视图显示为一个圆形。

[3] 绘制点。选择菜单栏"绘图"→"点"→"单点"命令，利用对象捕捉和对象追踪在俯视图的圆形中心绘制一个单点，如图 10-24(c)所示。

[4] 将视图转换到三维空间。选择菜单栏"视图"→"三维视图"→"东北等轴测"命令，查看步骤 3 中绘制的点在圆柱体中的位置，如图 10-24(d)所示。

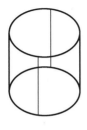

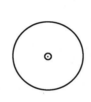
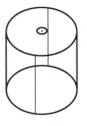

| (a) 圆柱体 | (b) 切换到俯视图 | (c) 绘制点 | (d) 查看绘制结果 |

图 10-24　三维空间的点

10.2.2 三维空间的线

三维空间中的线分为平面曲线和空间曲线两种。平面曲线指曲线上的任意一点均位于同一个平面内；空间曲线指曲线上的点不全部位于同一平面内，包括三维样条曲线和三维多段线。

平面曲线的绘制方法与前面章节介绍的各种曲线绘制方法相同，只要将视图转换到平面视图即可。本节主要介绍三维样条曲线和三维多段线的绘制方法。

1. 绘制三维样条曲线

绘制三维样条曲线的方法与二维中的相同，使用 SPLINE 命令，通过指定一系列控制点和拟合公差来绘制。如图 10-25 所示为指定 4 棱锥的 4 条边上 4 个中点为控制点绘制的三维样条曲线。

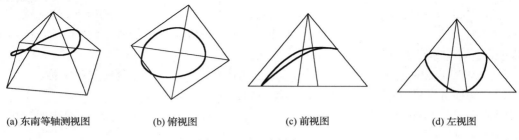

(a) 东南等轴测视图   (b) 俯视图   (c) 前视图   (d) 左视图

图 10-25   三维样条曲线

2. 绘制三维多段线

三维多段线是作为单个对象创建的直线段相互连接而成的序列。AutoCAD 2015 中的三维多段线可以不共面，但是不能包括圆弧段。三维多段线的绘制也和二维绘图中的相似。此外，AutoCAD 2015 提供了专门的三维多段线绘制命令。

AutoCAD 2015 中有以下 3 种方法来绘制三维多段线。

（1）选择菜单栏"绘图"→"三维多段线"命令。

（2）单击功能区"常用"选项卡→"绘图"面板→"三维多段线"按钮 😊 。

（3）在命令行中输入命令：3DPOLY，并按 Enter 键。

执行 3DPOLY 命令之后，命令行将提示：

> 😊 ▾ **3DPOLY 指定多段线的起点：**

此时指定多段线的起点。命令行继续提示：

> 😊 ▾ **3DPOLY 指定直线的端点或** [**放弃(U)**]：

指定直线的一个端点。通过起点和端点确定第一段直线段。

> 😊 ▾ **3DPOLY 指定直线的端点或** [**放弃(U)**]：

指定直线的端点，确定第二段直线段。命令行继续提示：

> 😊 ▾ **3DPOLY 指定直线的端点或** [**闭合(C)** **放弃(U)**]：

此时用户可以继续指定直线的端点，也可以选择中括号里的选项。在命令行输入 C，并按 Enter 键，绘制完成一个闭合的多段线。

根据以上提示，可指定多段线的各个端点，但是不能为每一段设置线宽、线型等。

例如，对一个长方体，指定其 4 条边的 4 个中点为三维多段线的端点，绘制的三维多段线如图 10-26 所示。

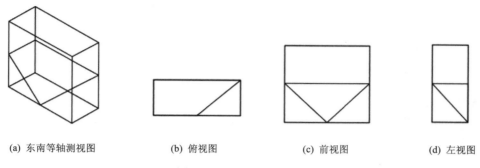

| (a) 东南等轴测视图 | (b) 俯视图 | (c) 前视图 | (d) 左视图 |

图 10-26　三维多段线

10.2.3　绘制三维曲面

上一节介绍了三维空间内点和线的绘制方法，本节将介绍如何在三维空间内绘制面，主要有以下 3 种方法。

（1）将现有的具有二维特征的对象转换为曲面。

（2）直接绘制平面曲面。

（3）使用分解（EXPLODE）命令分解三维实体，生成曲面对象。

1．绘制平面曲面

三维曲面虽是面对象，但并不是一个平面就能容纳三维曲面，可能要同时占据多个平面。平面曲面是指处在一个平面上的曲面对象。

AutoCAD 2015 中创建平面曲面的方法主要有以下 3 种。

（1）选择菜单栏"绘图"→"建模"→"曲面"→"平面"命令。

（2）单击功能区"曲面"选项卡→"创建"面板→"平面曲面"按钮　。

（3）在命令行中输入命令：PLANESURF，并按 Enter 键。

执行平面曲面命令后，命令行将依次提示：

> PLANESURF 指定第一个角点或 [对象(O)] <对象>：

在绘图区域指定第一个角点，命令行提示：

> PLANESURF 指定其他角点：

指定第二个角点即可完成平面曲面的绘制。

平面曲面的绘制就是通过指定两个对角点来绘制的。如图 10-27 所示为在三维坐标系下绘制的一个平面曲面，该曲面在 XY 平面内。

在提示信息中，如果选择"对象（O）"选项，可选择构成封闭区域的一个闭合对象或多个对象来将其转换为曲面，有效对象包括闭合的多条直线、圆、圆弧、椭圆、椭圆弧、二维多段线、平面三维多段线和平面样条曲线。

如图 10-28 所示为将一个二维圆转换成了平面曲面。

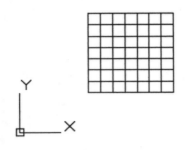
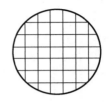

图 10-27　三维坐标系下绘制的平面曲面　　　　图 10-28　将二维圆转换为平面曲面

2．将原二维对象转换为曲面

在 AutoCAD 2015 中，有以下 3 种方法可以将对象转换为曲面。

（1）选择菜单栏"修改"→"三维操作"→"转换为曲面"命令。

（2）单击功能区"常用"选项卡→"实体编辑"面板→"转换为曲面"按钮 。

（3）在命令行中输入命令：CONVTOSURFACE，并按 Enter 键。

执行转换为曲面命令之后，命令行将提示：

CONVTOSURFACE 选择对象:

选择要转换为曲面的对象，然后右击或者按 Enter 键，就可以将对象转换为曲面。如图 10-29(a)所示为一个矩形，图 10-29(b)为将其转换为曲面，图 10-29(c)为将 6 个三维平面中的两个面转换为曲面。

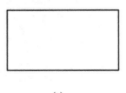
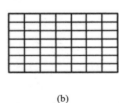
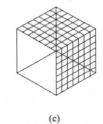

(a)　　　　　　　　　　　　(b)　　　　　　　　　　　　(c)

图 10-29　将对象转换为曲面

> 📖 注意：并不是所有的对象都可以转换为三维曲面。有效转换对象有二维实体、面域、开放的具有厚度的零宽度多段线、具有厚度的直线、具有厚度的圆弧和三维平面。

3．分解实体生成曲面

实体是三维对象，将实体分解后将得到构成实体的表面。在 AutoCAD 2015 中有以下 3 种方法分解对象。

（1）选择菜单栏"修改"→"分解"命令。

（2）单击功能区"常用"选项卡→"修改"面板→"分解"按钮 。

（3）在命令行中输入命令：EXPLODE（或 X），并按 Enter 键。

命令行提示：

> **EXPLODE** 选择对象：

此时选择图 10-30 中的长方体并按 Enter 键即可。然后用移动命令（MOVE）将分解后的曲面移动到合适的位置。如图 10-30 所示，图 10-30(a)为分解前的长方体，图 10-30(b)为分解后生成的六个矩形面；同样，图 10-31(a)所示为分解前的三棱锥体，图 10-31(b)为分解后生成的三个三角形侧面和一个三角形底面。

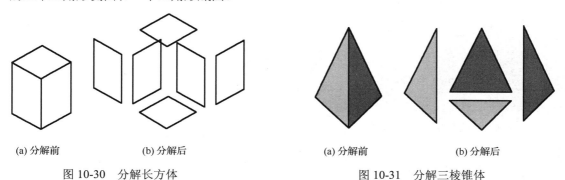

| (a) 分解前 | (b) 分解后 | (a) 分解前 | (b) 分解后 |

图 10-30　分解长方体　　　　　　　图 10-31　分解三棱锥体

10.3　绘制三维实体

前面一节介绍了如何绘制三维空间中的点、线和面，本节将介绍如何创建基本的三维实体，包括长方体、圆锥体、球体、圆柱体、圆环体、棱锥体及楔体等。通过对这些基本实体图元进行组合、剪切等编辑操作，就能绘制出复杂的三维图形。

10.3.1　绘制长方体

AutoCAD 2015 所绘制长方体的底面始终与当前 UCS 的 XY 平面（工作平面）平行。

在 AutoCAD 2015 中，可以使用以下 4 种方法绘制长方体。

（1）选择菜单栏"绘图"→"建模"→"长方体"命令。

（2）单击功能区"常用"选项卡→"建模"面板→"长方体"按钮▢。

（3）单击功能区"实体"选项卡→"图元"面板→"长方体"按钮▢。

（4）在命令行中输入命令：BOX，并按 Enter 键。

使用 BOX 命令绘制长方体有 3 种方法：通过指定长方体的长度、宽度和高度绘制，通过指定第一个角点、另一个角点和高度来绘制，通过指定中心点、角点和高度绘制。

1．通过指定长方体的长度、宽度和高度绘制

通过这种方法绘制长方体时，在执行长方体绘制命令之后，命令行依次提示：

> ▢ **BOX** 指定第一个角点或 [中心(C)]：

在绘图区域为长方体指定一个角点，如图 10-32 所示。

> ▢ **BOX** 指定其他角点或 [立方体(C) 长度(L)]：

输入 L 并按 Enter 键，命令行提示：

⬜▾ **BOX** 指定长度 <100.0000>:

输入 200 并按 Enter 键，命令行提示：

⬜▾ **BOX** 指定宽度 <200.0000>:

输入 300 并按 Enter 键，命令行提示：

⬜▾ **BOX** 指定高度或 [两点(2P)] <100.7894>:

输入 400 并按 Enter 键，即可完成长方体的绘制，如图 10-32 所示。

2. 通过指定第一个角点、另一个角点和高度绘制

执行长方体绘制命令之后，命令行依次提示：

⬜▾ **BOX** 指定第一个角点或 [中心(C)]:

在绘图区域指定一个点作为长方体的第一个角点，命令行提示：

⬜▾ **BOX** 指定其他角点或 [立方体(C) 长度(L)]:

在绘图区域指定长方体底面的另一个角点，命令行提示：

⬜▾ **BOX** 指定高度或 [两点(2P)] <400.0000>:

此时可输入高度值，或者选择"两点（2P）"选项指定高度为两个指定点之间的距离。

其中，命令行提示的"第一个角点"和"其他角点"是指底面的两个对角点，通过这两点确定了底面的大小和位置，即可绘制出整个长方体，如图 10-33 所示。

3. 通过指定中心点、角点和高度绘制

通过这种方法绘制长方体时，在执行长方体绘制命令之后，命令行依次提示：

⬜▾ **BOX** 指定第一个角点或 [中心(C)]:

输入 C 并按 Enter 键，命令行提示：

⬜▾ **BOX** 指定中心:

在绘图区域指定一点作为长方体的中心点，命令行提示：

⬜▾ **BOX** 指定角点或 [立方体(C) 长度(L)]:

在绘图区域指定一点作为长方体一个角点，命令行提示：

⬜▾ **BOX** 指定高度或 [两点(2P)] <400.0000>:

输入高度即可完成长方体的绘制，如图 10-34 所示。

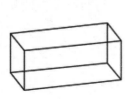

图 10-32　通过指定长方体的长度、宽度和高度绘制长方体

图 10-33　指定第一个角点、另一个角点及高度来绘制长方体

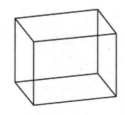

图 10-34　通过指定中心点、角点和高度绘制长方体

如果在命令行提示"指定角点或[立方体(C)/长度(L)]:"时,选择"立方体(C)"选项,则可以绘制长度、宽度和高度相等的长方体,即立方体。

📖 注意:在 AutoCAD 2015 中,指定的长度一般指 X 轴方向的距离,宽度一般指 Y 轴方向的距离,高度一般指 Z 轴方向的距离。

10.3.2 绘制圆锥体

默认情况下,AutoCAD 2015 所绘制圆锥体的底面位于当前 UCS 的 XY 平面上,并且其高度与 Z 轴平行。通过先确定一个圆或椭圆为底面,然后确定高度来绘制圆锥体。用绘制圆锥体的命令还可以绘制圆台。

在 AutoCAD 2015 中,可以使用以下 4 种方法绘制圆锥体。

(1)选择菜单栏"绘图"→"建模"→"圆锥体"命令。

(2)单击功能区"常用"选项卡→"建模"面板→"圆锥体"按钮△。

(3)单击功能区"实体"选项卡→"图元"面板→"圆锥体"按钮△。

(4)在命令行中输入 CONE,并按 Enter 键。

执行圆锥体绘制命令之后,命令行提示:

△▾ CONE 指定底面的中心点或 [三点(3P) 两点(2P) 切点、切点、半径(T) 椭圆(E)]:

这一提示信息用于选择各种方法绘制底面的圆,与前面所介绍的绘制圆的各种方法相同。

例如,可以使用"圆心、半径"绘制,或者使用"两点(2P)"的方法绘制。选择"椭圆(E)"还可以绘制底面为椭圆的锥体,如图 10-35 所示。

完成底面的圆或椭圆的绘制后,命令行将提示:

△▾ CONE 指定高度或 [两点(2P) 轴端点(A) 顶面半径(T)] <400.0000>:

此时可输入高度值完成圆锥体的绘制,或者选择中括号里的选项:

(1)"两点(2P)"选项:指定圆锥体的高度为两个指定点之间的距离。

(2)"轴端点(A)"选项:指定圆锥体轴的端点位置。轴端点是圆锥体的顶点,或圆台的顶面中心点("顶面半径"选项)。轴端点可以位于三维空间的任何位置。轴端点定义了圆锥体的长度和方向。

(3)"顶面半径(T)"选项:用于设置创建圆台时圆台的顶面半径。

图 10-35　绘制圆锥体

10.3.3 绘制圆柱体

圆柱体的绘制过程与圆锥体的绘制相似,但比圆锥体简单。同样,AutoCAD 2015 绘制圆柱体也是先指定底面圆的大小和位置,再指定圆柱体的高度,即可完成圆柱体的绘制。

在 AutoCAD 2015 中,可以使用以下 4 种方法绘制圆柱体。

(1)选择菜单栏"绘图"→"建模"→"圆柱体"命令。

(2)单击功能区"常用"选项卡→"建模"面板→"圆柱体"按钮▢。

（3）单击功能区"实体"选项卡→"图元"面板→"圆柱体"按钮▢。

（4）在命令行中输入命令：CYLINDER，并按 Enter 键。

执行圆柱体绘制命令之后，命令行提示：

▢▾ CYLINDER 指定底面的中心点或 [三点(3P) 两点(2P) 切点、切点、半径(T) 椭圆(E)]：

此时该信息与绘制圆锥体时相同。根据该信息，可选择一种方法绘制底面的圆，底面圆的绘制完成后，命令行接着提示：

▢▾ CYLINDER 指定高度或 [两点(2P) 轴端点(A)] <400.0000>：

此时，再指定圆柱体的高度即可完成圆柱体的绘制，如图 10-36 所示。

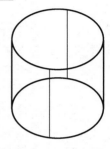

10.3.4　绘制球体

在 AutoCAD 2015 中，球体的绘制与二维绘图中圆的绘制方法相同，因为只要球体的圆周（是一个二维的圆对象）确定了，那么该球的大小和位置也确定了，球体是三维空间中到一个点的距离等于定值的所有点的集合特征。

图 10-36　绘制圆柱体

在 AutoCAD 2015 中，可以使用以下 4 种方法绘制球体。

（1）选择菜单栏"绘图"→"建模"→"球体"命令。

（2）单击功能区"常用"选项卡→"建模"面板→"球体"按钮〇。

（3）单击功能区"实体"选项卡→"图元"面板→"球体"按钮〇。

（4）在命令行中输入命令：SPHERE，并按 Enter 键。

执行球体绘制命令之后，命令行提示：

〇▾ SPHERE 指定中心点或 [三点(3P) 两点(2P) 切点、切点、半径(T)]：

根据此提示信息，可选择绘制圆的方法绘制圆。默认的是通过"中心点、半径"的方法绘制圆，也可以选择"三点（3P）"、"两点（2P）"、"切点、切点、半径（T）"选项的方法绘制圆。所绘制的圆即球体的圆周，圆绘制完成，那么球体也绘制完成了。

10.3.5　绘制棱锥体

AutoCAD 2015 的棱锥体看起来像是一个金字塔，由底面和侧面构成，底面是一个正多边形，底面的边数决定了侧面数，侧面数可以定义为 3～32。默认情况下，所绘制的棱锥体的底面位于当前 UCS 的 XY 平面上，并且其中心轴与 Z 轴平行。在绘制时，也是先指定底面正多边形的大小和位置，再指定棱锥体的高度即可完成棱锥体的绘制，如图 10-37 所示。

在 AutoCAD 2015 中，可以使用以下 4 种方法绘制棱锥体。

（1）选择菜单栏"绘图"→"建模"→"棱锥体"命令。

（2）单击功能区"常用"选项卡→"建模"面板→"棱锥体"按钮△。

（3）单击功能区"实体"选项卡→"图元"面板→"棱锥体"按钮△。

（4）在命令行中输入命令：PYRAMID，并按 Enter 键。

执行绘制棱锥体命令之后，命令行提示：

> 4 个侧面 外切
> ◇ ▾ PYRAMID 指定底面的中心点或 [边(E) 侧面(S)]:

该提示信息第一行显示了当前的棱锥体绘制模式为 4 个侧面，底面多边形绘制模式为外切。此时可指定底面的中心点，绘制底面的多边形。

中括号里的选项的含义如下。

（1）"边（E）"选项：使用绘制边的方法绘制正多边形。

（2）"侧面（S）"选项：指定棱锥面的侧面数，可以输入 3～32。

指定底面中心点后，和绘制正多边形的过程一样，命令行接着提示：

> ◇ ▾ PYRAMID 指定底面半径或 [内接(I)] <242.9175>:

此时指定底面的内切圆半径，完成棱锥体底面正多边形的绘制。选择"内接（I）"选项，可以使用内接模式绘制正多边形，即指定正多边形的外接圆。

此时完成了底面正多边形的绘制，命令行会继续提示：

> ◇ ▾ PYRAMID 指定高度或 [两点(2P) 轴端点(A) 顶面半径(T)] <400.0000>:

此时可输入棱锥体的高度完成棱锥体的绘制，或者选择中括号内的选项，这些选项和绘制圆锥体时相同。选择"顶面半径（T）"选项，也可以绘制棱台，如图 10-38 所示。

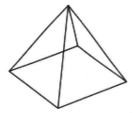 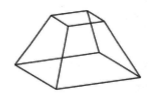

图 10-37　绘制棱锥体　　　　　　　　图 10-38　绘制棱台

10.3.6　绘制楔体

楔体是长方体沿对角线切成两半后所创建的实体。在 AutoCAD 2015 中绘制楔体时，先确定楔体的底面，然后确定楔体的高度，所绘制的楔体的底面总是与当前 UCS 的 XY 平面平行，绘制时斜面正对的那个点为第一个角点，楔体的高度与 Z 轴平行。

在 AutoCAD 2015 中可以使用 4 种方法绘制楔体。

（1）选择菜单栏"绘图"→"建模"→"楔体"命令。

（2）单击功能区"常用"选项卡→"建模"面板→"楔体"按钮 ▷。

（3）单击功能区"实体"选项卡→"图元"面板→"楔体"按钮 ▷。

（4）在命令行中输入命令：WEDGE，并按 Enter 键。

执行楔体绘制命令之后，命令行提示：

> ▷ ▾ WEDGE 指定第一个角点或 [中心(C)]:

在绘图区域为楔体指定一个角点，命令行提示：

> ▷ ▾ WEDGE 指定其他角点或 [立方体(C) 长度(L)]:

在绘图区域为楔体指定另一个角点，命令行提示：

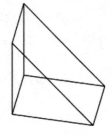

WEDGE 指定高度或 [**两点(2P)**] <1066.2492>:

输入高度，按 Enter 键即可完成楔体的绘制。

楔体绘制的操作与长方体的相同，其命令行提示信息也相同，也可以使用绘制长方体的 3 种方式来绘制。

绘制时，命令行提示的"第一个角点"是指斜面正对的那个点，"其他角点"是指底面的另一个角点，这两点即确定了底面的位置和大小。然后再指定高度即可完成整个楔体的绘制，如图 10-39 所示。

图 10-39　绘制楔体

10.3.7　绘制圆环体

圆环体的形状与轮胎内胎相似。在 AutoCAD 2015 中，圆环体由两个半径值定义：一个是圆管半径；另一个是圆环半径，即从圆环体中心到圆管中心的距离，如图 10-40 所示。

(a) 等轴测视图　　　　　　　　　　　　(b) 前视图

图 10-40　绘制圆环体

AutoCAD 2015 绘制圆环体时，所定义的圆环半径总是处在与当前 UCS 的 XY 平面平行的平面内，圆环体被该平面平分（如果使用 TORUS 命令的"三点"选项，此结果可能不正确）。

在 AutoCAD 2015 中，可以使用以下 4 种方法绘制圆环体。

（1）选择菜单栏"绘图"→"建模"→"圆环体"命令。

（2）单击功能区"常用"选项卡→"建模"面板→"圆环体"按钮◎。

（3）单击功能区"实体"选项卡→"图元"面板→"圆环体"按钮◎。

（4）在命令行中输入命令：TORUS，并按 Enter 键。

执行绘制圆环体命令之后，命令行提示：

◎▾ TORUS 指定中心点或 [**三点(3P)** **两点(2P)** 切点、切点、半径(T)]:

与绘制圆锥体、圆柱体和球体一样，此时可指定圆环的中心点或者选择中括号里的选项绘制一个圆作为圆环体的圆周。

绘制圆周后，命令行接着提示：

◎▾ TORUS 指定圆管半径或 [**两点(2P)** 直径(D)]:

此时再指定圆管半径即可完成圆环的绘制。

（1）"两点（2P）"选项：指定圆环体的圆管半径为两个指定点之间的距离。

（2）"直径（D）"选项：该选项可以定义圆管直径。

> 📖 **注意：** AutoCAD 2015 允许圆管半径大于圆环半径。圆管半径大于圆环半径，即为自交圆环，绘制出来的圆环没有中心孔，如图 10-41 所示；圆环半径为负，绘制出来的圆环如图 10-42 所示。

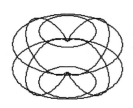
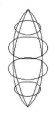

图 10-41　圆环半径 20，圆管半径 25　　　图 10-42　圆环半径为 -20

10.3.8　绘制多段体

绘制多段体与绘制多段线的方法相同。默认情况下，多段体始终带有一个矩形轮廓，也可以从现有的直线、二维多段线、圆弧或圆创建多段体。多段体通常用于绘制建筑图的墙体。

AutoCAD 2015 可以使用 4 种方法绘制多段体。

（1）选择菜单栏"绘图"→"建模"→"多段体"命令。

（2）单击功能区"常用"选项卡→"建模"面板→"多段体"按钮。

（3）单击功能区"实体"选项卡→"图元"面板→"多段体"按钮。

（4）在命令行中输入命令：POLYSOLID，并按 Enter 键。

执行绘制多段体命令之后，命令行提示：

```
命令: _Polysolid 高度 = 80.0000, 宽度 = 5.0000, 对正 = 居中
POLYSOLID 指定起点或 [对象(O) 高度(H) 宽度(W) 对正(J)] <对象>:
```

此时可指定多段体的起点。中括号里的选项含义如下。

（1）"对象（O）"选项：用于将二维对象转换为多段体。可以转换的对象包括直线、圆弧、二维多段线和圆，如图 10-43 所示为将一段二维多段线转换为多段体。

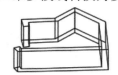

(a)　二维多段线　　　　　　　　　　(b)　多段体

图 10-43　将二维对象转换为多段体

（2）"高度（H）"选项：指定多段体的高度。

（3）"宽度（W）"选项：指定多段体的宽度。

（4）"对正（J）"选项：使用命令定义轮廓时，可以将实体的宽度和高度设置为左对正、右对正或居中。

指定多段体的起点之后，命令行会继续提示指定下一个点，直到按 Enter 键完成多段体的绘制，这一过程与绘制多段线相同。

10.4　绘制网格

如果需要使用消隐、着色和渲染功能，线框模型无法提供这些功能，但又不需要实体模型提供的物理特性（质量、体积、重心和惯性矩等），则可以使用网格。

另外，也可以使用网格创建不规则的几何体，如山脉的三维地形模型。

网格属于面的范畴，也就是二维的对象。但网格与三维曲面的概念不一样，网格只是近似曲面。AutoCAD 2015 的网格由两个维度的网格数量定义，分别记为 M 和 N，相当于包含 $M \times N$ 个顶点的矩阵。

网格可以是开放的，也可以是闭合的。如果在某个方向上网格的起始边和终止边没有接触，则网格就是开放的。

> 注意：绘制网格时，可以通过在命令行输入命令 SURFTAB1 或 SURFTAB2 分别定义 M、N 的值。

AutoCAD 2015 提供多种方式创建网格，并提供了"网格"选项卡以及"绘图"→"建模"→"网格"子菜单，如图 10-44 所示。

(a) "网格"选项卡

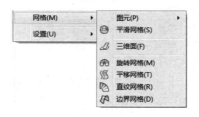

(b) "网格"子菜单

图 10-44　网格

10.4.1　绘制旋转网格

旋转网格是指通过将路径曲线或轮廓（直线、圆、圆弧、椭圆、椭圆弧、闭合多段线、多边形、闭合样条曲线或圆环）绕指定的轴旋转创建一个近似于旋转曲面的多边形网格。

在 AutoCAD 2015 中，可以使用以下 3 种方法绘制旋转网格。

（1）单击功能区"网格"选项卡→"图元"面板→"旋转网格"按钮 。

（2）选择菜单栏"绘图"→"建模"→"网格"→"旋转网格"命令。

（3）在命令行中输入命令：REVSURF，并按 Enter 键。

AutoCAD 2015 绘制旋转网格的操作：首先指定旋转轮廓对象，然后选择旋转轴，最后指定旋转角度完成绘制旋转网格。

执行绘制旋转网格命令后，命令行提示：

该提示信息的第一行显示了 SURFTAB1 和 SURFTAB2 系统变量的值，即网格在 M

方向和 N 方向的数量。如图 10-45 所示，由于当前 SURFTAB1 和 SURFTAB2 系统变量的值分别为 6 和 6，所旋转的网格如图 10-45(b)所示。可以作为旋转对象的有直线、圆弧、圆、二维和三维多段线。选择旋转对象，命令行提示：

(a) 旋转对象与旋转轴   (b) 旋转结果

图 10-45   旋转网格

> REVSURF 选择定义旋转轴的对象：

此时选择定义旋转轴的对象，可以作为旋转轴的对象有直线或开放的二维和三维多段线。选择一个旋转轴后，命令行提示：

> REVSURF 指定起点角度 <0>：

此时可指定旋转的起点角度，命令行提示：

> REVSURF 指定夹角 (+=逆时针，-=顺时针) <360>：

此时可指定旋转角度，即完成了旋转网格的绘制。

10.4.2   绘制边界网格

边界网格是创建一个近似于由 4 条邻接边定义的孔斯曲面片的多边形网格。孔斯曲面片网格是一个在 4 条邻接边（这些边可以是普通的空间曲线）之间插入的双三次曲面。

在 AutoCAD 2015 中，可以使用以下 3 种方法绘制边界网格。

（1）单击功能区"网格"选项卡→"图元"面板→"边界网格"按钮 ▨。

（2）选择菜单栏"绘图"→"建模"→"网格"→"边界网格"命令。

（3）在命令行中输入命令：EDGESURF，并按 Enter 键。

执行绘制边界网格命令后，命令行提示：

> 当前线框密度：SURFTAB1=6   SURFTAB2=6
> EDGESURF 选用用作曲面边界的对象 1：

选择直线 1，命令行提示：

> EDGESURF 选择用作曲面边界的对象 2：

选择直线 2，命令行提示：

> EDGESURF 选择用作曲面边界的对象 3：

选择直线 3，命令行提示：

> EDGESURF 选择用作曲面边界的对象 4：

选择直线 4，完成边界网格绘制。

此时完成定义网格片的 4 条邻接边的选择。AutoCAD 2015 要求邻接边必须为 4 条，而且这些边必须在端点处相交以形成一个拓扑形式的矩形闭合路径。邻接边可以是直线、圆弧、样条曲线以及开放的二维和三维多段线。

　　AutoCAD 2015 绘制边界网格时，可以用任何次序选择 4 条邻接边。第一条边决定了生成网格的 M 方向（SURFTAB1），该方向是从距选择点最近的端点延伸到另一端；与第一条边相接的两条边形成了网格的 N 方向（SURFTAB2）的边，如图 10-46 所示。

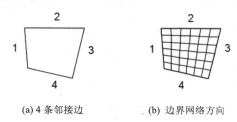

(a) 4 条邻接边　　　　　(b) 边界网络方向

图 10-46　边界网络

10.4.3　绘制直纹网格

　　直纹网格是指在两条直线或曲线之间创建一个表示直纹曲面的多边形网格。

在 AutoCAD 2015 中，可以使用以下 3 种方法绘制直纹网格。

（1）单击功能区"网格"选项卡→"图元"面板→"直纹网格"按钮。

（2）选择菜单栏"绘图"→"建模"→"网格"→"直纹网格"命令。

（3）在命令行中输入命令：RULESURF，并按 Enter 键。

AutoCAD 2015 绘制直纹网格时只能定义两个面之间的网格。

执行绘制直纹网格命令后，命令行提示：

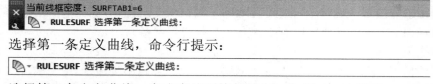

选择第一条定义曲线，命令行提示：

RULESURF 选择第二条定义曲线：

选择第二条定义曲线，完成直纹网格的绘制，如图 10-47 所示。

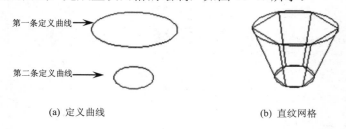

第一条定义曲线→　　　　　　　　　　　　　

第二条定义曲线→

(a) 定义曲线　　　　　　　　　　　(b) 直纹网格

图 10-47　绘制直纹网格

10.4.4　绘制平移网格

　　平移网格是创建一个多边形网格，该网格表示通过指定的方向和距离（称为方向矢量）拉伸直线或曲线（称为路径曲线）定义的常规平移曲面。

在 AutoCAD 2015 中，可以使用以下 3 种方法绘制平移网格。

（1）单击功能区"网格"选项卡→"图元"面板→"平移网格"按钮🔳。

（2）选择菜单栏"绘图"→"建模"→"网格"→"平移网格"命令。

（3）在命令行中输入命令：TABSURF，并按 Enter 键。

执行绘制平移网格命令后，命令行提示：

```
当前线框密度：SURFTAB1=6
🔳▾ TABSURF 选择用作轮廓曲线的对象：
```

选择正五边形的轮廓曲线，命令行提示：

```
🔳▾ TABSURF 选择用作方向矢量的对象：
```

选择直线作为方向矢量对象，即可完成平移网格的绘制。轮廓曲线和方向矢量对象的概念可参见图 10-48。

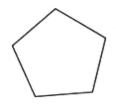

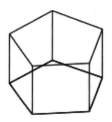

(a) 轮廓曲线和方向矢量　　　　　　　　　　　　(b) 平移网格

图 10-48　绘制平移网格

> 📖　注意：平移网格构造的总是一个 $2 \times N$ 的多边形网格，即网格的 M 值始终为 2 并且方向沿着矢量的方向，而 N 的值由 SURFTAB2 系统变量确定。

10.5　从直线和曲线创建实体和曲面

前面几节我们已经介绍了如何创建基本的三维实体对象，本节将介绍另一种创建实体的方法，即从直线和曲线或者曲面对象来生成曲面或者实体对象。

10.5.1　拉伸

拉伸操作是通过沿指定的方向将对象或平面拉伸出指定距离来创建三维实体或曲面。

如图 10-49 所示，图 10-49(a) 为将一条开放曲线拉伸成曲面，图 10-49(b) 为将一条闭合曲线拉伸成实体。

一般来说，开放的曲线可以拉伸成曲面，闭合的曲线或者曲面对象可以拉伸成实体。

在 AutoCAD 2015 中，可以使用以下 5 种方法执行拉伸命令。

（1）选择菜单栏"绘图"→"建模"→"拉伸"命令。

（2）单击功能区"常用"选项卡→"建模"面板→"拉伸"按钮🔼。

（3）单击功能区"实体"选项卡→"实体"面板→"拉伸"按钮🔼。

（4）单击功能区"曲面"选项卡→"创建"面板→"拉伸"按钮🔼。

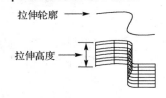

(a) 开放曲线拉伸成曲面   (b) 闭合曲线拉伸成实体

图 10-49　拉伸

（5）在命令行中输入命令：EXTRUDE，并按 Enter 键。

执行拉伸操作之后，命令行提示：

> **EXTRUDE** 选择要拉伸的对象或 [模式(MO)]：

其中的"模式（MO）"选项，用于设定拉伸是创建曲面还是实体。

选择要拉伸的对象后，按 Enter 键，命令行继续提示：

> **EXTRUDE** 指定拉伸的高度或 [方向(D) 路径(P) 倾斜角(T) 表达式(E)]：

此时可指定拉伸的高度或选择中括号内的选项。如果输入的高度值为正值，将沿坐标系的 Z 轴正方向拉伸对象；如果输入的高度值为负值，将沿 Z 轴负方向拉伸对象。

其他各选项的含义如下。

（1）"方向（D）"选项：使用该选项，可以通过指定两个点来指定拉伸的长度和方向，如图 10-50 所示。

（2）"路径（P）"选项：用于选择基于指定曲线对象的拉伸路径。选择该选项后，命令行将提示选择作为路径的对象。

可以作为路径的对象有直线、圆、圆弧、椭圆、椭圆弧、二维多段线、三维多段线、二维样条曲线、三维样条曲线、实体的边、曲面的边和螺旋，如图 10-51 所示。

（3）"倾斜角（T）"选项：选择该选项，输入拉伸过程的倾斜角。正角度表示从基准对象逐渐变细的拉伸，而负角度则表示从基准对象逐渐变粗的拉伸。

（4）"表达式（E）"选项：选择该选项，可以通过输入数学表达式约束拉伸的高度。

图 10-50　拉伸方向   图 10-51　拉伸路径

10.5.2　扫掠

使用 AutoCAD 2015 的扫掠操作，可以沿指定路径（扫掠路径）以指定轮廓的形状（扫掠对象）绘制实体或曲面。扫掠路径可以是开放或闭合的二维或三维路径，扫掠对象可以是开放或闭合的平面曲线。

同样，如果沿一条路径扫掠闭合的曲线，则生成实体；如果沿一条路径扫掠开放的曲线，则生成曲面。如图 10-52 所示，将一个凹槽作为扫掠轮廓，以一条样条曲线为扫掠路径，扫掠的结果如图 10-53 所示。

图 10-52　扫掠前　　　　　图 10-53　扫掠后

从图 10-53 中的扫掠图形可以看出，扫掠与拉伸不同，沿路径扫掠轮廓时，轮廓将被移动并与路径垂直对齐，然后沿路径扫掠该轮廓。

在 AutoCAD 2015 中，可以使用 5 种方法执行扫掠命令。

（1）选择菜单栏"绘图"→"建模"→"扫掠"命令。

（2）单击功能区"常用"选项卡→"建模"面板→"扫掠"按钮 🗇。

（3）单击功能区"实体"选项卡→"实体"面板→"扫掠"按钮 🗇。

（4）单击功能区"曲面"选项卡→"创建"面板→"扫掠"按钮 🗇。

（5）在命令行中输入命令：SWEEP，并按 Enter 键。

执行扫掠操作之后，命令行提示：

🗇 ▾ SWEEP 选择要扫掠的对象或 [模式(MO)]：

此时选择要扫掠的对象并按 Enter 键，命令行继续提示：

🗇 ▾ SWEEP 选择扫掠路径或 [对齐(A) 基点(B) 比例(S) 扭曲(T)]：

此时选择要作为扫掠路径的对象。在选择扫掠对象和扫掠路径的时候，应该注意哪种对象可以作为扫掠对象，哪种对象可以作为扫掠路径，见表 10-1。中括号中的选项用于设置扫掠。

（1）"对齐（A）"选项：指定是否对齐轮廓以使其作为扫掠路径切向的法向。默认情况下，轮廓是对齐的。

（2）"基点（B）"选项：指定要扫掠对象的基点。如果指定的点不在选定对象所在的平面上，则该点将被投影到该平面上。

（3）"比例（S）"选项：指定比例因子以进行扫掠操作。从扫掠路径开始到结束，比例因子将统一应用到扫掠的对象。

（4）"扭曲（T）"选项：设置被扫掠对象的扭曲角度。扭曲角度指定沿扫掠路径全部长度的旋转量。

表 10-1　可用做扫掠轮廓和扫掠路径的对象

扫掠对象（轮廓）	扫掠路径	扫掠对象（轮廓）	扫掠路径
直线	直线	三维面	二维样条曲线
圆弧	圆弧	二维实体	三维多段线
椭圆弧	椭圆弧	宽线	螺旋
二维多段线	二维多段线	面域	实体或曲面的边
二维样条曲线	二维样条曲线	平曲面	
圆	圆	实体的平面	
椭圆	椭圆		

10.5.3 旋转

旋转操作可以通过绕轴旋转对象来创建实体或曲面。如果旋转对象闭合，则生成实体；如果旋转对象开放，则生成曲面。

可旋转下列对象：直线、圆弧、椭圆弧、二维多段线、二维样条曲线、圆、椭圆、三维平面、二维实体、宽线、面域、实体或曲面上的平面。如图 10-54 所示，是以一个矩形闭合平面为旋转对象，以直线为旋转轴，旋转 360°生成的实体。

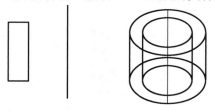

图 10-54　旋转

在 AutoCAD 2015 中，可以使用以下 5 种方法执行旋转命令。

（1）选择菜单栏"绘图"→"建模"→"旋转"命令。

（2）单击功能区"常用"选项卡→"建模"面板→"旋转"按钮🔁。

（3）单击功能区"实体"选项卡→"实体"面板→"旋转"按钮🔁。

（4）单击功能区"曲面"选项卡→"创建"面板→"旋转"按钮🔁。

（5）在命令行中输入命令：REVOLVE，并按 Enter 键。

执行旋转操作之后，命令行提示：

> 🔁▾ **REVOLVE** 选择要旋转的对象或 [**模式(MO)**]：

选择要旋转的对象，完成后按 Enter 键，命令行继续提示：

> 🔁▾ **REVOLVE** 指定轴起点或根据以下选项之一定义轴 [**对象(O) X Y Z**] ⟨**对象**⟩：

此时指定旋转轴。可以通过指定轴的起点和端点来指定旋转轴，也可以选择中括号里的选项。"对象（O）"选项用于选择一个现有的对象作为旋转轴，X、Y 和 Z 选项用于选择 X、Y 和 Z 轴作为旋转轴。

选定旋转轴后，命令行继续提示：

> 🔁▾ **REVOLVE** 指定旋转角度或 [**起点角度(ST) 反转(R) 表达式(EX)**] ⟨**360**⟩：

此时可指定旋转的角度。如图 10-55 所示，图 10-55(a)旋转角度为 180°，图 10-55(b)旋转角度为 360°。在指定旋转角度时，正角度表示按逆时针方向旋转对象，负角度表示按顺时针方向旋转对象。

(a) 180°　　　　　　　　(b) 360°

图 10-55　旋转角度

10.5.4　放样

使用 AutoCAD 2015 的放样操作，可以通过对包含两条或两条以上横截面曲线的一组曲线进行放样来创建三维实体或曲面。

一系列的横截面定义了放样后实体或曲面的轮廓形状。横截面（通常为曲线或直线）可以是开放的，也可以是闭合的，但至少指定两个横截面。

对闭合的横截面曲线进行放样，生成实体；对开放的横截面曲线进行放样，生成曲面，如图 10-56 所示。

> 📖　注意：放样时所选择的横截面必须全部开放或全部闭合，而不能使用既包含开放曲线又包含闭合曲线的选择集。

(a) 闭合曲线放样　　　　　　　　　　　　(b) 开放曲线放样

图 10-56　放样

在 AutoCAD 2015 中，可以使用以下 5 种方法放样。

（1）选择菜单栏"绘图"→"建模"→"放样"命令。

（2）单击功能区"常用"选项卡→"建模"面板→"放样"按钮 🔲。

（3）单击功能区"实体"选项卡→"实体"面板→"放样"按钮 🔲。

（4）单击功能区"曲面"选项卡→"创建"面板→"放样"按钮 🔲。

（5）在命令行中输入命令：LOFT，并按 Enter 键。

执行放样操作之后，命令行提示：

> 🔲▾ LOFT 按放样次序选择横截面或 [点(PO) 合并多条边(J) 模式(MO)]：

此时按照放样结果通过的次序选择放样的对象。

> 📖　注意：必须按顺序选择，否则系统报错，无法放样，必须选择两个或两个以上的横截面才能放样。

选择横截面系列后，命令行继续提示：

> 🔲▾ LOFT 输入选项 [导向(G) 路径(P) 仅横截面(C) 设置(S)] <仅横截面>：

此时可选择放样的方式。

（1）"导向（G）"选项：该选项用于指定控制放样实体或曲面形状的导向曲线，如图 10-57 所示。导向曲线是直线或曲线。

导向曲线的另一个作用是控制如何匹配相应的横截面以防止出现不希望看到的效果。要求导向曲线必须满足与每个横截面相交，并且始于第一个横截面，止于最后一个横截面。

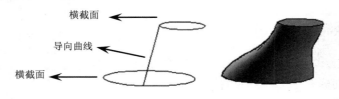

图 10-57　指定导向曲线放样

（2）"路径（P）"选项：该选项用于指定放样实体或曲面的单一路径。选择该选项后，命令行会继续提示"选择路径："，此时选择的路径曲线必须与横截面的所有平面相交，如图 10-58 所示。

（3）"设置（S）"选项：选择该选项，将弹出"放样设置"对话框，如图 10-59 所示。

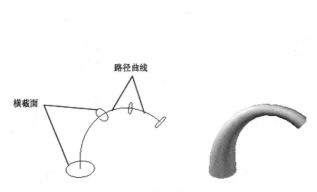

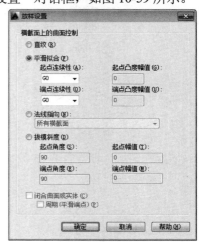

图 10-58　指定放样路径

图 10-59　"放样设置"对话框

通过"放样设置"对话框，可以控制放样曲面在其横截面处的轮廓，还可以闭合曲面或实体。各选项说明如下。

（1）"直纹"单选按钮指定实体或曲面在横截面之间是直纹（直的），并且在横截面处具有鲜明边界，如图 10-60(a)所示。

（2）"平滑拟合"单选按钮指定在横截面之间绘制平滑实体或曲面，并且在起点横截面和端点横截面处具有鲜明边界，如图 10-60(b)所示。其中，"起点连续性"设定第一个横截面的切线和曲率，"起点凸度幅值"设定第一个横截面的曲线的大小，"端点连续性"设定最后一个横截面的切线和曲率，"端点凸度幅值"设定最后一个横截面的曲线的大小。

（3）"法线指向"下拉列表框：控制实体或曲面在其通过横截面处的曲面法线。其中，"起点横截面"指定曲面法线为起点横截面的法向，"端点横截面"指定曲面法线为端点横截面的法向，"起点横截面和端点横截面"指定曲面法线为起点横截面和端点横截面的法向，"所有横截面"指定曲面法线为所有横截面的法向，如图 10-60(c)所示。

（4）"拔模斜度"单选按钮控制放样实体或曲面的第一个和最后一个横截面的拔模斜度和幅值。拔模斜度为曲面的开始方向，如图 10-60(d)所示。其中，"起点角度"指定起点横截面的拔模斜度，"起点幅值"在曲面开始弯向下一个横截面之前，控制曲面到起点横截面在拔模斜度方向上的相对距离，"端点角度"指定端点横截面拔模斜度，"端点幅值"在曲面开始弯向上一个横截面之前，控制曲面到端点横截面在拔模斜度方向上的相对距离。

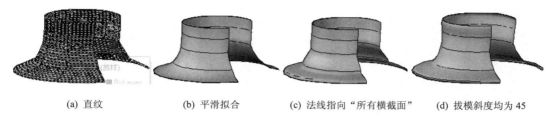

(a) 直纹   (b) 平滑拟合   (c) 法线指向"所有横截面"   (d) 拔模斜度均为 45

图 10-60　放样设置

10.6　综合实例

【例 10-2】实例——绘制三维零件。

使用二维、三维绘图命令绘制如图 10-61 所示的零件。

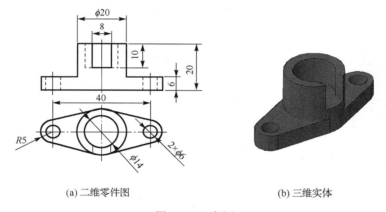

(a) 二维零件图   (b) 三维实体

图 10-61　实例

🔧 操作步骤

[1] 单击功能区"可视化"选项卡→"视图"面板→"俯视"视图方式。

[2] 单击"常用"选项卡→"绘图"面板→"圆"按钮⊙和"直线"按钮绘制图 10-61(a)中的俯视图轮廓。

[3] 单击"常用"选项卡→"绘图"面板→"面域"按钮◎，命令行提示：

◎▾ REGION 选择对象：

用鼠标选择刚刚绘制的截面轮廓以及两个圆，并按 Enter 键，命令行提示完成 3 个面域的创建，其草图如图 10-62 所示。

[4] 单击"可视化"选项卡→"视图"面板→"西南等轴测"视图方式。

[5] 单击"常用"选项卡→"建模"面板→"拉伸"按钮🗊，命令行提示：

🗊▾ EXTRUDE 选择要拉伸的对象或 [模式(MO)]：

选择刚刚创建的三个面域，命令行提示：

⬛▾ **EXTRUDE** 指定拉伸的高度或 [方向(D) 路径(P) 倾斜角(T) 表达式(E)]：

输入高度 6，并按 Enter 键，如图 10-63 所示。

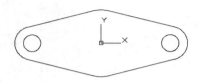

图 10-62　绘制的轮廓

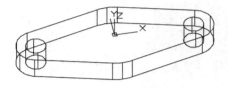

图 10-63　轮廓拉伸体

[6]　单击"可视化"选项卡→"视图"面板→"俯视"视图方式。

[7]　单击"常用"选项卡→"绘图"面板→"圆"按钮⊘，在图 10-62 的基础上在坐标原点绘制一个半径为 10 的圆，如图 10-64 所示。对该圆完成面域的创建。

[8]　单击"可视化"选项卡→"视图"面板→"西南等轴测"视图方式。

[9]　单击"常用"选项卡→"建模"面板→🔲（拉伸）按钮，命令行提示：

⬛▾ **EXTRUDE** 选择要拉伸的对象或 [模式(MO)]：

选择刚刚创建的圆，并按 Enter 键，命令行提示：

⬛▾ **EXTRUDE** 指定拉伸的高度或 [方向(D) 路径(P) 倾斜角(T) 表达式(E)]：

输入高度 14，并按 Enter 键，完成圆柱体的创建，如图 10-65 所示。

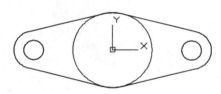

图 10-64　绘制圆轮廓

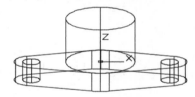

图 10-65　圆柱体的创建

[10]　单击"常用"选项卡→"绘图"面板→"圆"按钮⊘，在图 10-65 所示圆柱体的中点上绘制一个半径为 7 的圆，如图 10-66 所示，并对该圆完成面域的创建。

[11]　单击"常用"选项卡→"建模"面板→🔲（拉伸）按钮，命令行提示：

⬛▾ **EXTRUDE** 选择要拉伸的对象或 [模式(MO)]：

选择刚刚在圆柱体上创建的圆，并按 Enter 键，命令行提示：

⬛▾ **EXTRUDE** 指定拉伸的高度或 [方向(D) 路径(P) 倾斜角(T) 表达式(E)]：

输入高度-10，并按 Enter 键，完成小圆柱体的创建，如图 10-67 所示。

[12]　在命令行输入 UCS，指定上圆柱面的中心点为坐标系原点，绘制如图 10-68 所示图形，并完成面域的创建。

[13]　单击"常用"选项卡→"建模"面板→"拉伸"按钮🔲，命令行提示：

⬛▾ **EXTRUDE** 选择要拉伸的对象或 [模式(MO)]：

选择刚绘制的创建面域的矩形，并按 Enter 键，命令行提示：

⬛▾ **EXTRUDE** 指定拉伸的高度或 [方向(D) 路径(P) 倾斜角(T) 表达式(E)]：

输入拉伸高度 10，并按 Enter 键。

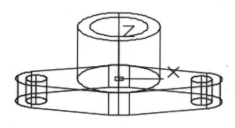

图 10-66　创建圆

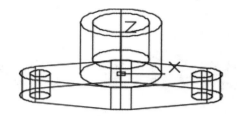

图 10-67　创建小圆柱体

[14] 单击"可视化"选项卡→"视觉样式"面板→"概念"选项，效果如图 10-69 所示。

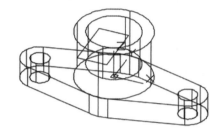

图 10-68　拉伸体

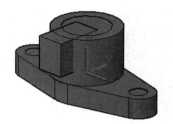

图 10-69　概念

[15] 单击"常用"选项卡→"实体编辑"面板→"并集"按钮⊚，命令行提示：

⊚ ▾ UNION 选择对象：

选择底座支撑板和大圆柱体，并按 Enter 键，完成并集操作，如图 10-70 所示。

[16] 单击"常用"选项卡→"实体编辑"面板→"差集"按钮⊚，命令行提示：

命令：_subtract 选择要从中减去的实体、曲面和面域…
⊚ ▾ SUBTRACT 选择对象：

选择底面支撑板，并按 Enter 键，命令行提示：

选择要减去的实体、曲面和面域…
⊚ ▾ SUBTRACT 选择对象：

选择底面支撑板两侧的半径为 2.5 的小圆柱拉伸体和大圆柱体上半径为 7 的拉伸体。重复上述命令，完成长方体与圆柱体的差集运算，最终结果如图 10-71 所示。

[17] 单击"可视化"选项卡→"视图"面板→"西南等轴测"视图方式，最终效果如图 10-72 所示。

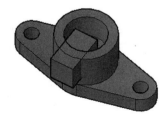

图 10-70　并集布尔运算

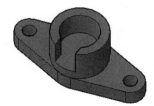

图 10-71　差集布尔运算

图 10-72　零件最终效果图

第 11 章　编辑与渲染三维图形

在前面的一章里我们主要介绍了三维对象和简单三维图形的绘制方法。要绘制相对复杂的三维图形，还需用到三维图形的编辑功能。创建简单的实体模型后，可以通过多种方式操作实体和曲面来更改实体模型的外观。

AutoCAD 2015 专门为三维实体提供了编辑命令，例如三维移动、三维镜像、三维旋转和三维阵列等。

【学习目标】

（1）了解三维子对象的选择和编辑方法。

（2）熟练掌握对三维对象的逻辑运算。

（3）掌握三维对象的编辑与操作方法。

（4）熟悉对三维实体的渲染操作。

（5）学会从三维模型创建截面和二维图形。

11.1　三维子对象

三维实体属于体对象，其子对象包括顶点、边线、面。AutoCAD 2015 可以单独选择和编辑这些子对象。

11.1.1　三维实体夹点编辑

如图 11-1 所示，选择三维对象之后，可显示三维对象的夹点。三维对象的夹点和二维对象有不一样的地方，三维对象还包括一些三角形的夹点，通过移动这些夹点，可以对三维对象进行编辑，比如旋转、移动等。

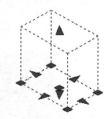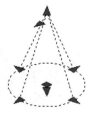

图 11-1　三维对象的夹点

三维对象的夹点编辑分为两种。

（1）如果单击三角形的夹点，命令行将提示：

> ▪ 指定点位置或 [基点(B) 放弃(U) 退出(X)]：

通过指定新的点位置即可完成夹点编辑。

（2）如果单击中心方形的夹点，命令行将提示：

> - 指定拉伸点或 [基点(B) 复制(C) 放弃(U) 退出(X)]：

这与前面介绍的编辑二维对象夹点时的提示一样。按 Enter 或 Space 键，即可在"拉伸"、"旋转"、"比例缩放"和"镜像"等夹点编辑模式之间切换。

下面主要介绍第一种情况。如图 11-2（a)所示，单击长方体的一个三角形夹点后，命令行提示：

> - 指定点位置或 [基点(B) 放弃(U) 退出(X)]：

此时指定一个新位置后，长方体编辑成一个正方体，如图 11-2(b)所示。

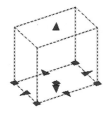
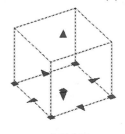

(a) 移动夹点   (b) 编辑结果

图 11-2　夹点编辑

11.1.2　选择三维实体子对象

在三维实体上单击或者用窗口来选择它时，选择的是三维实体对象。如果要选择三维实体的子对象，需要在选择时按住 Ctrl 键。选定顶点、边和面后，它们将分别显示不同类型的夹点，如图 11-3 所示。

(a) 选择点   (b) 选择线   (c) 选择面

图 11-3　选择三维实体子对象

11.1.3　编辑三维子对象

选择了三维子对象后，就可以通过夹点、夹点工具和编辑命令来编辑三维实体上的点、边和面。

也可以先执行编辑命令，然后选择要编辑的子对象。对三维子对象的编辑结果实际上作用在三维实体上。

下面通过一个如图 11-4 所示的例子来说明对三维子对象的编辑操作。

源对象为一个楔体，选择一条边，如图 11-4(b)所示，单击其夹点，将其移动到一个新位置，编辑效果如图 11-4(c)所示。

选择源对象的斜面夹点将顶面放大，如图 11-4(d)所示，效果如图 11-4(e)所示。

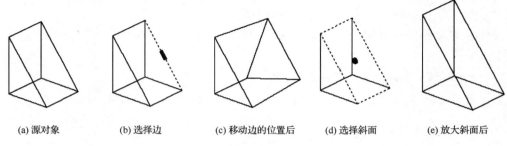

(a) 源对象 (b) 选择边 (c) 移动边的位置后 (d) 选择斜面 (e) 放大斜面后

图 11-4　编辑边和面

11.2　三维编辑操作

本节我们将主要介绍实体对象在三维空间中的编辑命令，这些编辑命令不仅适用于三维实体对象，也适用于其他对象在三维空间中的操作。

三维空间的编辑命令包括三维移动、三维阵列、三维镜像、三维对齐和三维旋转等。

11.2.1　三维移动

三维移动操作可将指定对象移动到三维空间中的任何位置，并且可以约束移动的轴和面。在 AutoCAD 2015 中，有以下 3 种方法执行三维移动命令。

（1）选择菜单栏"修改"→"三维操作"→"三维移动"命令。

（2）单击功能区"常用"选项卡→"修改"面板→"移动"按钮➕。

（3）在命令行中输入命令：3DMOVE，并按 Enter 键。

执行三维移动命令后，命令行提示：

```
⊕▾ 3DMOVE 选择对象：
```

选择要移动的对象后，按 Enter 键或右击完成选择，命令行将提示：

```
⊕▾ 3DMOVE 指定基点或 [位移(D)] <位移>：
```

其后的操作方式与二维移动命令一样，此时可指定三维移动的基点，并且光标将显示彩色的移动夹点工具，如图 11-5 所示。

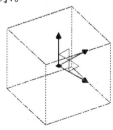

图 11-5　移动夹点工具

指定基点后，移动夹点工具将固定在基点处，命令行继续提示：

> ⊕ ▾ 3DMOVE 指定第二个点或 <使用第一个点作为位移>：

此时可指定移动的第二个点，即可完成三维移动操作。

11.2.2　三维阵列

与二维阵列类似，三维阵列也包括矩形阵列和环形阵列，只是三维阵列可以在三维空间中创建对象的矩形阵列或环形阵列。三维阵列时要指定阵列的行数（X 方向）、列数（Y 方向）和层数（Z 方向）。在 AutoCAD 2015 中，有以下 3 种方法执行三维阵列命令。

（1）选择菜单栏"修改"→"三维操作"→"三维阵列"命令。

（2）单击功能区"常用"选项卡→"修改"面板→阵列系列按钮 ⊞▾。

（3）在命令行中输入命令：3DARRAY，并按 Enter 键。

执行三维阵列命令后，命令行提示：

> ▸_ ▾ 选择对象：

选择要阵列的对象，按 Enter 键或右击，命令行提示：

> ▸_ ▾ 输入阵列类型 [矩形(R) 环形(P)] <矩形>：

此时选择阵列的方式为"矩形（R）"或者"环形(P)"。

1．矩形阵列

矩形阵列即在行（X 轴）、列（Y 轴）和层（Z 轴）矩形阵列中复制对象，如图 11-6 所示。选择"矩形（R）"选项后，命令行将提示：

> ▸_ ▾ 输入行数 (---) <1>：

此时在命令行中输入"2"并按 Enter 键，命令行继续提示：

> ▸_ ▾ 输入列数 (|||) <1>：

此时在命令行中输入"5"并按 Enter 键，命令行继续提示：

> ▸_ ▾ 输入层数 (...) <1>：

此时在命令行中输入"2"并按 Enter 键，命令行继续提示：

> ▸_ ▾ 指定行间距 (---)：

此时在命令行中输入"500"并按 Enter 键，命令行继续提示：

> ▸_ ▾ 指定列间距 (|||)：

此时在命令行中输入"600"并按 Enter 键，命令行继续提示：

> ▸_ ▾ 指定层间距 (...)：

此时在命令行中输入"720"并按 Enter 键，如图 11-6 所示。

指定间距时，输入正值，将沿 X、Y、Z 轴的正向生成阵列；输入负值，将沿 X、Y、Z 轴的负向生成阵列。

2．环形阵列

环形阵列即绕旋转轴复制对象，如图 11-7 所示。

图 11-6　矩形阵列

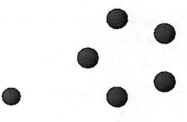

图 11-7　环形阵列

选择"环形（P）"选项后，命令行将提示：

>_ ▾ 输入阵列中的项目数目：

此时在命令行中输入"5"并按 Enter 键，命令行继续提示：

>_ ▾ 指定要填充的角度（+=逆时针，-=顺时针）<360>：

按 Enter 键默认是 360°。正角度值表示沿逆时针方向旋转，负角度值表示沿顺时针方向旋转。命令行依次提示：

>_ ▾ 旋转阵列对象？[是(Y) 否(N)] <Y>：

按 Enter 键默认"是"，命令行继续提示：

>_ ▾ 指定阵列的中心点：

在绘图区指定阵列的第一个点，命令行继续提示：

>_ ▾ 指定旋转轴上的第二点：

此时可指定旋转轴的第二个点确定旋转轴。从而完成环形阵列，如图 11-7 所示。

11.2.3　三维镜像

在二维绘图中的二维镜像命令可绕指定轴（注意是轴，也就是线对象）翻转对象创建对称的镜像图形。对应地，三维镜像命令通过指定镜像平面（面对象）来镜像对象。

镜像平面可以是以下平面：平面对象所在的平面、通过指定点确定一个与当前 UCS 的 XY、YZ 或 XZ 平面平行的平面和由 3 个指定点定义的平面。

在 AutoCAD 2015 中，有以下 3 种方法执行三维镜像命令。

（1）选择菜单栏"修改"→"三维操作"→"三维镜像"命令。

（2）单击功能区"常用"选项卡→"修改"面板→"三维镜像"按钮%。

（3）在命令行中输入命令：MIRROR3D，并按 Enter 键。

执行三维镜像命令后，命令行提示：

%▾ MIRROR3D 选择对象：

此时用选择对象的方法选择要镜像的对象，然后按 Enter 键或右击，命令行提示：

指定镜像平面（三点）的第一个点或
%▾ MIRROR3D　[对象(O) 最近的(L) Z 轴(Z) 视图(V) XY 平面(XY) YZ 平面(YZ) ZX 平面(ZX) 三点(3)] <三点>：

此时可指定三维镜像的镜像面。根据提示信息，镜像面的指定有多种方式，默认的选项"指定镜像平面（三点）的第一个点"为依次指定 3 个点来指定镜像面。

中括号内的选项含义如下。

（1）"对象（O）"选项：指定选定对象所在的平面作为镜像平面。所选的对象只能是圆、圆弧或二维多段线。

（2）"最近的（L）"选项：即选择上一次定义的镜像平面对选定的对象进行镜像处理。

（3）"Z 轴（Z）"选项：根据平面上的一个点和平面法线上的一个点定义镜像平面。

（4）"视图（V）"选项：将镜像平面与当前视口中通过指定点的视图平面对齐。

（5）"XY 平面（XY）"、"YZ 平面（YZ）"和"ZX 平面（ZX）"选项：将镜像平面与一个通过指定点的标准平面（XY、YZ 或 ZX）对齐。

（6）"三点（3）"选项：通过三个点定义镜像平面。

指定了镜像面以后，命令行将继续提示：

`％ ▼ MIRROR3D 是否删除源对象？[是(Y) 否(N)] <否>：`

该提示信息与二维镜像中提示信息的含义一样，选择"是（Y）"选项将删除源对象，选择"否（N）"选项将保留源对象。

如图 11-8(a)所示，源对象为一个楔体，通过指定楔体竖直面上的三个顶点作为镜像面，镜像后的对象如图 11-8(b)所示。图 11-9 为通过指定与 ZX 平面平行的平面为镜像面的镜像结果。

(a) 镜像前   (b) 镜像后   (a) 镜像前   (b) 镜像后

图 11-8　指定三点定义镜像面   图 11-9　指定 ZX 平面为镜像面

11.2.4　三维对齐

三维对齐操作通过移动、旋转或倾斜对象（源对象）来使该对象与另一个对象（目标对象）在二维和三维空间中对齐。

三维对齐通过指定两个对象的两个对齐面来对齐源对象和目标对象，对齐过程中，源对象将按照定义的对齐面移向固定的目标对象。

在 AutoCAD 2015 中，可以通过以下 3 种方法执行三维对齐命令。

（1）选择菜单栏"修改"→"三维操作"→"三维对齐"命令。

（2）单击功能区"常用"选项卡→"修改"面板→"三维对齐"按钮。

（3）在命令行中输入命令：3DALIGN，并按 Enter 键。

执行三维对齐命令后，命令行提示：

`▼ 3DALIGN 选择对象：`

选择要对齐的对象，即源对象。可选择多个对象，选择完成后按 Enter 键，命令行继续提示：

3DALIGN 指定基点或 [复制(C)]:

指定源对象的对齐基点，命令行继续提示：

3DALIGN 指定第二个点或 [继续(C)] <C>:

指定源对象的第二个点，命令行继续提示：

3DALIGN 指定第三个点或 [继续(C)] <C>:

指定源对象对齐的第三个点，三个点均确定，即源对象的对齐面确定。命令行继续提示：

3DALIGN 指定第一个目标点:

指定目标对象对齐面上的第一个点，命令行继续提示：

3DALIGN 指定第二个目标点或 <X>:

指定目标对象对齐面上的第二个点，命令行继续提示：

3DALIGN 指定第三个目标点或 [退出(X)] <X>:

指定目标对象对齐面上的第三个点。

源对象和目标对象的对齐面均确定后，对象上的第一个点（基点）将被移动到第一个目标点，然后根据将源对象和目标对象上的对齐面贴合。

如图 11-10 所示，三维对齐的源对象如图 11-10(a)所示，执行三维对齐命令后，三维对齐操作的结果如图 11-10(b)所示。

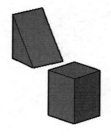   

(a) 源对象   (b) 对齐结果

图 11-10　三维对齐

11.2.5　三维旋转

三维旋转操作可自由旋转指定对象和子对象，并可以将旋转约束到轴。在 AutoCAD 2015 中有以下 3 种方法执行三维旋转命令。

（1）选择菜单栏"修改"→"三维操作"→"三维旋转"命令。

（2）单击功能区"常用"选项卡→"修改"面板→"三维旋转"按钮⊕。

（3）在命令行中输入命令：3DROTATE，并按 Enter 键。

执行三维旋转命令后，命令行提示：

UCS 当前的正角方向： ANGDIR=逆时针 ANGBASE=0

3DROTATE 选择对象:

选择要旋转的对象，然后按 Enter 键或右击，那么将显示彩色的旋转夹点工具，如图 11-11 所示。

显示了旋转夹点工具后，命令行继续提示：

> ⊕▼ **3DROTATE** 指定基点：

此时可指定三维旋转的基点，指定基点后，旋转夹点工具将固定在基点处，命令行将继续提示：

> ⊕▼ **3DROTATE** 拾取旋转轴：

拾取旋转轴的方法和约束移动夹点工具一样，也是将光标悬停在旋转夹点工具的轴句柄上，直到光标变为黄色，并且黄色矢量显示为与该轴对齐，此时单击轴线，如图 11-12 所示。指定旋转轴后，命令行继续提示：

> ⊕▼ **3DROTATE** 指定角的起点或键入角度：

　　　　　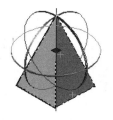

图 11-11　指定旋转基点　　　　　图 11-12　拾取旋转轴

此时可指定旋转角的起始角度和终点角度或者直接输入一个角度值。

例如将图 11-13(a)所示的对象（其中旋转基点为 O 点，以 Y 轴为旋转轴，角的起点为 A 点，角的端点为 B 点）旋转后的对象如图 11-13(b)所示。

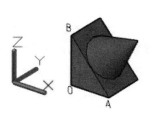　　　　　

(a) 旋转前　　　　　　　　　　　(b) 旋转后

图 11-13　三维旋转实例

11.3　对三维实体进行布尔运算

逻辑运算是将简单三维实体绘制成复杂三维实体的一种工具。本节将详细地介绍三维实体的逻辑运算，包括并集、差集及交集 3 种运算。

11.3.1　并集

三维实体的并集运算可以合并两个或更多实体的总体积，使其成为一个复合对象。AutoCAD 2015 执行并集运算的方法有以下 4 种。

（1）选择菜单栏"修改"→"实体编辑"→"并集"命令。

（2）单击功能区"常用"选项卡→"实体编辑"面板→"并集"按钮 ⓪。

（3）单击功能区"实体"选项卡→"布尔值"面板→"并集"按钮 ⓪。

（4）在命令行中输入命令：UNION，并按 Enter 键。

执行并集命令后，在命令行提示下选择要合并的所有对象，按 Enter 键或右击即可。

如图 11-14(a)所示，合并前，通过夹点显示圆柱体和长方体是两个单独的对象；合并后，它们成为一个复合对象，如图 11-14(b)所示。

(a) 合并前　　　　　　　(b) 合并后

图 11-14　并集运算

11.3.2　交集

三维实体的交集运算可以从两个或两个以上重叠实体的公共部分创建复合实体。AutoCAD 2015 执行交集运算的方法有以下 4 种。

（1）选择菜单栏"修改"→"实体编辑"→"交集"命令。

（2）单击功能区"常用"选项卡→"实体编辑"面板→"交集"按钮 ⓪。

（3）单击功能区"实体"选项卡→"布尔值"面板→"交集"按钮 ⓪。

（4）在命令行中输入命令：INTERSECT（或 IN），并按 Enter 键。

执行交集命令后，在命令行提示下选择要求交集的所有对象后按 Enter 键或右击即可。如图 11-15 所示为使用交集运算生成的复合实体，新实体为两者的公共部分。

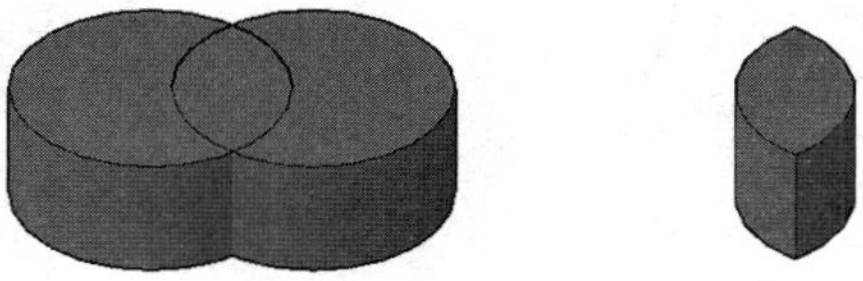

(a) 交集运算前　　　　　　　(b) 交集运算后

图 11-15　交集运算

11.3.3　差集

三维实体的差集运算可以从一组实体中删除与另一组实体的公共区域。AutoCAD 2015 执行差集运算的方法有以下 4 种：

（1）选择菜单栏"修改"→"实体编辑"→"差集"命令。

（2）单击功能区"常用"选项卡→"实体编辑"面板→"差集"按钮 ⓪。

（3）单击功能区"实体"选项卡→"布尔值"面板→"差集"按钮 ⓪。

（4）在命令行中输入命令：SUBTRACT，并按 Enter 键。

执行差集命令后，命令行将提示选择被减去的对象及减去的对象。差集运算的结果与选择对象的顺序有关。

如图 11-16 所示，图 11-16(b)为从长方体中减去自身与圆柱体相交的部分，图 11-16(c)为从圆柱体中减去自身与长方体相交的部分。

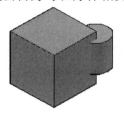 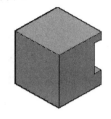

(a) 差集运算前　　　　(b) 长方体为被减对象　　　　(c) 圆柱体为被减对象

图 11-16　差集运算

11.4　编辑三维实体

通过 AutoCAD 2015 创建出的三维实体，再加以编辑和组合，便可以形成一幅幅逼真的物体图像。三维实体的倒角和圆角的命令与二维的相同，都是 FILLET 和 CHAMFER。执行命令时，选择对象是三维实体的一条边，系统就会自动进入三维模式。三维倒角和圆角是针对两个面的操作。

11.4.1　三维实体倒角

三维倒角的执行方式和二维倒角相同，有以下 6 种方式。

（1）选择菜单栏"修改"→"倒角"命令。

（2）选择菜单栏"修改"→"实体编辑"→"倒角边"命令。

（3）单击功能区"常用"选项卡→"修改"面板→"倒角"按钮。

（4）单击功能区"实体"选项卡→"实体编辑"面板→"倒角边"按钮。

（5）在命令行中输入命令：CHAMFER，并按 Enter 键。

（6）在命令行中输入命令：CHAMFEREDGE，并按 Enter 键。

执行倒角操作后，命令行依次提示：

```
("修剪"模式) 当前倒角距离 1 = 0.0000, 距离 2 = 0.0000
CHAMFER 选择第一条直线或 [放弃(U) 多段线(P) 距离(D) 角度(A) 修剪(T) 方式(E) 多个(M)]:
```

如果此时单击三维实体长方体，如图 11-17(a)所示，那么命令行将提示：

```
CHAMFER 输入曲面选择选项 [下一个(N) 当前(OK)] <当前(OK)>:
```

此时可选择"下一个(N)"选项指定下一个面为基面，"当前(OK)"选项表示选择当前的面为基面，此时在命令行中输入"OK"并按 Enter 键。指定了基面之后，命令行继续提示：

```
CHAMFER 指定基面倒角距离或 [表达式(E)]:
```

此时在命令行中输入"5"并按 Enter 键。命令行继续提示：

```
CHAMFER 指定其他曲面倒角距离或 [表达式(E)] <5.0000>:
```

此时在命令行中输入"5"并按 Enter 键。命令行继续提示：

⬜▾ **CHAMFER** 选择边或 [环(L)]：

此时参照图 11-17(a)中的倒角边选择图 11-17(b)中对应的两条边并按 Enter 键。倒角后的效果如图 11-17(c)所示。

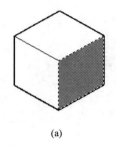
(a)

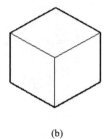
(b)

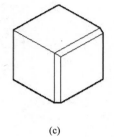
(c)

图 11-17　三维倒角

11.4.2　三维实体圆角

同样，三维实体圆角命令的执行方式也和二维的相同，有以下 6 种方式。

（1）选择菜单栏"修改"→"圆角"命令。

（2）选择菜单栏"修改"→"实体编辑"→"圆角边"命令。

（3）单击功能区"常用"选项卡→"修改"面板→"圆角"按钮⬜。

（4）单击功能区"实体"选项卡→"实体编辑"面板→"圆角边"按钮⬜。

（5）在命令行中输入命令：FILLET，并按 Enter 键。

（6）在命令行中输入命令：FILLETEDGE，并按 Enter 键。

执行倒圆角操作后，命令行依次提示：

当前设置：模式 = 修剪，半径 = 0.0000
⬜▾ **FILLET** 选择第一个对象或 [放弃(U) 多段线(P) 半径(R) 修剪(T) 多个(M)]：

此时选择图 11-18(a)中要倒圆角的一条边并按 Enter 键，命令行继续提示：

⬜▾ **FILLET** 输入圆角半径或 [表达式(E)] <15.0000>：

此时在命令行中输入圆角半径"5"，并按 Enter 键。命令行继续提示：

⬜▾ **FILLET** 选择边或 [链(C) 环(L) 半径(R)]：

此时选择另两条需要倒圆角的边，并按 Enter 键即可完成倒圆角操作，如图 11-18(b)所示。

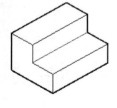
(a) 源对象

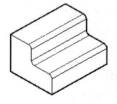
(b) 倒圆角结果

图 11-18　三维圆角

11.4.3　三维实体压印

压印操作可以在选定的三维实体上压印一个对象。压印操作要求被压印的对象必须与选定对象的一个或多个面相交。

在 AutoCAD 2015 中，有以下 4 种方法执行压印操作命令。

（1）选择菜单栏"修改"→"实体编辑"→"压印边"命令。

（2）单击功能区"常用"选项卡→"实体编辑"面板→"压印"按钮🗍。

（3）单击功能区"实体"选项卡→"实体编辑"面板→"压印"按钮🗍。

（4）在命令行中输入命令：IMPRINT，并按 Enter 键。

执行压印命令后，命令行依次提示：

> 🗍 ▾ IMPRINT 选择三维实体或曲面：

选择一个三维实体对象，如图 11-19(a)所示的灰色显示的长方体，命令行提示：

> 🗍 ▾ IMPRINT 选择要压印的对象：

选择要压印的对象正五边形，压印对象可以是圆弧、圆、直线、二维和三维多段线、椭圆、样条曲线、面域、体或三维实体。命令行会提示是否删除要压印的源对象：

> 🗍 ▾ IMPRINT 是否删除源对象 [是(Y) 否(N)] <N>：

选择"是（Y）"或"否（N）"选项，完成压印操作。如图 11-19(b)所示为选择"是（Y）"后在一个长方体中压印一个正五边形的效果。

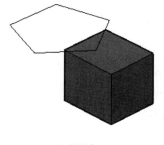
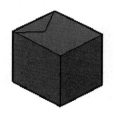

(a) 源对象　　　　　　　　　　　　　(b) 压印后

图 11-19　三维压印

11.4.4　分割三维实体

分割操作是指将组合的三维实体分割成零件。组合的三维实体对象不共享公共的面积或体积，分割后，独立的实体将保留原来的图层和颜色，三维实体对象将分割成最简单的结构。

在 AutoCAD 2015 中有以下 4 种方法执行分割操作命令。

（1）选择菜单栏"修改"→"实体编辑"→"分割"命令。

（2）单击功能区"常用"选项卡→"实体编辑"面板→"分割"按钮🔳。

（3）单击功能区"实体"选项卡→"实体编辑"面板→"分割"按钮🔳。

（4）在命令行中输入命令：SOLIDEDIT，并按 Enter 键，选择"体"选项，然后选择"分割实体"选项。

执行分割操作命令后，命令行提示：

[压印(I)/分割实体(P)/抽壳(S)/清除(L)/检查(C)/放弃(U)/退出(X)] <退出>: _separate

SOLIDEDIT 选择三维实体:

选择要分割的三维实体，然后按 Enter 键或右击完成分割操作。

11.4.5　抽壳三维实体

抽壳是用指定的厚度创建一个空的薄层。AutoCAD 2015 通过将现有面偏移出其原位置来抽壳，一个三维实体最多只能创建一个壳。

在 AutoCAD 2015 中有以下 4 种方法执行抽壳操作命令。

（1）选择菜单栏"修改"→"实体编辑"→"抽壳"命令。

（2）单击功能区"常用"选项卡→"实体编辑"面板→"抽壳"按钮█。

（3）单击功能区"实体"选项卡→"实体编辑"面板→"抽壳"按钮█。

（4）在命令行中输入命令：SOLIDEDIT，并按 Enter 键，选择"体"选项，然后选择"抽壳"选项。

执行抽壳操作命令后，命令行提示：

[压印(I)/分割实体(P)/抽壳(S)/清除(L)/检查(C)/放弃(U)/退出(X)] <退出>: _shell

SOLIDEDIT 选择三维实体:

选择要抽壳的三维实体对象，命令行提示：

SOLIDEDIT 删除面或 [放弃(U) 添加(A) 全部(ALL)]:

选择要删除的面（抽壳面），命令行提示：

SOLIDEDIT 输入抽壳偏移距离:

指定抽壳的偏移距离（即壳厚），如图 11-20 所示。

抽壳是通过将三维实体现有的面偏移出一定的距离来创建"空壳"。

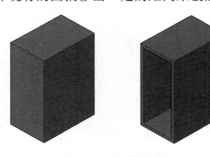

图 11-20　三维抽壳

11.4.6　剖切三维实体

三维剖切操作是用平面或曲面来剖切三维实体，产生新实体。

AutoCAD 2015 中有以下 4 种方法执行剖切操作。

（1）选择菜单栏"修改"→"三维操作"→"剖切"命令。

（2）单击功能区"常用"选项卡→"实体编辑"面板→"剖切"按钮 🐌。

（3）单击功能区"实体"选项卡→"实体编辑"面板→"剖切"按钮 🐌。

（4）在命令行中输入命令：SLICE，并按 Enter 键。

执行剖切操作命令后，命令行依次提示：

> 🐌 ▾ SLICE 选择要剖切的对象：

选择要剖切的三维实体对象，按 Enter 键或者右击，命令行依次提示：

> 🐌 ▾ SLICE 指定切面的起点或 [平面对象(O) 曲面(S) z 轴(Z) 视图(V) xy(XY) yz(YZ) zx(ZX) 三点(3)] <三点>：

此时可通过指定 3 个点或者指定平面对象等方式指定，操作方式与三维镜像操作中指定镜像面相同。输入 XY，按 Enter 键，命令行继续提示：

> 🐌 ▾ SLICE 指定 XY 平面上的点 <0,0,0>：

此时单击图 11-21(a)中对象最上侧的圆心点。

> 🐌 ▾ SLICE 在所需的侧面上指定点或 [保留两个侧面(B)] <保留两个侧面>：

剖切操作根据剖切面将实体一分为二，此时可在要保留的一半实体的部分指定一点或输入 B 选择"保留两个侧面（B）"选项保留两部分。如图 11-21 所示为对一个三维实体剖切的实例。

(a) 原实体   (b) 以 XY 平面为剖切面   (c) 保留两个侧面

图 11-21　三维剖切

11.4.7　清除和检查三维实体

清除操作可以删除共享边和在边或顶点具有相同表面或曲线定义的顶点，即删除所有多余的边、顶点和几何图形，但是不删除压印的边。

AutoCAD 2015 中有以下 4 种方法执行清除操作。

（1）选择菜单栏"修改"→"实体编辑"→"清除"命令。

（2）单击功能区"常用"选项卡→"实体编辑"面板→"清除"按钮 🔲。

（3）单击功能区"实体"选项卡→"实体编辑"面板→"清除"按钮 🔲。

（4）在命令行中输入命令：SOLIDEDIT，并按 Enter 键，选择"体"选项，然后选择"清除"选项。

检查操作可检查三维对象是否是有效的实体。AutoCAD 2015 中有 4 种方法执行检查操作。

（1）选择菜单栏"修改"→"实体编辑"→"检查"命令。

（2）单击功能区"常用"选项卡→"实体编辑"面板→"检查"按钮。

（3）单击功能区"实体"选项卡→"实体编辑"面板→"检查"按钮。

（4）在命令行中输入命令：SOLIDEDIT，并按 Enter 键，选择"体"选项，然后选择"检查"选项。

执行清除或检查操作命令后，命令行提示：

```
[压印(I)/分割实体(P)/抽壳(S)/清除(L)/检查(C)/放弃(U)/退出(X)] <退出>: _check
SOLIDEDIT 选择三维实体：
```

选择要清除或检查的三维实体对象，即可完成相应操作。

11.5　从三维模型创建三维截面和二维图形

绘制较复杂的三维图形时，经常要查看其内部的结构。AutoCAD 2015 的截面平面能剖开三维实体，并生成在该截面处的截面二维图形，就像机械制图中的剖面图，可以查看三维实体的内部结构或者直接生成剖面图。

截面平面和剖切是有区别的，截面平面只是在三维空间穿过三维实体的某个位置创建一个平面，而剖切是将三维实体剖成两个实体或者一个实体。

在 AutoCAD 2015 中操作时，必须先创建截面对象，然后才能使用该截面平面生成二维或三维截面图形。

11.5.1　创建截面对象

AutoCAD 2015 中有以下 5 种方法创建截面平面。

（1）选择菜单栏"绘图"→"建模"→"截面平面"命令。

（2）单击功能区"常用"选项卡→"截面"面板→"截面平面"按钮。

（3）单击功能区"实体"选项卡→"截面"面板→"截面平面"按钮。

（4）单击功能区"网格"选项卡→"截面"面板→"截面平面"按钮。

（5）在命令行中输入命令：SECTIONPLANE，并按 Enter 键。

执行截面平面命令行后，命令行将提示：

```
SECTIONPLANE 选择面或任意点以定位截面线或 [绘制截面(D) 正交(O)]:
```

此时可选择实体上的面，创建平行于该面的截面对象；或选择屏幕上不在面上的任意点创建截面对象。

（1）"绘制截面（D）"选项：可以定义具有多个点的截面对象，以创建带有折弯的截面线。

（2）"正交（O）"选项：可以将截面对象与相对于 UCS 的正交方向对齐。

指定一个点后，命令行继续提示：

```
SECTIONPLANE 指定通过点：
```

用指定的两个点定义截面对象，第一点可建立截面对象旋转所围绕的点，第二点可创建截面对象。

图 11-22 中通过指定两个点定义了一个截面对象，图 11-23 中显示的是通过"绘制截面（D）"选项指定 3 个点定义了一个弯折的截面对象。

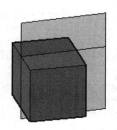

图 11-22　两点定义截面对象

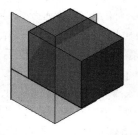

图 11-23　三点定义截面对象

11.5.2　生成二维或三维截面图形

学习了创建截面对象后，就可以使用截面对象来生成在该截面处的二维或三维截面图形了。

二维截面图形即该截面对象处的剖面图，而三维截面图形生成的是一个三维实体，两者均以块参照的形式插入图形中。

方法是选择该截面后右击，在弹出的快捷菜单中选择"生成二维/三维截面"命令，如图 11-24 所示，然后将弹出"生成截面/立面"对话框，如图 11-25 所示。

图 11-24　"生成二维/三维截面"命令

图 11-25　"生成截面/立面"对话框

"生成截面/立面"对话框包括 3 个选项组：二维/三维、源几何体和目标。

（1）"二维/三维"选项组：可通过单选按钮选择生成的是二维还是三维截面图形。

（2）"源几何体"选项组："包括所有对象"单选按钮，表示指定图形中的所有三维对象（三维实体、曲面和面域），包括外部参照和块中的三维对象。选择"选择要包括的对象"单选按钮，可以手动选择要从中生成截面的图形中的三维对象。

（3）"目标"选项组："作为新块插入"单选按钮表示在当前图形中将生成的截面作为

块插入。"替换现有的块"单选按钮是指使用新生成的截面替换图形中的现有块。"输出到文件"单选按钮可以将截面保存到外部文件。

设置"生成截面/立面"对话框后，单击 **创建(C)** 按钮，命令行将继续提示截面图形的插入点、比例因子和旋转角度等参数，命令行提示如下：

> 单位：毫米　转换：　1.0000
> ✕
> 🔩 ▾ **SECTIONPLANETOBLOCK** 指定插入点或 [基点(B) 比例(S) X Y Z 旋转(R)]：

在绘图区域指定插入点，并按 Enter 键。命令行提示如下：

> 🔩 ▾ **SECTIONPLANETOBLOCK** 输入 X 比例因子，指定对角点，或 [角点(C) xyz(XYZ)] <1>：

输入 X 比例因子，并按 Enter 键。命令行提示如下：

> 🔩 ▾ **SECTIONPLANETOBLOCK** 输入 Y 比例因子或 <使用 X 比例因子>：

输入 Y 比例因子，并按 Enter 键。命令行提示如下：

> 🔩 ▾ **SECTIONPLANETOBLOCK** 指定旋转角度 <0>：

输入旋转角度即可完成二维/三维截面的绘制。

11.6 综合实例

【例 11-1】实例——绘制三维零件。

使用二维、三维命令绘制如图 11-26 所示的零件。

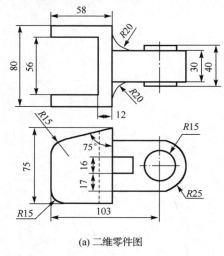

(a) 二维零件图

(b) 三维实体

图 11-26　实例

🕹 操作步骤

[1] 单击功能区"可视化"选项卡→"视图"面板→"俯视"视图方式。

[2] 单击"常用"选项卡→"绘图"面板→"直线"按钮／和"圆"按钮⊘，根据图 11-26 所给尺寸绘制如图 11-27 所示的轮廓。

[3] 在命令行输入 REG（创建面域命令），并按 Enter 键，命令行提示：

> ◎ ▾ **REGION** 选择对象：

选择刚刚创建的图形轮廓，并按 Enter 键，完成 3 个面域的创建。

[4] 单击"常用"选项卡→"建模"面板→"拉伸"按钮 🗊，命令行提示：

🗊 ▾ EXTRUDE 选择要拉伸的对象或 [模式(MO)]：

选择刚创建面域的图形，并按 Enter 键，命令行提示：

🗊 ▾ EXTRUDE 指定拉伸的高度或 [方向(D) 路径(P) 倾斜角(T) 表达式(E)]：

输入拉伸高度 80，并按 Enter 键。重复上述命令，完成其余两个面域的拉伸操作，拉伸高度分别输入 30，40，单击绘图区左上角的"二维线宽"按钮，从展开的菜单中选择"概念"，拉伸效果图如图 11-28 所示。

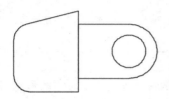

图 11-27　轮廓

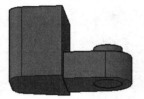

图 11-28　创建的拉伸体

[5] 选择菜单栏"修改"→"三维操作"→"三维旋转"命令，将视图旋转到一个合适位置，在命令行输入"m"（移动命令），将三个拉伸体移动到其所在实际位置处，其效果如图 11-29 所示。

[6] 单击功能区"可视化"选项卡→"坐标"面板→"前视"视图方式。

[7] 根据图 11-26 所给尺寸绘制如图 11-30 所示的轮廓，并转换成面域。

图 11-29　移动效果图

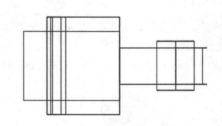

图 11-30　绘制矩形

[8] 单击"常用"选项卡→"建模"面板→"拉伸"按钮 🗊，命令行提示：

🗊 ▾ EXTRUDE 选择要拉伸的对象或 [模式(MO)]：

选择创建面域的矩形，并按 Enter 键，命令行继续提示：

🗊 ▾ EXTRUDE 指定拉伸的高度或 [方向(D) 路径(P) 倾斜角(T) 表达式(E)]：

输入拉伸高度100，完成拉伸实体的创建，如图 11-31 所示。

[9] 单击"常用"选项卡→"修改"面板→"移动"按钮 ✥，命令行提示：

✥ ▾ MOVE 选择对象：

切换视图到俯视平面，选择矩形拉伸体边中点，保持竖直方向向上移到合适位置，其西北等轴测视图如图 11-32 所示。

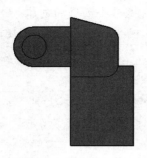

图 11-31　创建拉伸实体　　　　　图 11-32　西北等轴测视图

[10] 调整视图为前视视图，单击 "常用" 选项卡→ "修改" 面板→ "移动" 按钮
⊹，命令行提示：

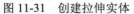

选择矩形底边中点，竖直方向移动，在命令行输入 12，完成移动操作，其西北
等轴测效果图如图 11-33 所示。

[11] 单击 "常用" 选项卡→ "实体编辑" 面板→ "并集" 按钮◎，命令行提示：

　◎▾ UNION 选择对象：

选择第一次创建的三个拉伸体，并按 Enter 键确定。

[12] 单击 "常用" 选项卡→ "实体编辑" 面板→ "差集" 按钮◎，命令行提示：

　命令：_subtract 选择要从中减去的实体、曲面和面域…
　◎▾ SUBTRACT 选择对象：

选择刚刚创建并集的实体，并按 Enter 键，命令行提示：

　选择要减去的实体、曲面和面域…
　◎▾ SUBTRACT 选择对象：

选择平移后的长方体，并按 Enter 键，完成差集操作，其效果图如图 11-34 所示。

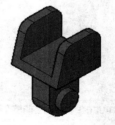

图 11-33　拉伸体的平移　　　　　图 11-34　差集操作图

[13] 单击 "可视化" 选项卡→ "视图" 面板→ "前视" 视图方式。

[14] 单击 "常用" 选项卡→ "绘图" 面板→ "直线" 按钮╱和 "圆弧" 按钮，根据
图 11-26 所给尺寸绘制如图 11-35 所示的轮廓并创建面域。

[15] 单击 "常用" 选项卡→ "建模" 面板→ "拉伸" 按钮，命令行提示：

　↑▾ EXTRUDE 选择要拉伸的对象或 [模式(MO)]：

选择刚刚创建面域的肋板平面图形，并按 Enter 键，命令行提示：

⬚ ▾ **EXTRUDE** 指定拉伸的高度或 [方向(D) 路径(P) 倾斜角(T) 表达式(E)]：

输入拉伸高度 16，完成肋板的创建。其效果图如图 11-36 所示。

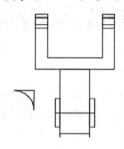

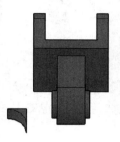

图 11-35　拉伸体　　　　　　　　图 11-36　创建肋板

[16] 单击"常用"选项卡→"修改"面板→"移动"按钮 ✥，命令行提示：

✥ ▾ **MOVE** 选择对象：

选择肋板端点，使其与图 11-26 所示位置重合，其效果图如图 11-37 所示。

[17] 切换视图到仰视图，对象捕捉选择中点，单击"常用"选项卡→"修改"面板→
✥（移动）按钮，将肋板移到中间位置，效果图如图 11-38 所示。

[18] 将视图切换到前视视图，单击"常用"选项卡→"修改"面板→"镜像"按钮
⬿，命令行提示：

⬿ ▾ **MIRROR** 选择对象：

选择左侧肋板，并按 Enter 键，命令行提示：

⬿ ▾ **MIRROR** 指定镜像线的第一点：

指定镜像点，命令行提示：

⬿ ▾ **MIRROR** 要删除源对象吗？[是(Y) 否(N)] <N>：

按 Enter 键确定镜像操作，其效果图如图 11-39 所示。

[19] 单击"常用"选项卡→"实体编辑"面板→"并集"按钮 ⬤，命令行提示：

⬤ ▾ **UNION** 选择对象：

选择两侧创建的肋板以及创建并集的实体，按 Enter 键，完成并集操作，从而完
成零件图的绘制。其效果图如图 11-39 所示。

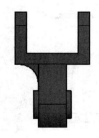

图 11-37　移动肋板　　　　　图 11-38　创建肋板体　　　　　图 11-39　镜像肋板

第 12 章　图形的输入与输出

前面的章节主要介绍在模型空间中绘制图形，本章将介绍如何将绘制好的图形通过打印等方式输出以及如何将除 DWG 格式外的其他格式的文件输入 AutoCAD 2015 中。

【学习目标】

（1）学会将其他格式的文件输入 AutoCAD 2015 中。

（2）了解模型空间和布局空间。

（3）学会布局。

（4）学会使用模型空间平铺视口和布局空间的浮动视口。

（5）打印图形。

12.1　图形输入

一般来说，通过 AutoCAD 2015 创建的图形文件格式为 DWG 格式。除了 DWG 文件以外，AutoCAD 2015 还支持其他应用程序创建的文件在图形中输入、附着和打开。

通过"插入"菜单下相关的命令，可以插入对应的文件类型，如 3D Studio、ACIS 文件、Windows 图元文件和 OLE 对象等，如图 12-1 所示。

还可以选择"文件"菜单→"输入"命令或者运行 IMPORT 命令，弹出"输入文件"对话框，选择输入文件的类型，如图 12-2 所示。

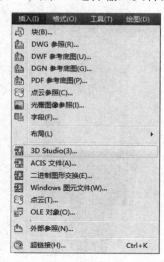

图 12-1　"插入"菜单中的
　　　　　 输入文件菜单项

图 12-2　"输入文件"对话框

在 AutoCAD 2015 中，有以下两种方法嵌入 OLE 对象。

（1）选择菜单栏"插入"→"OLE 对象"命令。

（2）在命令行中输入 INSERTOBJ，并按 Enter 键。

对象链接和嵌入（OLE）是 Windows 的一个功能，用于将不同应用程序的数据合并到一个文档中。利用该功能，可以在应用程序之间复制或移动信息，同时不影响在原始应用程序中编辑信息。

运行嵌入 OLE 对象命令后，将弹出"插入对象"对话框，如图 12-3 所示。通过该对话框插入各种程序创建的文件，实现程序间的数据共享。

图 12-3　"插入对象"对话框

12.2　模型空间和布局空间

在 AutoCAD 2015 中绘图和编辑时，可以采用两种不同的工作环境，即"模型空间"和"布局空间"，布局空间又称图纸空间。在不同的空间中可以完成不同的操作。

模型空间主要用于建模，前面章节讲述的绘图、修改、标注等操作都是在模型空间完成的。模型空间是一个没有界限的三维空间，用户在该空间中进行绘图一般贯彻一个原则，即按照 1∶1 的比例，以实际尺寸绘制图形。

布局空间是为了打印出图而设置的。一般在模型空间绘制完图形后，需要输出到图纸上。为了让用户方便地为一种图纸输出方式设置打印设备、纸张、比例、图纸视图布置等，AutoCAD 提供了一个用于进行图纸设置的图纸空间。利用图纸空间还可以预览到真实的图纸输出效果。由于图纸空间是纸张的模拟，所以是二维的。同时图纸空间由于受选择幅面的限制，所以是有界限的。在图纸空间还可以设置比例，实现图形从模型空间到图纸空间的转化。

一个模型空间可以包含多个布局空间，即一个"模型"选项卡，多个"布局"选项卡，每个布局对应于一张可打印的图纸，每个布局都可以包含不同的打印设置和图纸尺寸。

在默认情况下，AutoCAD 显示的窗口是模型窗口，并且还自带两个布局窗口，如图 12-4 所示。

在模型窗口中显示的是用户绘制的图形，如图 12-5 所示。单击"布局 1"或"布局 2"选项卡按钮，进入默认设置下的布局窗口。布局 1 窗口中的图形如图 12-6 所示。

图 12-4　"模型"和
"布局"选项卡

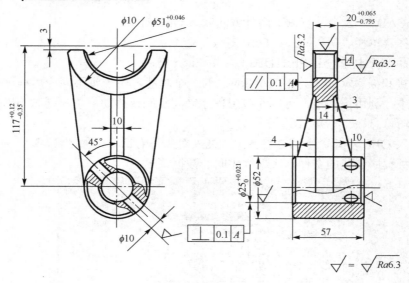

图 12-5　模型空间的图形

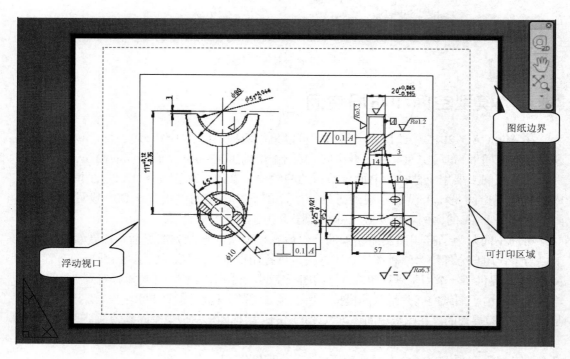

图 12-6　布局 1

在图形的布局 1 窗口中出现了三个框，最大的框表示所选图纸的边界；第二个虚线框是可打印区域，即只有在可打印区域范围内的图形对象才可以打印。所以要注意将所有要打印的元素放在这个区域内，而不需要在输出图纸上显示的放在可打印区域之外即可。这个可打印区域是和打印设备相关的，它是可以调整的，具体调整方法将在后面介绍。第三个框为"浮动视口"。

模型空间和布局空间中的坐标系图标显示也不同，如图 12-7 所示，模型空间的坐标系图标为十字形，布局空间的坐标系图标为三角形。

图 12-7　模型空间和布局空间中的坐标系图标

12.3　创建和管理布局

在 AutoCAD 2015 中，布局空间主要用于图形的打印输出。系统提供了布局 1 和布局 2 两个默认设置的布局空间，用户可以通过"页面设置管理器"和调整视口来重新设置这两个布局，也可以创建新的布局来打印输出图形。

12.3.1　创建布局

AutoCAD 2015 中提供了"布局"子菜单和"布局"选项卡来创建和管理布局，图 12-8 为"布局"子菜单，图 12-9 所示为"布局"选项卡（切换到布局空间时，功能区才会出现"布局"选项卡）。

图 12-8　"布局"子菜单

图 12-9　"布局"选项卡

"布局"子菜单中各个选项的作用如下。

（1）新建布局：用于新建一个布局，但不做任何设置。默认情况下，每个模型允许创建 225 个布局。选择该选项后，将在命令行提示中指定布局的名称，输入布局名称后即完成创建。

（2）来自样板的布局：用于将图形样板中的布局插入图形中。选择该选项后，将弹出"从文件选择样板"对话框，默认为 AutoCAD 2015 安装目录下的 Template 子目录，如图 12-10 所示。在该对话框中选择要导入布局的样板文件后，单击 打开(0) 按钮，将弹出"插入布局"对话框，如图 12-11 所示。该对话框将显示所选择样板文件中所包含的布局，选择一个布局后，单击 确定 按钮将布局插入。

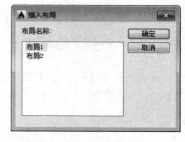

图 12-10　"从文件选择样板"对话框　　　　图 12-11　"插入布局"对话框

（3）创建布局向导：用于引导用户创建布局。布局向导包含一系列对话框，这些对话框可以引导用户逐步创建需要的布局。

在 AutoCAD 2015 中，有以下两种方法使用创建布局向导。

（1）选择菜单栏"插入"→"布局"→"创建布局向导"命令。

（2）在命令行中输入：LAYOUTWIZARD，并按 Enter 键。

执行创建布局向导命令后，进入"开始"步骤，在"输入新布局的名称"文本框中输入布局的名称，如图 12-12 所示。名称是布局的标识，将显示在布局选项卡上。

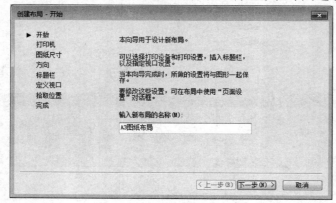

图 12-12　"创建布局-开始"对话框

单击 下一步(N) > 按钮，进入"创建布局-打印机"对话框，在列表中为新布局选择打印机，如图 12-13 所示。

图 12-13　"创建布局-打印机"对话框

单击 下一步(N) > 按钮，进入"创建布局-图纸尺寸"对话框，从下拉列表框中选择图纸尺寸，如图 12-14 所示。

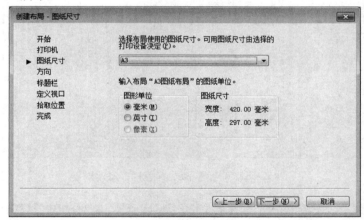

图 12-14　"创建布局-图纸尺寸"对话框

单击 下一步(N) > 按钮，进入"创建布局-方向"对话框，选择图形在图纸上的方向，如图 12-15 所示。

单击 下一步(N) > 按钮，进入"创建布局-标题栏"对话框，在"路径"列表框中列出了在设置路径下所提供的标题栏，用户可以根据需要选择（此处选择"无"），如图 12-16 所示。在"类型"选项组中可以选择标题栏以哪种方式插入图形中。

单击 下一步(N) > 按钮，进入"创建布局-定义视口"对话框，如图 12-17 所示。该对话框用于选择布局中添加视口的个数，可选择单个或者多个视口。多个视口有"标准三维工程视图"视口和"阵列"视口。"标准三维工程视图"视口即 4 个视口，显示前视图、俯视图和左视图，另一个视口显示等轴测视图。"阵列"视口可通过行数、列数、行间距和列间距来定义视口阵列。

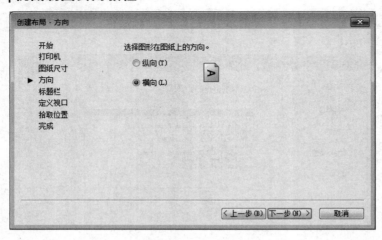

图 12-15 "创建布局-方向"对话框

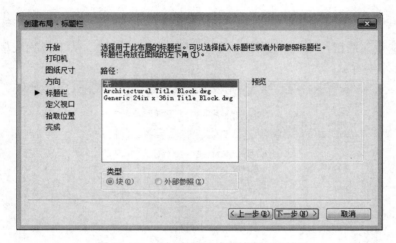

图 12-16 "创建布局-标题栏"对话框

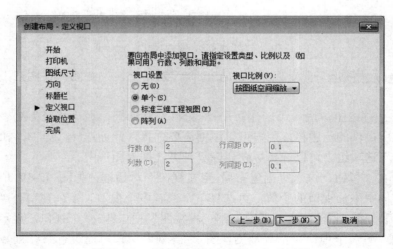

图 12-17 "创建布局-定义视口"对话框

"视口比例"下拉列表框用于确定视口的显示比例。

单击 下一步(N) > 按钮，进入"创建布局-拾取位置"对话框，如图 12-18 所示。该对话框用于在图纸中确定视口的位置，用户可以单击 选择位置(L) < 按钮在图纸上指定视口位置；如果直接单击 下一步(N) > 按钮，AutoCAD 会将视口充满整张图纸。

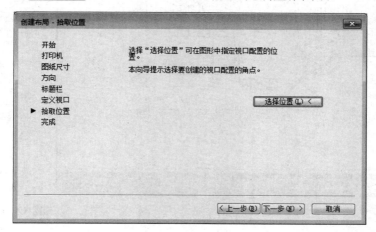

图 12-18　"创建布局-拾取位置"对话框

单击 下一步(N) > 按钮，进入"创建布局-完成"对话框，如图 12-19 所示。单击 完成 按钮即可完成布局创建。

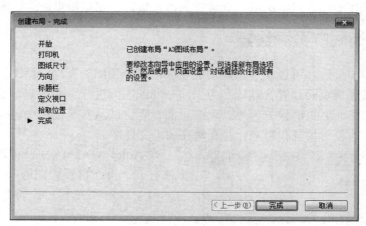

图 12-19　"创建布局-完成"对话框

创建好的布局窗口，如图 12-20 所示。在"布局"选项卡中显示了布局名称为"A3图纸布局"，该布局有单个浮动视口，A、B 两点确定了视口的位置。

12.3.2　管理布局

在 AutoCAD 2015 中，布局的管理可以通过以下两种方法实现。

（1）在"布局"选项卡（布局名称位置）上右击，在弹出的快捷菜单中可以进行新建布局、删除、移动或复制等操作，如图 12-21 所示。

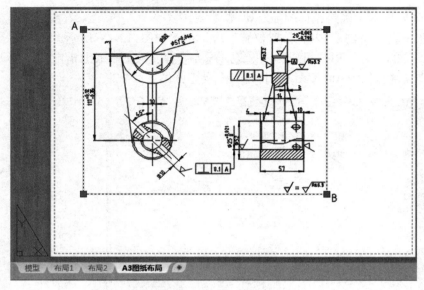

图 12-20　新建的布局

图 12-21　"布局"选项
卡上的快捷菜单

（2）在命令行中输入 LAYOUT，并按 Enter 键，命令行提示：

此时在命令行中输入对应选项，可对布局进行复制、删除和重命名等操作。

12.3.3　布局的页面设置

在准备打印图形前，可以使用布局功能来创建多个视图的布局，用来设置需要输出的图形。此时可通过"页面设置管理器"为当前布局或图纸进行页面设置，或将其应用到其他布局中，或创建命名页面设置、修改现有页面设置，或从其他图纸中输入页面设置等。页面设置中指定的各种设置和布局一起存储在图形文件中。

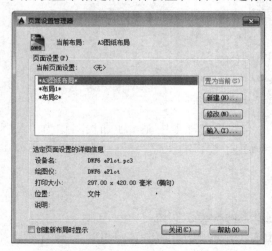

图 12-22　"页面设置管理器"对话框

在 AutoCAD 2015 中，可以通过以下 4 种方法打开"页面设置管理器"。

（1）选择菜单栏"文件"→"页面设置管理器"命令。

（2）单击功能区"输出"选项卡→"打印"面板→"页面设置管理器"按钮。

（3）在激活的"模型"或某个"布局"选项卡上右击，选择"页面设置管理器"命令。

（4）在命令行中输入命令：PAGESETUP，并按 Enter 键。

执行"页面设置管理器"命令后，打开如图 12-22 所示的"页面设置管理器"对话框。

该对话框的"当前页面设置"列表框中列出了可应用于当前布局的页面设置。单击 置为当前(S) 按钮，可将所选的页面设置置为当前；单击 新建(N)... 按钮，可以新建页面设置；单击 修改(M)... 按钮，可对所选页面设置进行修改；单击 输入(I)... 按钮，可导入 DWG、DWT、DXF 文件中的页面设置。

单击选中"A3 图纸布局"页面设置，单击 修改(M)... 按钮，弹出如图 12-23 所示的"页面设置-A3 图纸布局"对话框。

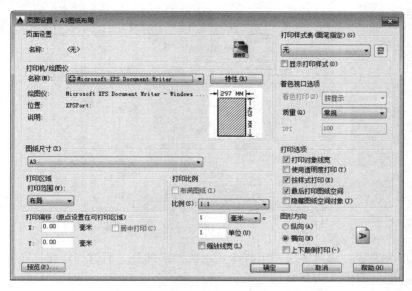

图 12-23　"页面设置-A3 图纸布局"对话框

该对话框包括"页面设置"、"打印机/绘图仪"和"图纸尺寸"等 10 个选项组，各个选项组的作用如下：

（1）"页面设置"选项组：显示当前的页面设置名称和图标。从布局中打开"页面设置"对话框后，将显示 DWG 图标 ；从图纸集管理器中打开"页面设置"对话框后，将显示图纸集图标 。

（2）"打印机/绘图仪"选项组：用于指定打印或发布布局或图纸时使用的已配置的打印设备。"名称"下拉列表框中列出了可用的 pc3 文件或系统打印机，pc3 文件的图标为 ，系统打印机的图标为 。选择 pc3 文件，可将图纸打印到文件中；选择系统打印机，可将图纸通过打印机打印。

单击 特性(R) 按钮，打开"绘图仪配置编辑器"对话框。通过"修改标准图纸尺寸（可打印区域）"选项能够修改可打印区域，并将结果存盘，如图 12-24 所示。

（3）"图纸尺寸"选项组：显示所选打印设备可用的标准图纸尺寸。如果所选绘图仪不支持布局中选定的图纸尺寸，将显示警告，用户可以选择绘图仪的默认图纸尺寸或自定义图纸尺寸。

（4）"打印区域"选项组：指定要打印的图形区域。通过"打印范围"下拉列表框可选择打印的范围，共有 4 个选项。

①"布局"选项：选择该项将打印指定图纸的可打印区域内的所有内容，其原点从布

局中的(0,0)点计算得出。从"模型"选项卡打印时，将打印栅格界限定义为整个图形区域。

图 12-24 "绘图仪配置编辑器"对话框

②"窗口"选项：选择该选项可打印指定的图形部分，通过指定要打印区域的两个角点确定打印的图形范围。

③"范围"选项：选择该项将打印包含对象图形的部分当前空间，当前空间内的所有几何图形都将被打印。

④"显示"选项：选择该项将打印"模型"选项卡当前视口中的视图或布局选项卡上当前布局空间视口中的视图。

（5）"打印偏移（原点设置在可打印区域）"选项组：指定打印区域相对于"可打印区域"左下角的偏移量。图纸的可打印区域由所选输出设备决定，在布局中以虚线表示。在 X 和 Y 文本框中输入正值或负值，可以偏移图纸上的几何图形。选择"居中打印"复选框，将自动计算 X 偏移值和 Y 偏移值，在图纸上居中打印。

（6）"打印比例"选项组：控制图形单位与打印单位之间的相对尺寸。打印布局时，默认缩放比例设置为 1∶1；从"模型"选项卡打印时，默认设置为"布满图纸"。

> 📖 注意：如果在"打印区域"中指定了"布局"选项，则无论在"比例"中指定何种设置，都将以 1∶1 的比例打印布局。

（7）"打印样式表（画笔指定）（G）"选项组：用于设置、编辑打印样式表，或者创建新的打印样式表。

打印样式表有两种类型，分别是"颜色相关"和"命名"。用户可以在两种打印样式表之间转换；也可以在设置图形的打印样式表类型之后，修改所设置的类型。

对于颜色相关打印样式表，对象的颜色确定如何对其进行打印，但不能直接为对象指定颜色相关打印样式；相反，要控制对象的打印颜色，必须修改对象的颜色。

例如：图形中所有被指定为红色的对象均以相同的方式打印。命名打印样式表使用直接指定给对象和图层的打印样式，使用这种打印样式表，可以使图形中的每个对象以不同颜色打印，与对象本身的颜色无关。

① 选择下拉列表框中的"新建"选项，将弹出"添加颜色相关打印样式表–开始"对话框，如图 12-25 所示，可选择通过 CFG 文件或者其他方式创建新的打印样式表。

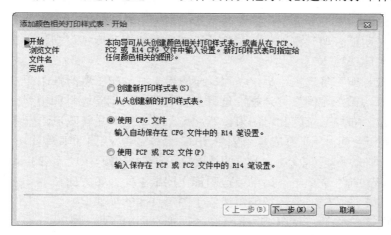

图 12-25   "添加颜色相关打印样式表–开始"对话框

② 若选择一个打印样式表，然后单击"编辑"按钮，可在弹出的"打印样式表编辑器"中对打印样式表进行编辑，如图 12-26 所示。通过"打印样式表编辑器"可设置打印样式，包括线条的颜色、线型和线宽等。

图 12-26   "打印样式表编辑器"对话框

③ "显示打印样式"复选框：设置是否在屏幕上显示指定给对象的打印样式的特征。

📖 注意：如果打印样式表被附着到"布局"或"模型"选项卡，并且修改了打印样式，则使用该打印样式的所有对象都将受影响。大多数的打印样式均默认为"使用对象样式"。

（8）"着色视口选项"选项组：指定着色和渲染视口的打印方式，并确定它们的分辨率级别和每英寸点数（DPI）。

（9）"打印选项"选项组：用于指定线宽、打印样式和对象的打印次序等选项。

① "打印对象线宽"复选框：指定是否打印指定给对象和图层的线宽。

② "使用透明度打印"复选框：指定是否打印对象透明度。仅当打印具有透明对象的图形时，才使用此选项。

③ "按样式打印"复选框：指定是否打印应用于对象和图层的打印样式。

④ "最后打印图纸空间"复选框：选择该复选框，表示首先打印模型空间几何图形。通常先打印图纸（布局）空间几何图形，然后打印模型空间几何图形。

⑤ "隐藏图纸空间对象"复选框：设置 HIDE 命令是否应用于布局空间视口中的对象。此选项仅在"布局"选项卡中可用，且设置的效果只反映在打印预览中，而不反映在布局中。

（10）"图形方向"选项组：用于指定图形在图纸上的打印方向。

① "纵向"单选按钮：使图纸的短边位于图形页面的顶部。

② "横向"单选按钮：使图纸的长边位于图形页面的顶部。

③ "上下颠倒打印"复选框：上下颠倒地放置并打印图形。

12.4 使用浮动视口

在构造布局时，可以将浮动视口当做图纸空间的图形对象，可通过夹点对其进行移动和调整大小等操作，如图 12-27 所示。

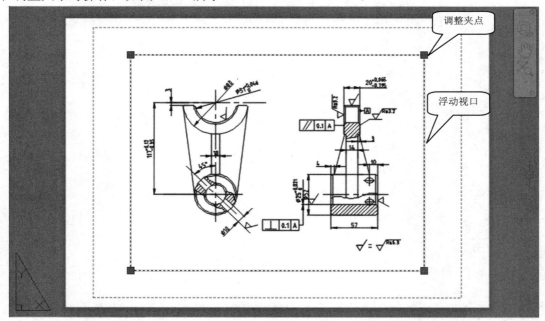

图 12-27 浮动视口以及调整夹点

12.4.1　进入浮动模型空间

刚进入布局窗口时，默认的是图纸空间，用户在图纸空间中无法编辑模型空间中的对象。如果要编辑模型，必须激活浮动视口，进入浮动模型空间，如图 12-28 所示。

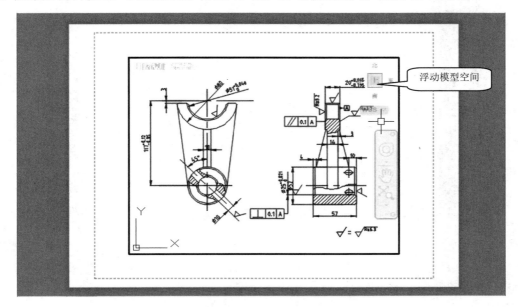

浮动模型空间

图 12-28　浮动模型空间

激活浮动视口的方法主要有以下 3 种。

（1）双击浮动视口区域中的任意位置。

（2）单击状态栏上的"模型或图纸空间"按钮。

（3）在命令行中输入 MSPACE，并按 Enter 键。

当用户在浮动模型空间进行工作时，浮动模型窗口中所有视图都是被激活的。当用户在当前的浮动模型窗口进行编辑时，所有的浮动视口和模型空间均会反映这种变化。注意，当前浮动模型窗口的边框线是较粗的实线时，在当前视口中光标的形状是十字准线，在窗口外是一个箭头。通过这个特点，用户可以分辨当前视口。

在布局窗口中，如果在图纸空间状态下执行缩放、绘图、修改等命令，仅仅是在布局上绘图，而没有改动模型本身。这种修改在布局出图时会被打印出来，但是对模型本身没有影响。例如，在图纸空间状态下书写一些文本后，单击工作界面左下角 模型 选项卡切换到模型窗口，会发现书写的文本并没有加入模型中。利用这个特性，可以为同一个模型创建多个图纸布局和打印方案。

要从浮动模型空间重新进入图纸空间，可双击浮动模型窗口外的任一点。

12.4.2　删除、调整和创建浮动视口

要删除浮动视口，可以直接单击浮动视口边界，然后单击删除工具。

要改变视口的大小，可以选中浮动视口边界，这时在矩形边界的四个角点出现夹点，

选中夹点拖动鼠标就可以改变浮动视口的大小，如图 12-29 所示。要改变浮动视口的位置，可以把鼠标指针放在浮动视口边界上，按下鼠标拖动就可以改变视口的位置。

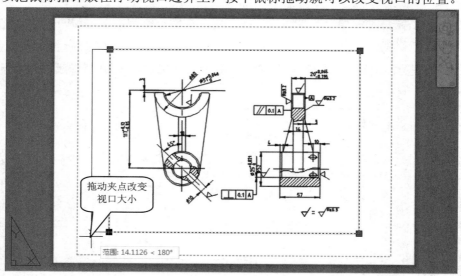

图 12-29　改变视口大小

由于默认的是一个视口，如果用户需要多个视口，可以自己创建，下面以建立两个视口为例说明视口的创建步骤。

（1）单击视口边框，按 Delete 键删除不需要的视口。

（2）选择菜单栏"视图"→"视口"→"两个视口"命令，命令行提示：

⌐▼- -VPORTS 输入视口排列方式 [水平(H) 垂直(V)] <垂直>：

此时直接按 Enter 键，表示选择默认的"垂直"选项。命令行继续提示：

⌐▼- -VPORTS 指定第一个角点或 [布满(F)] <布满>：

此时直接按 Enter 键，如图 12-30 所示。

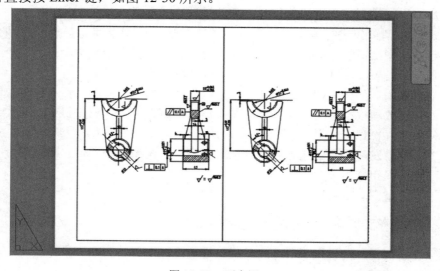

图 12-30　两个视口

（3）双击其中一个浮动视口进入浮动模型空间，可以改变图形的位置和大小。然后调整视口的大小。这样做可以用一个视口显示整幅图形，用另外一个视口显示图形的某一个局部，如图 12-31 所示。

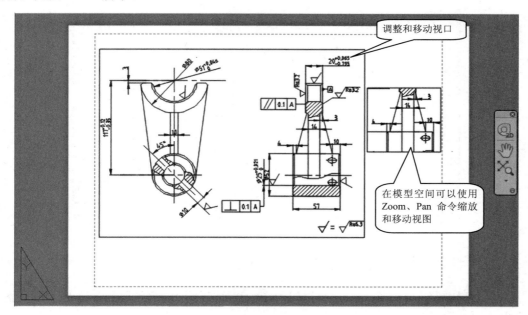

图 12-31　视口编辑

12.4.3　创建非矩形的浮动视口

除了矩形的视口，AutoCAD 2015 还支持创建多边形或其他形状的视口。这种不规则的视口只能在布局空间中创建，而不能在模型空间中创建。

在 AutoCAD 2015 中，可以通过以下 3 种方法创建非矩形视口。

（1）选择菜单"视图"→"视口"→"多边形视口"命令。

（2）单击功能区"布局"选项卡→"布局视口"面板→"多边形视口"按钮 。

（3）在命令行中输入命令：MVIEW，并按 Enter 键，选择"多边形"选项。

另外，在 AutoCAD 2015 中，还可以将闭合的多段线、圆、椭圆或闭合的样条曲线等对象转换为视口，有以下 3 种方法将对象转换为视口。

（1）选择菜单栏"视图"→"视口"→"对象"命令。

（2）单击功能区"布局"选项卡→"布局视口"面板→"对象"按钮 。

（3）在命令行中输入命令：MVIEW，并按 Enter 键，选择"对象"选项。

执行将对象转换为视口操作后，命令行提示：

-VPORTS 选择要剪切视口的对象：

此时选择一个闭合的对象即可。图 12-32 所示即为将圆转换为视口。

📖　注意：创建视口时必须选择绘制在布局空间里的闭合对象。

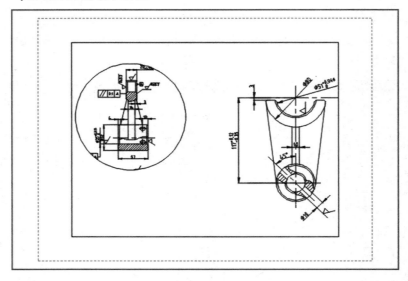

图 12-32　将对象转换为视口

12.4.4　相对布局空间比例缩放视口

若在布局中定义了多个视口，可以对每个视口设置不同的缩放比例，以便通过多个视口来表达图纸的多个细节的不同效果。

要定义浮动视口的缩放比例，可选择该视口，然后单击状态栏右下角的"视口比例"按钮，将弹出如图 12-33 所示的缩放比例列表。从比例列表中可选择缩放比例对该浮动视口进行缩放。

若选择"自定义"选项，将弹出如图 12-34 所示的"编辑图形比例"对话框，可对现有的缩放比例进行编辑。单击 添加(A)... 按钮，将弹出"添加比例"对话框，通过该对话框可创建用户定义比例，或设置在比例列表中的名称。

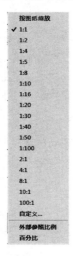

图 12-33　缩放比例列表　　　　　图 12-34　"编辑图形比例"对话框

在"图纸单位"和"图形单位"文本框中输入不同的值，那么缩放比例即定义为"图纸单位：图形单位"。图 12-35 所示即为添加"3：1"比例时的设置，设置完成后单击  确定 按钮。

图 12-35　添加"3：1"比例

12.4.5　设置图纸的比例尺

设置比例尺是出图过程中一个重要的步骤，在任何一张正规图纸的标题栏中，都有比例一栏需要填写。该比例是图纸中图形与其实物相应要素的线性尺寸之比。

AutoCAD 绘图和传统的图纸绘图在设置比例尺方面有很大的不同。传统的图纸绘图的比例尺需要开始就确定，绘制出的是经过比例换算的图形。而 AutoCAD 绘图过程中，在模型空间始终按照 1：1 的实际尺寸绘图。在出图时，才按照比例将模型缩放到布局图上，然后打印。

如果要查看当前布局的比例，可以在浮动视口内双击鼠标进入模型空间，状态栏中显示的就是图纸空间相对于模型空间的比例，如图 12-36 所示。用户可以修改这个比例。

1:1 ▾

图 12-36　当前布局比例

因为在模型空间中是按照 1：1 比例进行绘图的，而在图纸空间中布局图又是按照 1：1 打印的，因此图纸空间相对于模型空间的比例，就是图纸中图形与其实物相应要素的线性尺寸之比，也就是标题栏里填写的比例。

> 提示：只有布局图处于模型空间状态，状态栏中显示的数值才是正确的比例。

12.5　打印图形

在 AutoCAD 2015 中，完成设计绘图后，就可以将其打印输出。

12.5.1　打印预览

在打印之前，可以先进行打印预览，即在预览窗口查看打印的效果，以便在打印前检查打印的视口是否正确，或是否有其他线型、线宽上的错误等。

在 AutoCAD 2015 中，可以通过以下 4 种方法打开打印预览窗口。

（1）选择菜单栏"文件"→"打印预览"命令。

（2）单击功能区"输出"选项卡→"打印"面板→"预览"按钮 。

（3）选择"菜单浏览器"→"打印"→"打印预览"命令。

（4）在命令行中输入命令：PREVIEW，并按 Enter 键。

执行打印预览命令后，将弹出如图 12-37 所示的打印预览窗口。

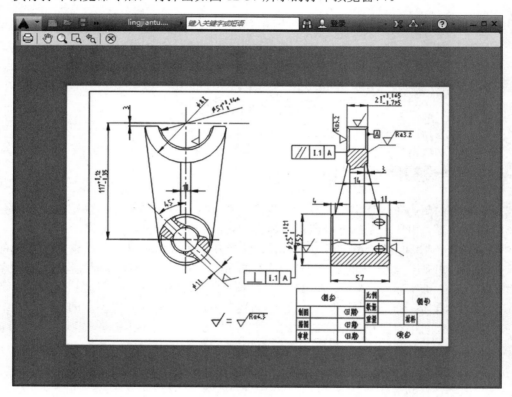

图 12-37　打印预览窗口

如果当前的页面设置没有指定绘图仪或打印机，那么命令行提示：

命令：_PREVIEW 未指定绘图仪。请用"页面设置"给当前图层指定绘图仪。

此时打开"页面设置管理器"对话框，先指定绘图仪或打印机，然后才能预览打印效果。

在打印预览窗口中，光标的形状将变成 ，向上移动光标将放大图形，向下移动光标将缩小图形。打印预览窗口显示当前图形的全页预览，还包括一个工具栏，通过工具栏的各个按钮，可进行打印、缩放等操作。各个按钮的功能如下。

（1）"打印"按钮 ：用于打印窗口中显示的整个图形，然后退出"打印预览"。

（2）"平移"按钮 ：单击该按钮，将显示平移光标，即手形光标，可以用来平移预览图像。

（3）"缩放"按钮 ：单击该按钮，将显示缩放光标，即放大镜光标，可以用来放大或缩小预览图像。

（4）"窗口缩放"按钮 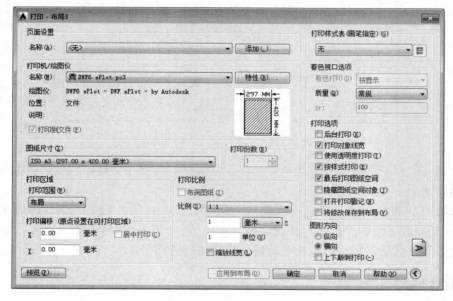：用于缩放以显示指定窗口。

（5）"缩放为原窗口"按钮：单击该按钮，将恢复初始整张浏览。

（6）"关闭预览窗口"按钮：单击该按钮，将关闭预览窗口。

12.5.2　打印输出

在 AutoCAD 2015 中，可以通过以下 5 种方法打开"打印"对话框。

（1）选择菜单栏"文件"→"打印"命令。

（2）单击功能区"输出"选项卡→"打印"面板→"打印"按钮。

（3）单击快速访问工具栏的"打印"按钮。

（4）选择"菜单浏览器"→"打印"→"打印"命令。

（5）在命令行中输入命令：PLOT，并按 Enter 键。

执行"打印"命令后，将弹出"打印"对话框。图 12-38 所示为单击"扩展"按钮扩展后的"打印"对话框。

图 12-38　"打印"对话框

"打印"对话框与"页面设置"对话框相似，但通过"打印"对话框还可以设置其他打印选项。

（1）在"页面设置"选项组中，通过"名称"下拉列表框可以选择页面设置。一张图纸可以有多个页面设置。选择下拉列表框中的"上一个打印"选项，可以导入上一次打印的页面设置；选择"输入"选项，可导入其他 DWG 文件中的页面设置。单击 添加(O)... 按钮，可以新建页面设置。

（2）在"打印机/绘图仪"选项组有一个"打印到文件"复选框。如选择该复选框，那么将把图形打印输出到文件，而不是绘图仪或打印机。如果"打印到文件"选项已打开，单击"打印"对话框中的"确定"按钮，将显示"浏览打印文件"对话框。

（3）在"图纸尺寸"选项组右边，有一个"打印份数"微调按钮。该微调按钮可以设置每次打印图纸的份数。

（4）在"打印选项"选项组中，比"页面设置"对话框多了"后台打印"、"打开打印戳记"和"将修改保存到布局"3个复选框，它们的功能如下。

①"后台打印"复选框：选择该复选框，表示在后台处理打印。

②"打开打印戳记"复选框：选择该复选框，表示打开打印戳记，即在每个图形的指定角点处放置打印戳记并（或）将戳记记录到文件中。选择该复选框后，将显示"设置打印戳记设置"按钮，单击它可打开"打印戳记"对话框，如图 12-39 所示。

图 12-39　"打印戳记"对话框

③"将修改保存到布局"复选框：选择该复选框，会将在"打印"对话框中所做的修改保存到布局。

如果要打印布局，该对话框不用改动。用户可以在打印前预览一下打印效果，单击"打印"对话框右下角的"预览"按钮即可。

预览效果满意后，就可以单击"确定"按钮进行打印了。

12.5.3　打印戳记

打印戳记是指打印时在图纸上添加一些图纸信息。打印戳记只有在打印预览或打印的图形中才能看到，而不能在模型或布局中看到，如图 12-40 所示，打印预览窗口下侧的文字部分即为打印戳记。

在图 12-39 中的"打印戳记字段"选项组中，可通过各个复选框选择打印戳记包含的图形信息，包括图形名、布局名称、日期和时间等。

在"用户定义的字段"选项组中，单击 添加/编辑(A) 按钮可以添加文本作为打印戳记的内容，如加工的价格或者施工的周期等信息。

在"打印戳记参数文件"选项组中，可设置打印戳记的保存和加载路径。

单击 高级(C) 按钮，可显示"高级选项"对话框，如图 12-41 所示，从中可以设置打印戳记的位置、文字特性和单位，也可以创建日志文件并指定它的位置。

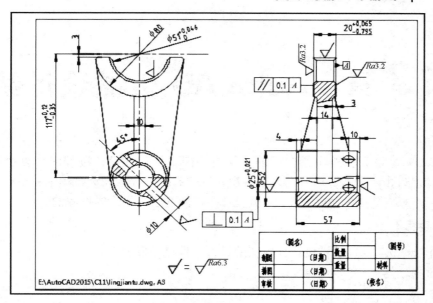

图 12-40　在打印预览中见到的打印戳记

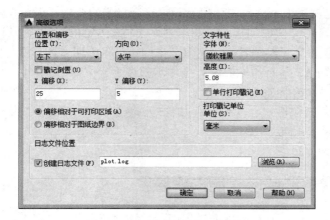

图 12-41　"高级选项"对话框

第 *13* 章　AutoCAD 机械设计绘图

AutoCAD 是设计行业中最常用的计算机绘图软件。在设计过程中可以边设计边修改，直到完善为止，最后利用打印设备输出。这样省略了很多设计过程中的草图，提高了工作效率。本章主要介绍 AutoCAD 机械设计样板图的建立以及零件图的绘制。

【学习目标】

（1）学会 AutoCAD 机械设计样板图的设置、保存以及调用。

（2）掌握轴的零件图的绘制。

13.1　建立样板图

AutoCAD 中提供了很多样板图，但不一定符合我们的要求。因此在绘图之前，最好先自定义样板。使用自定义样板创建的新图形继承了样板中的所有设置，这就避免了大量的重复设置工作，不仅提高了绘图效率，也保证了同一项目中所有图形文件的统一和标准。

现在来建立一张 A3 幅面的样板图，操作步骤如下。

（1）设置图形单位和图形界限。

（2）设置图层、常用图块、文本样式和标注样式。

（3）建立标题栏、边框。

（4）保存样板图文件。

13.1.1　设置图形单位和图形界限

启动 AutoCAD 后，在"新选项卡"界面中单击"样板"按钮 `样板`，展开样板下拉列表框。acadiso.dwt 是默认设置的公制基础样板文件，单击即可开始一个新文件，用户在此基础上完善自己的样板文件。

1．修改图形单位

选择菜单栏"格式"→"单位"命令，在弹出的"图形单位"对话框中设置绘图时使用的长度单位、角度单位，以及单位的显示格式和精度等参数，现采用默认设置。

2．修改图形界限

（1）选择菜单栏"格式"→"图形界限"命令，命令行的提示如下：

```
命令:'_limits
重新设置模型空间界限:
指定左下角点或 [开(ON)/关(OFF)] <0.0000,0.0000>: ↙（按 Enter 键接受左下角点的默认设置）
指定右上角点 <420.0000,297.0000>:↙（按 Enter 键接受右上角点的默认设置）
```

（2）打开边界检验功能。

命令: '_limits

重新设置模型空间界限:

指定左下角点或 [开(ON)/关(OFF)] <0.0000,0.0000>: on↙ （输入 on，打开边界检验功能，并
按 Enter 键）

提示：（1）用户可以打开栅格显示，然后选择菜单栏"工具"→"绘图设置"命令，切换到
"草图设置"对话框的"捕捉和栅格"选项卡，取消选中"栅格行为"选项组中"显示超出
界限的栅格"复选框，绘图区就只显示图形界限中的栅格了。

（2）执行 ZOOM→A 命令，整个图形界限完全显示在绘图窗口中。

13.1.2 设置图层、文本样式、标注样式

用户可以把图层、文本样式和标注样式等保存在样板文件中，这样就不用重复设置了。

1. 设置图层

单击功能区"默认"选项卡→"图层"面板→"图层特性"按钮，打开"图层特性
管理器"对话框，创建图 13-1 所示的图层。

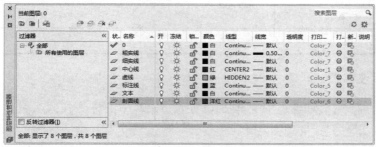

图 13-1 "图层特性管理器"对话框中设置好的 7 个图层

2. 设置文字样式

打开"文字样式"对话框，设置"工程字"文字样式如图 13-2 所示。该文字样式主
要用于文字输入和尺寸标注。

图 13-2 "工程字"文字样式设置

3．创建常用图块

使用"属性定义"对话框和"块定义"对话框创建常用的内部块或内部属性块。常用图块见表 13-1。

表 13-1　常用图块

序号	符　号	说　明
1		基本图形符号仅用于简化代号标注
2		在基本图形代号上加一短横，表示指定表面用去除材料的方法获得，例如通过机械加工获得的表面
3	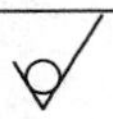	在基本图形代号上加一个圆圈，表示指定表面用不去除材料的方法获得
4	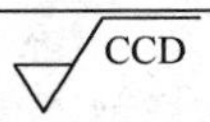 CCD	带一个参数的表面结构符号
5	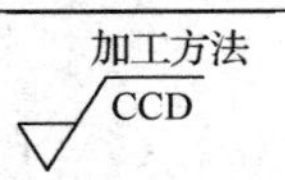 加工方法 CCD	带两个参数的表面结构符号
6	 A	基准符号
7		剖切符号

4．设置标注样式

打开"标注样式管理器"对话框，设置表 13-2 中的标注样式（具体设置方法见第 6 章）。

表 13-2　标注样式

名　称	作　用
机械标注样式（副本 ISO-25）	用于标注一般的尺寸［文字样式：工程字（斜）］
抑制样式	用于标注有抑制的尺寸
角度样式（子样式）	用于标注角度样式
非圆尺寸样式	用于标注非圆视图的带直径符号的尺寸
公差样式	用于标注带公差的尺寸

13.1.3　绘制边框、标题栏

绘制如图 13-3 所示的 A3 图框。

绘制标题栏，如图 13-4 所示。

为了绘图方便，不管机件尺寸多大，都习惯用 1∶1 的比例来进行绘制。要打印出图（在布局中）时，再用比例缩放命令，将图形放大或缩小，适应图纸幅面大小。但是，标题栏和边框是不缩放的，所以要把标题栏和边框定义成块，直接在图纸空间中插入。

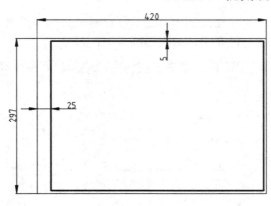

图 13-3　绘制边框

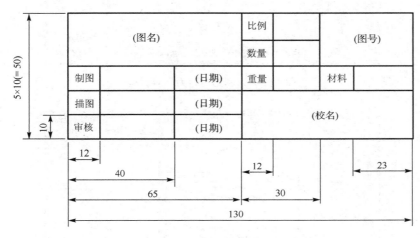

图 13-4　绘制标题栏

13.1.4　建立样板文件

建立样板文件就是将样板图存放到磁盘，变成一个可以调用的文件。保存方法与一般图形文件的存盘方法一样，只是文件的扩展名不同。一般的 AutoCAD 图形文件的扩展名是*.dwg，而样板图的扩展名为*.dwt。

选择"文件"→"另存为"命令，弹出"图形另存为"对话框。在"文件类型"下拉列表中选择"AutoCAD 图形样板（*.dwt）"选项，在"文件名"文本框中输入样板文件的名字"A3 模板"，如图 13-5 所示。单击　保存(S)　按钮出现"样板选项"对话框，用户可以在"说明"文本框中输入对样板文件的描述，单击　确定　按钮，样板文件就会保存到"安装目录\Template"这个目录中。

13.1.5　调用样板图

如果希望以某样板文件为基础新建 AutoCAD 文档，单击新建按钮，打开"选择样板"对话框，用户直接选择相应样板或无样板，如图 13-6 所示。单击需要的样本文件就可以进入绘图状态。在这个新建文档中就包含了样板文件定义的环境设置、图层、文本样式和标注样式等，不用用户再设置，大大提高了工作效率。

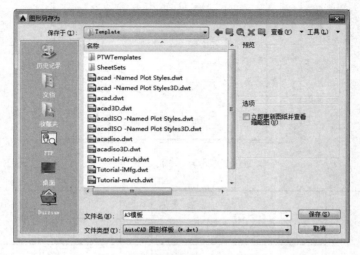

图 13-5 "图形另存为"对话框

图 13-6 "选择样板"对话框

13.2 绘制轴的零件图

绘制图 13-7 所示的轴的零件图。

13.2.1 绘制轴的主视图

（1）单击"快速访问工具栏"中的"新建"按钮，选择"A3 模板"创建新图形。

（2）单击"默认"选项卡→"图层"面板→"图层"下拉列表框→"中心线"层，将其设置为当前层。

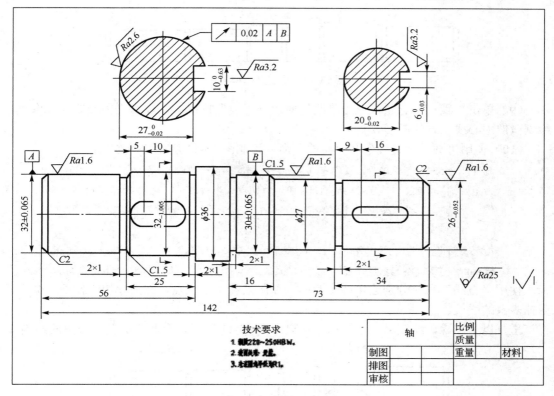

图 13-7　轴的零件图

（3）打开状态栏中的"正交模式"按钮 ⌐、"对象捕捉"按钮 ▢ 和"对象捕捉追踪"按钮 ∠。

（4）单击"默认"选项卡→"绘图"面板→"直线"按钮 ╱，绘制一条长度为 150mm 的水平中心线，如图 13-8 所示。

图 13-8　绘制中心线

（5）将"粗实线"层设置为当前层。

（6）根据图 13-7 中的尺寸，使用"直线"命令连续绘制轴的轮廓线，结果如图 13-9 所示。

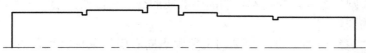

图 13-9　绘制结果

（7）单击"默认"选项卡→"修改"面板→"延伸"按钮 ⊣╱，使中心线为延伸边界，延伸图 13-9 中的竖直线段。

（8）单击"默认"选项卡→"修改"面板→"倒角"按钮 ◿，绘制相应的倒角。再使用"直线"命令，绘制倒角后应出现的直线。结果如图 13-10 所示。

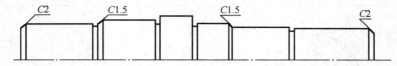

图 13-10　绘制直线和倒角

（9）单击"默认"选项卡→"修改"面板→"镜"按钮，以水平中心线为镜像线，绘制镜像中心线上方的图形。

（10）使用"圆"、"直线"和"修剪"命令绘制图 13-11 所示的两个键槽。

> 命令：_circle　（单击"默认"选项卡→"绘图"面板→"圆心，半径"按钮）
> 指定圆的圆心或 [三点(3P)/两点(2P)/切点、切点、半径(T)]：　（将光标移到 A 点处，出现
> 　　　"垂足"或"端点"捕捉标记后，向右移动光标，出现水平追踪轨迹，输入追踪距离
> 　　　5，回车）
> 指定圆的半径或 [直径(D)]：5↙　　（输入圆的半径 5，回车）
> 按 Enter 键或空格键重复"圆"命令，在距上一个圆 10mm 处绘制另一个半径为 5mm 的圆。

使用"直线"命令分别连接两个圆的上象限点和下象限点，然后使用"修剪"命令修剪掉多余的线段。

重复以上步骤，绘制另一个键槽，结果如图 13-11 所示。至此完成轴主视图的绘制。

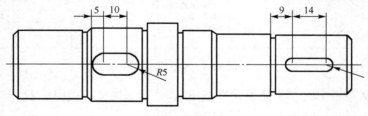

图 13-11　绘制键槽

13.2.2　绘制键槽断面图

1．绘制左键槽断面

（1）将"中心线"层设置为当前层。

（2）使用"直线"命令，在主视图键槽的上方合适位置绘制两条相互垂直的中心线。

（3）将"粗实线"层设置为当前层。

（4）使用"圆"命令，捕捉刚绘制的中心线的交点为圆心，绘制一个如图 13-12 所示直径为 32mm 的圆。

（5）执行"直线"命令，捕捉圆的上象限点向右引导鼠标，输入 11，确认直线的起点，向下延伸超过圆的范围确认直线第二点，绘制直线效果如图 13-13 所示。

（6）重复"直线"命令，捕捉圆的右象限点向上引导鼠标，输入 5，确认直线的起点，向左拖动鼠标，捕捉到竖直线段的垂足，单击鼠标确认直线第二点，绘制直线效果如图 13-14 所示。

（7）使用"镜像"命令，以水平中心线为镜像线，对上一步中绘制的直线进行镜像，效果如图 13-15 所示。

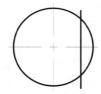 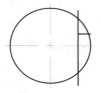 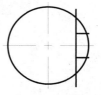

图 13-12　绘制圆　　图 13-13　绘制直线 1　　图 13-14　绘制直线 2　　图 13-15　镜像直线

（8）使用"修剪"命令，修剪掉多余的线段，结果如图 13-16 所示。

（9）将"剖面线"层设置为当前层。单击"默认"选项卡→"绘图"面板→"图案填充"按钮，选择功能区"图案填充创建"上下文选项卡→"图案"面板→"ANSI31"图案，将鼠标移动到需要填充的区域单击即可。填充效果如图 13-17 所示。

右键槽断面的绘制方法与左键槽相同，这里不多做介绍，绘制效果如图 13-18 所示。

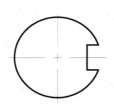　　　　　　　　　　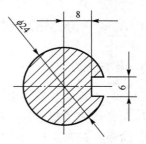

图 13-16　修剪效果　　　　　图 13-17　填充效果　　　　　图 13-18　右键槽断面

2．标注断面剖切符号和名称

（1）选择菜单栏"插入"→"块"命令，系统弹出如图 13-19 所示的"插入"对话框。从"名称"下拉列表框中选择"断面剖切符号"。

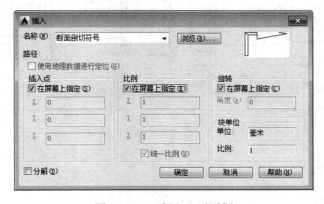

图 13-19　"插入"对话框

（2）勾选"插入点"、"比例"、"旋转" 3 个选项组中的"在屏幕上指定"选项，单击 确定 按钮。

（3）根据命令行提示，在屏幕上指定插入点，设置相关参数，完成剖切符号的标注，如图 13-20 所示。

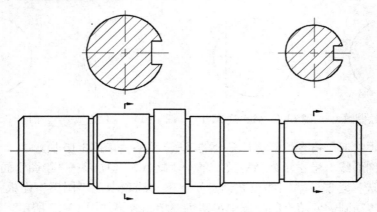

图 13-20　插入剖切符号

13.2.3　标注图形尺寸

1．标注尺寸

（1）将"标注线"层设置为当前层。

（2）依次将"机械标注样式"和"非圆尺寸样式"设置为当前标注样式，使用"线性标注"命令，完成主视图的尺寸标注，效果如图 13-21 所示。

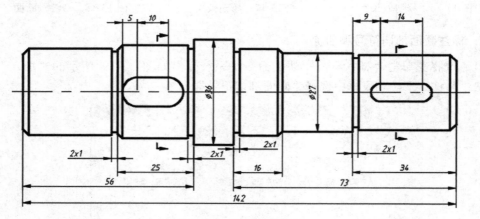

图 13-21　尺寸标注结果

2．标注尺寸公差

（1）将"公差样式"设置为当前标注样式。

（2）使用"线性标注"命令，标注两个尺寸公差为对称形式的尺寸。

（3）使用"公差样式"的替代样式标注其余的尺寸公差。标注结果如图 13-22 所示。

3．标注形位公差

（1）使用"插入"→"块"命令，将"基准符号"块插入适当位置。

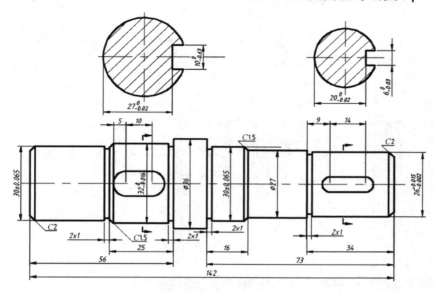

图 13-22　标注尺寸公差

（2）在命令行中输入命令：QL，并按 Enter 键，启动"快速标注"命令。利用"快速标注"命令标注形位公差。

4．标注倒角尺寸

利用"快速引线"命令标注倒角尺寸。标注完尺寸后结果如图 13-23 所示。

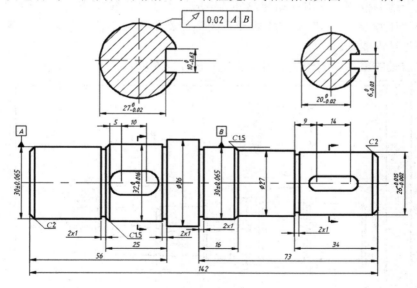

图 13-23　标注结果

13.2.4　标注表面结构

使用"插入块"命令插入"粗糙度"块。绘制结果如图 13-24 所示。

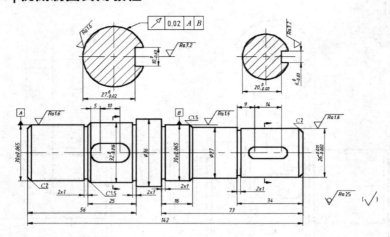

图 13-24   标注表面结构

13.2.5   添加文字、插入图框和标题栏

（1）切换到"布局 1"空间，在"布局 1"选项卡上右击，选择"页面设置管理器"命令，修改图纸尺寸为"A3"；选择打印机，修改"可打印区域"。

（2）在图纸空间中依次插入图框、标题栏。

（3）将浮动视口的边界扩大到纸张外。

（4）双击浮动视口，进入浮动模型空间。选择"状态栏"上的"视口比例"为"2：1"。拖动图形至合适的位置，双击浮动视口外的区域，退出浮动模型空间。

（5）将"工程字（直）"文字样式设置为当前文字样式。使用"多行文字"命令在图纸空间中添加技术要求。

至此完成轴的零件图的绘制。打印预览如图 13-25 所示。

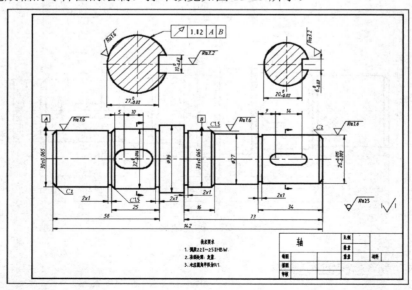

图 13-25   打印预览